CAD工程设计详解系列

详解 Altium Designer 18 电路设计

（第5版）

CAD/CAM/CAE 技术联盟

张 玺 李 纮 李申鹏 编著

U0207661

电子工业出版社
Publishing House of Electronics Industry
北京·BEIJING

内 容 简 介

本书以最新版 Altium Designer 18 为平台，详细讲述 Altium Designer 18 电路设计的各种基本操作方法与技巧。全书分 12 章，内容为 Altium Designer 18 概述、电路原理图环境设置、绘制电路原理图、原理图高级编辑、层次原理图的设计、印制电路板的环境设置、印制电路板的设计、电路板高级编辑、电路仿真、信号完整性分析、绘制元器件、汉字显示屏电路设计实例。

本书配套的电子资源包含全书实例的源文件素材和全部实例动画的视频讲解 AVI 文件，以及为方便老师备课而精心制作的多媒体电子教案。

本书可作为大中专院校电子相关专业教材，也可作为各培训机构教材，同时适合作为电子设计爱好者的自学辅导书。

图书在版编目（CIP）数据

详解 Altium Designer 18 电路设计 / 张玺，李纮，李申鹏编著. — 5 版. — 北京：电子工业出版社，2018.12

（CAD 工程设计详解系列）

ISBN 978-7-121-35692-6

I. ①详… II. ①张… ②李… ③李… III. ①印刷电路－计算机辅助设计－应用软件 IV. ①TN410.2

中国版本图书馆 CIP 数据核字（2018）第 277182 号

策划编辑：许存权

责任编辑：许存权 特约编辑：谢忠玉 等

印　　刷：北京七彩京通数码快印有限公司

装　　订：北京七彩京通数码快印有限公司

出版发行：电子工业出版社

　　　　　北京市海淀区万寿路 173 信箱　　邮编：100036

开　　本：787×1 092　1/16　印张：25　　字数：640 千字

版　　次：2009 年 4 月第 1 版

　　　　　2018 年 12 月第 5 版

印　　次：2023 年 9 月第 3 次印刷

定　　价：89.00 元

凡所购买电子工业出版社图书有缺损问题，请向购买书店调换。若书店售缺，请与本社发行部联系，联系及邮购电话：（010）88254888，88258888。

质量投诉请发邮件至 zlts@phei.com.cn，盗版侵权举报请发邮件至 dbqq@phei.com.cn。

本书咨询联系方式：（010）88254484，xucq@phei.com.cn。

前　言

自 20 世纪 80 年代中期以来，计算机应用已进入各个领域，并发挥着越来越大的作用。在这种背景下，美国 ACCEL Technologies Inc 公司推出了第一个应用于电子线路设计的软件包——TANGO，该软件包开创了电子设计自动化（EDA）的先河。该软件包现在看来比较简单，但在当时，给电子线路设计带来了设计方法和方式的革命，人们开始用计算机设计电子线路，直到今天在国内许多科研单位还在使用这个软件包。在电子工业飞速发展的时代，TANGO 日益显示出其不适应时代发展的弱点。为了适应科学技术的发展，Protel Technology 公司以其强大的研发能力推出了 Protel For Dos，从此 Protel 这个名字在业内日益响亮。

Altium 系列是流传到我国最早的电子设计自动化软件，一直以易学易用而深受广大电子设计者喜爱。Altium Designer 18 作为最新一代的板卡级设计软件，以 Windows XP 的界面风格为主，同时，Altium Designer 18 独一无二的 DXP 技术集成平台也为设计系统提供了所有工具和编辑器的相容环境，友好的界面环境及智能化的性能为电路设计者提供了最优质的服务。

Altium Designer 18 构建于一整套板级设计及实现特性上，其中包括混合信号电路仿真、布局前/后信号完整性分析、规则驱动 PCB 布局与编辑、改进型拓扑自动布线及全部计算机辅助制造（CAM）输出能力等。与 Protel 其他旧版本相比，Altium Designer 18 的功能是 PCB 上的集成。

一、本书特色

纵观市面上的 Altium Designer 书籍，琳琅满目，让人眼花缭乱，但读者要挑选一本适合自己的书反而举步维艰，虽然"身在此山中"，也只是"雾里看花"。那么，本书为什么能够在读者的"慧眼"中"雀屏中选"，那是因为本书有以下 5 大特色。

● 作者权威

笔者精心组织几所高校的老师根据学生工程应用学习需要编写此书，本书的作者是 Altium Designer 工程设计专家和各高校多年从事计算机图形学教学研究的一线人员，具有丰富的教学实践经验与教材编写经验，多年的教学工作使他们能够准确地把握学生的学习心理与实际需求。

● 实例专业

本书中有很多实例本身就是工程设计项目案例，经过作者精心提炼和改编，不仅保证了读者能够学好知识点，更重要的是能帮助读者掌握实际的操作技能。

● 提升技能

本书将工程设计中涉及的专业知识融于其中，让读者深刻体会到 Altium Designer 工程设计的完整过程和使用技巧，真正做到以不变应万变，为读者以后的实际工作做好技术储备，使读者能够快速掌握操作技能。

● 内容精彩

全书以实例为绝对核心，透彻讲解各种类型案例，书中采用的案例多而且具有代表性，经过了多次课堂和工程检验；案例由浅入深，每一个案例所包含的重点难点非常明确，读者学习起来会感到非常轻松。

● 知行合一

结合大量实例详细讲解 Altium Designer 知识要点，让读者在学习案例的过程中潜移默化地掌握 Altium Designer 软件操作技巧，同时培养工程设计实践能力。

二、本书组织结构和主要内容

本书以最新的 Altium Designer 18 版本为演示平台，全面介绍 Altium Designer 软件从基础到实践的全部知识，帮助读者更好地学习 Altium Designer。

第 1 章主要介绍 Altium Designer 18。

第 2 章主要介绍电路原理图环境设置。

第 3 章主要介绍绘制电路原理图。

第 4 章主要介绍原理图高级编辑。

第 5 章主要介绍层次原理图的设计。

第 6 章主要介绍印制电路板的环境设置。

第 7 章主要介绍印制电路板的设计。

第 8 章主要介绍电路板高级编辑。

第 9 章主要介绍电路仿真。

第 10 章主要介绍信号完整性分析。

第 11 章主要介绍绘制元器件。

第 12 章主要介绍汉字显示屏电路设计实例。

在介绍过程中，注意由浅入深，从易到难，各章既相对独立又前后关联，作者根据自己多年的经验及学习的平常心理，及时给出总结和相关提示，帮助读者及时快捷地掌握所学知识。全书解说翔实，图文并茂，语言简洁，思路清晰。本书可以作为初学者的入门教材，也可作为工程技术人员的参考工具书。

三、本书的配套资源

本书提供了极为丰富的学习配套资源，期望读者在最短的时间内学会并精通这门技术。读者可以登录百度网盘下载资源（地址：https://pan.baidu.com/s/150dGIM8qa7h0acZ19DpR7A，密码：srma，或者 pan.baidu.com/s/1XEd8uwjW5JVx-2zag_wTGw，密码：xkli）。

1．配套教学视频

针对本书专门制作了全部实例配套教学视频，读者可以先看视频，像看电影一样轻松愉悦地学习本书内容，然后对照本书加以实践和练习，可以大大提高学习效率。

2．5套不同类型电路图的设计实例及其配套的视频文件

为了帮助读者拓展视野，本书电子资料包特意赠送 5 套不同类型电路图的设计实例及其配套的视频文件，总时长达 348 分钟。

3．全书实例的源文件

本书附带了很多实例，电子资料中包含实例的源文件和个别用到的素材，读者可以安装 Altium Designer 18 软件，打开并使用它们。

四、致谢

本书由 CAD/CAM/CAE 技术联盟策划，主要由中国人民解放军陆军工程大学军械士官学校光电火控系的张玺、李纮、李申鹏三位老师编写，其中张玺执笔第 1～6 章，李纮执笔第 7～9 章，李申鹏执笔第 10～12 章。刘昌丽、康士廷、杨雪静、胡仁喜、闫聪聪、孟培、王敏、王玮、王培合、王艳池、王义发、王玉秋、李兵、李亚莉、解江坤、卢园、李娟、傅晓立、叶国华等也参与了具体章节的编写，对他们的付出表示真诚的感谢。

CAD/CAM/CAE 技术联盟是一个 CAD/CAM/CAE 技术研讨、工程开发、培训咨询和图书创作的工程技术人员协作联盟，包含 20 多位专职和众多兼职的 CAD/CAM/CAE 工程技术专家，其创作的很多教材已成为国内具有引导性的旗舰作品，在国内相关专业图书创作领域具有举足轻重的地位。

读者可以登录本书学习交流群（QQ：477013282），作者随时在线提供本书的学习指导以及诸如软件下载、软件安装、授课 PPT 等一系列的后续服务，让读者无障碍地快速学习本书，也可以将问题发到邮箱 win760520@126.com，我们将及时予以回复。

编　者

目　录

第 1 章　Altium Designer 18 概述 ·········· 1

1.1　Altium 的发展史 ······················ 1

1.2　新版 Altium 特点 ····················· 3

  1.2.1　Altium Designer 18 的新特点 ··· 3

  1.2.2　Altium Designer 18 的特性 ······ 3

1.3　Altium Designer 18 软件的安装和卸载 ································· 4

  1.3.1　Altium Designer 18 的安装 ······ 4

  1.3.2　Altium Designer 18 的卸载 ······ 7

1.4　Altium 电路板总体设计流程 ······· 8

第 2 章　电路原理图环境设置 ··············· 9

2.1　原理图的设计步骤 ···················· 9

2.2　原理图的编辑环境 ·················· 10

  2.2.1　创建、保存和打开原理图文件 ···························· 10

  2.2.2　创建新的项目文件 ··········· 14

  2.2.3　原理图编辑器界面介绍 ······· 17

2.3　图纸的设置 ·························· 19

  2.3.1　图纸大小的设置 ············· 19

  2.3.2　图纸字体的设置 ············· 22

  2.3.3　图纸方向、标题栏和颜色的设置 ···························· 22

  2.3.4　网格和光标设置 ············· 23

  2.3.5　填写图纸设计信息 ··········· 27

2.4　原理图工作环境设置 ··············· 28

  2.4.1　General 选项卡的设置 ········ 29

  2.4.2　Graphical Editing 选项卡的设置 ···························· 31

  2.4.3　Complier 选项卡的设置 ······· 34

  2.4.4　AutoFocus 选项卡的设置 ····· 35

  2.4.5　元件自动缩放设置 ··········· 36

  2.4.6　Grids 选项卡的设置 ·········· 37

  2.4.7　Break Wire 选项卡的设置 ····· 37

  2.4.8　Default 选项卡的设置 ········ 38

  2.4.9　Orcad（tm）选项卡的设置 ··· 40

第 3 章　绘制电路原理图 ················ 42

3.1　原理图的组成 ······················ 42

3.2　Altium Designer 18 元器件库 ······ 43

  3.2.1　元器件库的分类 ············· 43

  3.2.2　打开 Libraries（库）选项区域 ···························· 44

  3.2.3　加载元件库 ················· 44

  3.2.4　元器件的查找 ··············· 44

  3.2.5　元器件库的加载与卸载 ······· 46

3.3　元器件的放置和属性编辑 ·········· 48

  3.3.1　在原理图中放置元器件 ······· 48

  3.3.2　编辑元器件属性 ············· 49

  3.3.3　元器件的删除 ··············· 54

3.4　元器件位置的调整 ·················· 55

  3.4.1　元器件的选取和取消选取 ····· 55

  3.4.2　元器件的移动 ··············· 56

  3.4.3　元器件的旋转 ··············· 57

  3.4.4　元器件的复制与粘贴 ········· 58

  3.4.5　元器件的排列与对齐 ········· 60

3.5　绘制电路原理图 ···················· 61

  3.5.1　绘制原理图的工具 ··········· 61

  3.5.2　绘制导线和总线 ············· 62

  3.5.3　设置网络标签 ··············· 68

  3.5.4　放置电源和接地符号 ········· 70

  3.5.5　放置输入/输出端口 ·········· 72

  3.5.6　放置通用 ERC 检查测试点 ··· 74

  3.5.7　设置 PCB 布线标志 ·········· 75

  3.5.8　放置文本字和文本框 ········· 77

  3.5.9　添加图形 ··················· 81

  3.5.10　放置离图连接器 ············ 82

  3.5.11　线束连接器 ················ 83

3.5.12　预定义的线束连接器 ········85

3.5.13　线束入口 ···············86

3.5.14　信号线束 ···············87

3.6　综合实例 ···················87

　　3.6.1　单片机最小应用系统原理图 ·····88

　　3.6.2　绘制串行显示驱动器 PS7219

　　　　　及单片机的 SPI 接口电路 ····92

第 4 章　原理图高级编辑 ···········96

4.1　窗口操作 ···················96

4.2　项目编译 ···················99

　　4.2.1　项目编译参数设置 ·········99

　　4.2.2　执行项目编译 ··········105

4.3　报表的输出 ················107

　　4.3.1　网络报表 ············107

　　4.3.2　元器件报表 ···········111

　　4.3.3　元器件简单元件清单报表 ···116

　　4.3.4　元器件测量距离 ········117

　　4.3.5　端口引用参考表 ········117

4.4　输出任务配置文件 ···········118

　　4.4.1　打印输出 ············118

　　4.4.2　创建输出任务配置文件 ····118

4.5　综合实例——音量控制电路 ····120

第 5 章　层次原理图的设计 ········133

5.1　层次原理图概述 ············133

　　5.1.1　层次原理图的基本概念 ····133

　　5.1.2　层次原理图的基本结构 ····134

5.2　层次结构原理图的设计方法 ····134

　　5.2.1　自上而下的层次原理图

　　　　　设计 ···············134

　　5.2.2　自下而上的层次原理图

　　　　　设计 ···············140

5.3　层次结构原理图之间的切换 ····143

　　5.3.1　由顶层原理图中的页面符

　　　　　切换到相应的子原理图 ···143

　　5.3.2　由子原理图切换到顶层

　　　　　原理图 ·············144

5.4　层次设计表 ················145

5.5　综合实例 ··················145

5.5.1　声控变频器电路层次原理图

　　　　设计 ···············146

5.5.2　存储器接口电路层次原理图

　　　　设计 ···············149

第 6 章　印制电路板的环境设置 ······155

6.1　印制电路板的设计基础 ·······155

　　6.1.1　印制电路板的概念 ·······155

　　6.1.2　印制电路板的设计流程 ·····157

　　6.1.3　印制电路板设计的基本

　　　　　原则 ··············158

6.2　PCB 编辑环境 ·············159

　　6.2.1　启动印制电路板编辑环境 ···159

　　6.2.2　PCB 编辑环境界面介绍 ····160

　　6.2.3　PCB 面板 ············161

6.3　使用菜单命令创建 PCB 文件 ···162

　　6.3.1　PCB 板层设置 ·········163

　　6.3.2　工作层面颜色设置 ·······165

　　6.3.3　环境参数设置 ·········167

　　6.3.4　PCB 板边界设定 ·······170

6.4　PCB 视图操作管理 ··········173

　　6.4.1　视图移动 ············173

　　6.4.2　视图的放大或缩小 ·······173

　　6.4.3　整体显示 ············174

第 7 章　印制电路板的设计 ········177

7.1　PCB 编辑器的编辑功能 ·······177

　　7.1.1　选取和取消选取对象 ······177

　　7.1.2　移动和删除对象 ········179

　　7.1.3　对象的复制、剪切和粘贴 ···181

　　7.1.4　对象的翻转 ···········183

　　7.1.5　对象的对齐 ···········184

　　7.1.6　PCB 图纸上的快速跳转 ····185

7.2　PCB 图的绘制 ·············186

　　7.2.1　绘制铜膜导线 ·········186

　　7.2.2　绘制直线 ············188

　　7.2.3　放置元器件封装 ········188

　　7.2.4　放置焊盘和过孔 ········191

　　7.2.5　放置文字标注 ·········193

　　7.2.6　放置坐标原点 ·········194

　　　　7.2.7　放置尺寸标注 ·············· 194
　　　　7.2.8　绘制圆弧 ···················· 196
　　　　7.2.9　绘制圆 ······················ 197
　　　　7.2.10　放置填充区域 ············· 197
　　7.3　在 PCB 编辑器中导入网络
　　　　报表 ···························· 199
　　　　7.3.1　准备工作 ···················· 199
　　　　7.3.2　导入网络报表 ·············· 199
　　7.4　元器件的布局 ···················· 201
　　　　7.4.1　自动布局 ···················· 202
　　　　7.4.2　手工布局 ···················· 205
　　7.5　3D 效果图 ························ 207
　　　　7.5.1　三维效果图显示 ·········· 207
　　　　7.5.2　View Configuration（视图
　　　　　　　设置）面板 ·············· 209
　　　　7.5.3　三维动画制作 ·············· 211
　　　　7.5.4　三维动画输出 ·············· 213
　　　　7.5.5　三维 PDF 输出 ·········· 217
　　7.6　PCB 的布线 ···················· 219
　　　　7.6.1　自动布线 ···················· 219
　　　　7.6.2　手工布线 ···················· 221
　　7.7　综合实例 ························ 222
　　　　7.7.1　停电报警器电路设计 ······ 222
　　　　7.7.2　LED 显示电路的布局设计 ··· 230

第 8 章　电路板高级编辑 ·············· 240
　　8.1　PCB 设计规则 ·················· 240
　　　　8.1.1　设计规则概述 ·············· 240
　　　　8.1.2　电气设计规则 ·············· 242
　　　　8.1.3　布线设计规则 ·············· 245
　　　　8.1.4　阻焊层设计规则 ·········· 251
　　　　8.1.5　内电层设计规则 ·········· 252
　　　　8.1.6　测试点设计规则 ·········· 254
　　　　8.1.7　生产制造规则 ·············· 256
　　　　8.1.8　高速信号相关规则 ········ 258
　　　　8.1.9　元件放置规则 ·············· 260
　　　　8.1.10　信号完整性规则 ········ 260
　　8.2　建立铺铜、补泪滴以及包地 ··· 262
　　　　8.2.1　建立铺铜 ···················· 262
　　　　8.2.2　补泪滴 ······················ 266

　　8.3　距离测量 ························ 267
　　　　8.3.1　两元素间距离测量 ·········· 267
　　　　8.3.2　两点间距的测量 ·········· 267
　　　　8.3.3　导线长度测量 ·············· 268
　　8.4　PCB 的输出 ···················· 268
　　　　8.4.1　设计规则检查（DRC）···· 268
　　　　8.4.2　生成电路板信息报表 ······ 270
　　　　8.4.3　元器件清单报表 ·········· 272
　　　　8.4.4　网络状态报表 ·············· 272
　　　　8.4.5　PCB 图及报表的打印输出 ··· 273
　　8.5　综合实例 ························ 274
　　　　8.5.1　电路板信息及网络状态
　　　　　　　报表 ···················· 274
　　　　8.5.2　电路板元件清单报表 ······ 276
　　　　8.5.3　PCB 图纸打印输出 ······ 278
　　　　8.5.4　生产加工文件输出 ········ 281

第 9 章　电路仿真 ···················· 285
　　9.1　电路仿真的基本概念 ·········· 285
　　9.2　电路仿真的基本步骤 ·········· 285
　　9.3　常用电路仿真元器件 ·········· 286
　　9.4　电源和仿真激励源 ············ 294
　　　　9.4.1　直流电压源和直流电流源 ··· 294
　　　　9.4.2　正弦信号激励源 ·········· 295
　　　　9.4.3　周期性脉冲信号源 ········ 296
　　　　9.4.4　随机信号激励源 ·········· 297
　　　　9.4.5　调频波激励源 ·············· 298
　　　　9.4.6　指数函数信号激励源 ······ 298
　　9.5　仿真模式设置 ·················· 299
　　　　9.5.1　通用参数设置 ·············· 300
　　　　9.5.2　静态工作点分析 ·········· 301
　　　　9.5.3　瞬态分析和傅里叶分析 ···· 302
　　　　9.5.4　直流扫描分析 ·············· 303
　　　　9.5.5　交流小信号分析 ·········· 304
　　9.6　综合实例——使用仿真数学
　　　　函数 ···························· 305

第 10 章　信号完整性分析 ············ 312
　　10.1　信号完整性分析概述 ········ 312
　　　　10.1.1　信号完整性分析的概念 ··· 312
　　　　10.1.2　信号完整性分析工具 ···· 313

10.2　信号完整性分析规则设置 ……314
10.3　设定元件的信号完整性模型 ··322
  10.3.1　在信号完整性分析之前
     设定元件的 SI 模型 ……322
  10.3.2　在信号完整性分析过程中
     设定元件的 SI 模型 ……325
10.4　信号完整性分析器设置 ……326
10.5　综合实例 ……330

第 11 章　绘制元器件 ……335
11.1　绘图工具介绍 ……335
  11.1.1　绘图工具 ……335
  11.1.2　绘制直线 ……336
  11.1.3　绘制弧 ……337
  11.1.4　绘制圆 ……338
  11.1.5　绘制矩形 ……338
  11.1.6　绘制椭圆 ……340
11.2　原理图库文件编辑器 ……341
  11.2.1　启动原理图库文件编辑器 ···341
  11.2.2　原理图库文件编辑环境 ……341
  11.2.3　实用工具栏介绍 ……342
  11.2.4　工具菜单的库元器件
     管理命令 ……344
  11.2.5　原理图库文件面板介绍 ……346
  11.2.6　新建一个原理图元器件库
     文件 ……346
  11.2.7　绘制库元器件 ……347
11.3　库元器件管理 ……351
11.4　综合实例 ……353

11.4.1　制作 LCD 元件 ……353
11.4.2　制作串行接口元件 ……359

第 12 章　汉字显示屏电路设计实例 ……364
12.1　实例设计说明 ……365
12.2　创建项目文件 ……365
12.3　原理图输入 ……366
  12.3.1　绘制层次结构原理图的
     顶层电路图 ……366
  12.3.2　绘制层次结构原理图子图 ···369
  12.3.3　自下而上的层次结构原理图
     设计方法 ……374
12.4　层次原理图间的切换 ……375
  12.4.1　从顶层原理图切换到原理图
     符号对应的子图 ……376
  12.4.2　从子原理图切换到顶层
     原理图 ……377
12.5　元件清单 ……377
  12.5.1　元件材料报表 ……377
  12.5.2　元件分类材料报表 ……379
  12.5.3　元件网络报表 ……379
  12.5.4　元器件简单的元件清单
     报表 ……380
12.6　设计电路板 ……381
  12.6.1　印制电路板设计初步操作 ···381
  12.6.2　3D 效果图 ……383
  12.6.3　布线设置 ……386
12.7　项目层次结构组织文件 ……390

Chapter

1

Altium Designer 18 概述

随着电子技术的发展，大规模、超大规模集成电路的使用，使 PCB 板设计越来越精密和复杂。Altium 系列软件是 EDA 软件的突出代表，它操作简单、易学易用、功能强大。

本章主要讲解 Altium 的发展史和特点，软件的安装和启动、电路板设计流程、AltiumDesigner 18 的集成开发环境。

1.1 Altium 的发展史

随着计算机业的发展，从 20 世纪 80 年代中期计算机应用进入各个领域。在这种背景下，由美国 ACCEL Technologies Inc 推出了第一个应用于电子线路设计的软件包—TANGO，这个软件包开创了电子设计自动化（EDA）的先河。此软件包现在看来比较简陋，但在当时给电子线路设计带来了设计方法和方式的革命，人们纷纷开始用计算机来设计电子线路，直到今天在国内许多科研单位还在使用这个软件包。

在电子业飞速发展的时代，TANGO 日益显示出其不适应时代发展需要的弱点。为了适应科学技术的发展，Protel Technology 公司以其强大的研发能力推出了 Protel For Dos 作为 TANGO 的升级版本，从此 Protel 这个名字在业内日益响亮。

20 世纪 80 年代末，Windows 系统开始日益流行，许多应用软件也纷纷开始支持 Windows 操作系统。Protel 也不例外，相继推出了 Protel For Windows 1.0、Protel For Windows1.5 等版本。这些版本的可视化功能给用户设计电子线路带来了很大的方便，设计者不用再记一些烦琐的命令，也让用户体会到资源共享的乐趣。

20 世纪 90 年代中期，Windows 95 开始出现，Protel 也紧跟潮流，推出了基于 Winindows 95 的 3.X 版本。3.X 版本的 Protel 加入了新颖的主从式结构，但在自动布线方面却没有什么出众的表现。另外由于 3.X 版本的 Protel 是 16 位和 32 位的混合型软件,所以不太稳定。

1998 年，Protel 公司推出了给人全新感觉的 Proel 98，Protel 98 以其出众的自动布线能力获得了业内人士的一致好评。

1999 年 Protel 公司推出了 Protel 99，Protel 99 既有原理图的逻辑功能验证的混合信号仿真，又有了 PCB 信号完整性分析的板级仿真，从而构成了从电路设计到真实板分析的完整体系。

2000 年 Protel 公司推出了 Protel99 se，其性能进一步提高，可以对设计过程有更大的控制力。

2001 年 8 月 Protel 公司更名为 Altium 公司。

2002 年 Protel 公司推出了新产品 Protel DXP，Protel DXP 集成了更多工具，使用更方便，功能更强大。

2003 年 Protel 公司推出 Protel 2004 对 Protel DXP 进行了完善。

2006 年年初，Altium 公司推出了 Protel 系列的最新高端版本 Altium Designer 6 系列，自 6.9 以后开始了以年份命名。

2008 年 5 月推出的 Altium Designer Summer 8.0 将 ECAD 和 MCAD 两种文件格式结合在一起，还加入了对 OrCAD 和 PowerPCB 的支持能力。

2008 年 Altium Designer Winter 09 推出，此冬季 9 月发布的 Altium Designer 引入新的设计技术和理念，以帮助电子产品设计创新，让您可以更快地设计，全三维 PCB 设计环境，避免出现错误和不准确的模型设计。

2009 年 7 月在 Altium 全球范围内推出最新版本 Altium Designer Summer 09。Altium Designer Summer 09 即 v9.1 （强大的电子开发系统），为适应日新月异的电子设计技术，Summer 09 的诞生延续了连续不断的新特性和新技术的应用过程。

2011 年 3 月 2 日，全球一体化电子产品开发解决方案提供商 Altium 今天宣布推出具有里程碑式意义的 Altium Designer 10，同时推出 Altium Vaults 和 AltiumLive，以推动整个行业向前发展，从而满足每个期望在"互联的未来"大展身手的设计人员的需求。

2012 年 3 月 5 日，下一代电子设计软件与服务开发商 Altium 公司近日宣布推出 Altium Designer 12，这是其广受赞誉的一体化电子设计解决方案 Altium Designer 的最新版本。Altium Designer 12 在德国纽伦堡举行的嵌入式系统暨应用技术论坛上发布，距 AltiumLive 和新 Altium Designer 10 平台的初次发布为时一年。

2013 年是 Altium 发展史上的一个重要的转折点，因为 Altium Designer 13 不仅添加和升级了软件功能，同时也面向主要合作伙伴开放了 Altium 的设计平台。它为使用者、合作伙伴以及系统集成商带来了一系列的机遇，代表着电子行业一次质的飞跃。

2014 年 2 月 26 日，智能系统设计自动化、3D PCB 设计解决方案（Altium Designer）和嵌入软件开发（TASKING）的全球领导者 Altium 有限公司，宣布推出 Altium Designer 14.2。

2015 年 5 月 5 日，Altium 发布了最新版本 AD15.1，此版本引入了若干新特性，显著提升了设计效率，改善了文档输出以及高速设计自动化功能。

2015 年 11 月 12 日，Altium 有限公司发布了 Altium Designer 16，此次更新扩展了 Altium Designer 平台，包括多个增强 PCB 设计生产效率与设计自动化的全新特性，从而使工程师能够在更短的时间内零差错地实现更复杂的 PCB 设计。

2016 年 11 月 17 日，Altium 有限责任公司发布 Altium Designer 17，该版本能够帮助用户显著减少在与设计无关任务上花费的时间。

2018 年 1 月 3 日，Altium 公司宣布推出 Altium Designer 18，本次版本升级通过关键功能的更新和效率的改进来提升用户在易于使用的现代设计生态系统中的体验。

1.2 新版 Altium 特点

电路设计自动化（Electronic Design Automation）EDA 指的是用计算机协助完成电路中的各种工作，比如电路原理图（Schematic）的绘制、印制电路板（PCB）的设计制作、电路仿真（Simulation）等设计工作。

1.2.1 Altium Designer 18 的新特点

Altium Designer 18 是完全一体化电子产品开发系统的一个新版本，显著地提高了用户体验和效率，利用时尚界面使设计流程流线化，同时实现了前所未有的性能优化。使用 64 位体系结构和多线程的结合实现了在 PCB 设计中更大的稳定性、更快的速度和更强的功能。

Altium Designer 18 对世界上最流行的电子产品设计环境来说是一项重大更新。该版本不仅包括了大范围的全新及增强功能，还致力于优化设计师的效率和生产力。

Altium Designer 18 通过以下方式提高生产力：

- 显著的性能改进，加快计算密集型任务，例如 100 个网络的 ActiveRoute 并分析复杂的网络显著加快。
- 增强的响应能力使得在旋转和缩放 3D PCB 时更为流畅。
- 用户界面的全方位视察，以及使用体验。

1.2.2 Altium Designer 18 的特性

Altium Designer 18 是第二十五次升级，整合了我们在过去 12 个月中所发布的一系列更新，它包括新的 PCB 特性以及核心 PCB 和原理图工具更新，其包括以下新特性。

01 互联的多板装配

多板之间的连接关系管理和增强的 3D 引擎使您可以实时呈现设计模型和多板装配情况-显示更快速，更直观，更逼真。

02 时尚的用户界面体验

全新的，紧凑的用户界面提供了一个全新而直观的环境，并进行了优化，可以实现无与伦比的设计工作流可视化。

03 强大的 PCB 设计

64 位体系结构和多线程任务优化，能够比以前更快地设计和发布大型复杂的电路板。

04 快速、高质量的布线

视觉约束和用户指导的互动结合使您能够跨板层进行复杂的拓扑结构布线，以计算机的速度布线，以人的智慧保证质量。

05 实时的 BOM 管理

链接到 BOM 的最新供应商元件信息，能够根据自己的时间表做出有根据的设计决策。

06 简化的 PCB 文档处理流程

在一个单一的，紧密的设计环境中记录所有装配和制造视图，并通过链接的源数据进行一键更新。

1.3 Altium Designer 18 软件的安装和卸载

Altium Designer 18 软件是标准的基于 Windows 的应用程序，它的安装过程十分简单，与之前安装过程类似。

1.3.1 Altium Designer 18 的安装

Altium Designer 18 虽然对运行系统的要求有点高,但安装起来却是很简单的。

Altium Designer 18 安装步骤如下。

第 1 步：将安装光盘装入光驱后，打开该光盘，从中找到并双击 AltiumInstaller.exe 文件，弹出 Altium Designer 18 的安装界面，如图 1-1 所示。

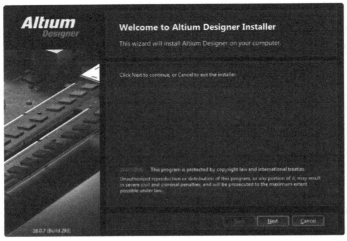

图 1-1　安装界面

第 2 步：单击 Next（下一步）按钮，弹出 Altium Designer 18 的安装协议对话框，不需选择语言，选择同意安装 I accept the agreement 按钮，如图 1-2 所示。

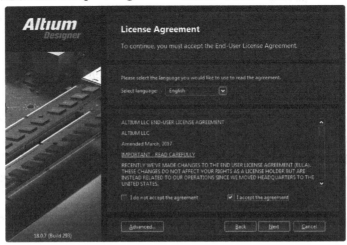

图 1-2　安装协议对话框

第3步：单击Next（下一步）按钮进入下一个画面，出现安装类型信息的对话框，有五种类型，如果只做PCB设计，只选第一个；同样，需要做什么设计选择哪种，系统默认全选，设置完毕后如图1-3所示。

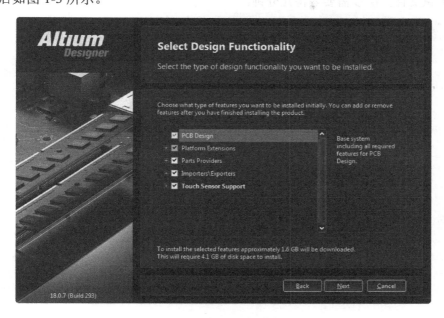

图1-3　选择安装类型

第4步：填写完成后，单击Next（下一步）按钮，进入下一个对话框。在该对话框中，用户需要选择 Altium Designer 18 的安装路径。系统默认的安装路径为 C:\Program Files\Altium Designer 18\，用户可以通过单击 Browse 按钮来自定义其安装路径，如图1-4所示。

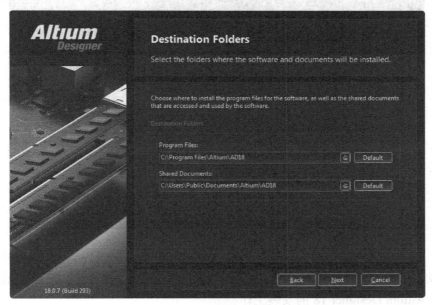

图1-4　安装路径对话框

第 5 步：确定好安装路径后，单击 Next（下一步）按钮弹出确定安装安装。如图 1-5 所示。继续单击 Next（下一步）按钮此时对话框内会显示安装进度，如图 1-6 所示。由于系统需要复制大量文件，所以需要等待几分钟。

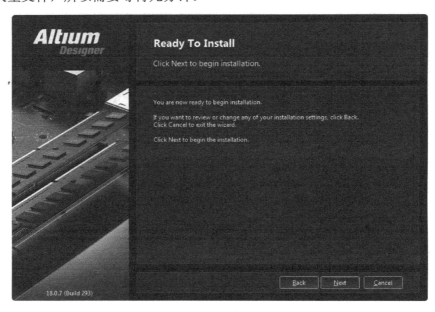

图 1-5　确定安装

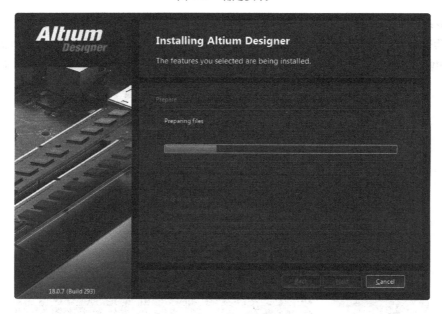

图 1-6　安装进度对话框

第 6 步：安装结束后会出现一个 Finish（完成）对话框，如图 1-7 所示。单击 Finish 按钮即可完成 Altium Designer 18 的安装工作。

在安装过程中，可以随时单击 Cancel 按钮来终止安装过程。安装完成以后，在 Windows 的"开始"→"所有程序"子菜单中创建一个 Altium 级联子菜单和快捷键。

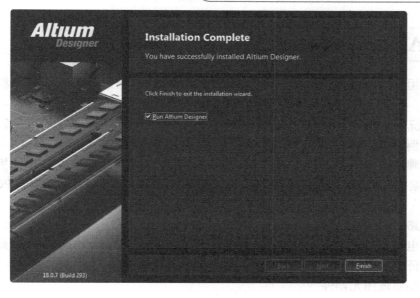

图1-7 Finish对话框

安装完成后界面可能是英文的，如果想调出中文界面，则可以执行菜单命令，在DXP→Preferences→System→General→Localization中选中Use localized resources，保存设置后重新启动程序就有中文菜单。

1.3.2 Altium Designer 18 的卸载

（1）选择"开始"→"控制面板"选项，显示"控制面板"窗口。

（2）双击"添加/删除程序"图标后选择Altium Designer 18选项。

（3）单击"卸载"按钮，弹出卸载对话框，如图1-8所示，单击Uninstall（卸载）按钮，卸载软件。

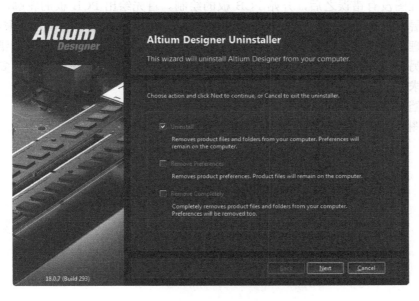

图1-8 卸载对话框

1.4 Altium 电路板总体设计流程

为了让用户对电路设计过程有一个整体的认识和理解，下面介绍 PCB 电路板设计的总体设计流程。

通常情况下，从接到设计要求书到最终制作出 PCB 电路板，主要经历以下几个步骤来实现。

（1）案例分析

这个步骤严格来说并不是 PCB 电路板设计的内容，但对后面的 PCB 电路板设计又是必不可少的。案例分析的主要任务是来决定如何设计原理图电路，同时也影响到 PCB 电路板如何规划。

（2）电路仿真

在设计电路原理图之前，有时候会对某一部分电路设计并不十分确定，因此需要通过电路仿真来验证。还可以用于确定电路中某些重要元器件的参数。

（3）绘制原理图元器件

Altium Designer 18 虽然提供了丰富的原理图元器件库，但不可能包括所有元器件，必要时需动手设计原理图元器件，建立自己的元器件库。

（4）绘制电路原理图

找到所有需要的原理图元器件后，就可以开始绘制原理图了。根据电路复杂程度决定是否需要使用层次原理图。完成原理图后，用 ERC（电气规则检查）工具查错，找到出错原因并修改原理图电路，重新查错到没有原则性错误为止。

（5）绘制元器件封装

与原理图元器件库一样，Altium Designer 18 也不可能提供所有元器件的封装。需要时自行设计并建立新的元器件封装库。

（6）设计 PCB 电路板

确认原理图没有错误之后，开始 PCB 板的绘制。首先绘出 PCB 板的轮廓，确定工艺要求（使用几层板等）。然后将原理图传输到 PCB 板中，在网络报表（简单介绍来历功能）、设计规则和原理图的引导下布局和布线。最后利用 DRC（设计规则检查）工具查错。此过程是电路设计时另一个关键环节，它将决定该产品的实用性能，需要考虑的因素很多，不同的电路有不同要求。

（7）文档整理

对原理图、PCB 图及元器件清单等文件予以保存，以便以后维护、修改。

Chapter

电路原理图环境设置

2

本章详细介绍关于原理图设计的一些基础知识，具体包括原理图的组成、原理图编辑器的界面、原理图绘制的一般流程、新建与保存原理图文件、原理图环境设置等。

2.1 原理图的设计步骤

电路原理图的设计大致可以分为创建工程，设置工作环境，放置元器件，原理图布线，建立网络报表，原理图的电气规则检查、修改和调整等几个步骤，其流程如图 2-1 所示。

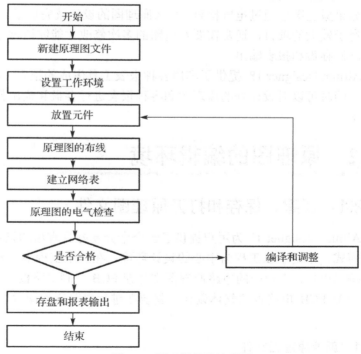

图 2-1　原理图设计流程图

电路原理图具体设计步骤如下。

（1）新建原理图文件

在进入电路图设计系统之前，首先要创建新的 Sch 工程，在工程中建立原理图文件和 PCB 文件。

（2）设置工作环境

根据实际电路的复杂程度来设置图纸的大小。在电路设计的整个过程中，图纸的大小都可以不断地调整，设置合适的图纸大小是完成原理图设计的第一步。

（3）放置元器件

从元器件库中选取元器件，放置到图纸的合适位置，并对元器件的名称、封装进行定义和设定，根据元器件之间的连线等联系对元器件在工作平面上的位置进行调整和修改，使原理图美观且易懂。

（4）原理图的布线

根据实际电路的需要，利用原理图提供的各种工具、指令进行布线，将工作平面上的元器件用具有电气意义的导线、符号连接起来，构成一幅完整的电路原理图。

（5）建立网络报表

完成上面的步骤以后，可以看到一张完整的电路原理图了，但是要完成电路板的设计，还需要生成一个网络报表文件。网络报表是印制电路板和电路原理图之间的桥梁。

（6）原理图的电气规则检查

当完成原理图布线后，需要设置项目编译选项来编译当前项目，利用 Altium Designer 18 提供的错误检查报告修改原理图。

（7）编译和调整

如果原理图已通过电气检查，那么原理图的设计就完成了。这是对于一般电路设计而言，但是对于较大的项目，通常需要对电路的多次修改才能够通过电气规则检查。

（8）存盘和报表输出

Altium Designer 18 提供了利用各种报表工具生成的报表（如网络报表、元器件报表清单等），同时可以对设计好的原理图和各种报表进行存盘和输出打印，为印刷板电路的设计做好准备。

2.2　原理图的编辑环境

2.2.1　创建、保存和打开原理图文件

Altium Designer 18 为用户提供了一个十分友好且宜用的设计环境，它打破了传统的 EDA 设计模式，采用了以工程为中心的设计环境。在一个工程中，各个文件之间互有关联，当工程被编辑以后，工程中的电路原理图文件或 PCB 印制电路板文件都会被同步更新。因此，要进行一个 PCB 电路板的整体设计，就要在进行电路原理图设计的时候，创建一个新的 PCB 工程。

1．新建原理图文件

启动软件后进入图 2-2 所示的 Altium Designer 18 集成开发环境窗口。

创建新原理图文件有以下两种方法。

（1）菜单创建

在图 2-2 的集成开发环境中，选择菜单栏中的 File→"新的"命令，如图 2-3 所示。将弹出下一级菜单。其中可以新建原理图电路原理图、PCB 文件、原理图库、PCB 库、PCB 专案等。

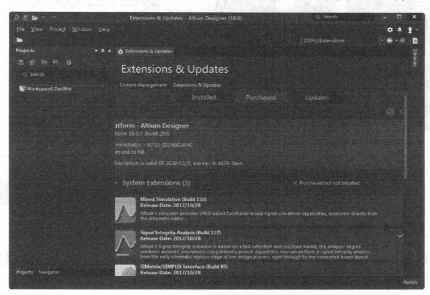

图 2-2　Altium Designer 18 集成开发环境窗口

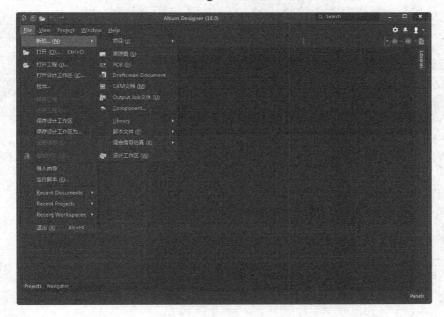

图 2-3　菜单创建命令

选择"原理图"选项，在当前工程 PCB-Project1.PrjPCB 下建立原理图电路原理图文件，系统默认文件名为 Sheetl.SchDoc，同时在右边的设计窗口中将打开 Sheetl.SchDoc 的电路原理图编辑窗口。新建的原理图文件如图 2-4 所示。

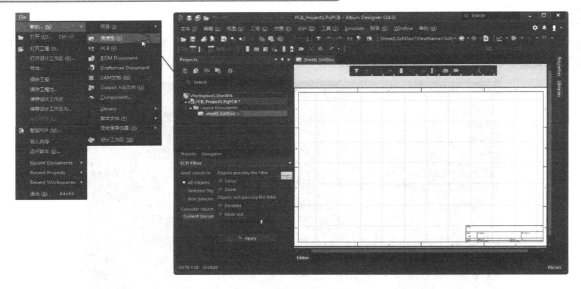

图 2-4　新建的原理图文件

（2）右键命令创建。在新建的工程文件上单击右键弹出快捷菜单，选择"添加新的…到工程"→Schematic（原理图）选项即可创建原理图文件，如图 2-5 所示。

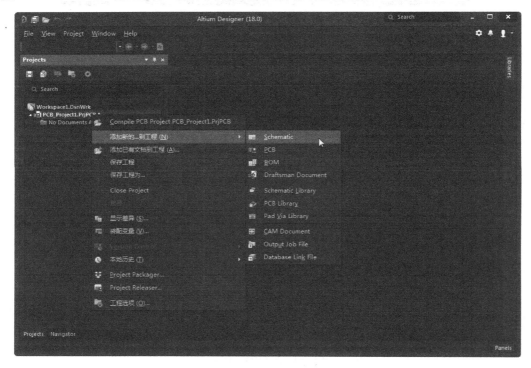

图 2-5　右键命令新建原理图文件

2．文件的保存

文件的保存包括以下 3 种方法。

（1）菜单命令

选择菜单栏中的"文件"→"另存为"命令，打开如图 2-6 所示的对话框。

图 2-6　保存原理图文件对话框

在保存原理图文件对话框中，用户可以更改设计项目的名称、所保存的文件路径等，文件默认类型为 Advanced Schematic binary (*.SchDoc)，后缀名为".SchDoc"。

（2）右键命令

在当前原理图上单击右键，在弹出的快捷菜单中选择"另存为"命令，打开如图 2-6 所示的对话框，保存原理图文件。

（3）工具按钮

单击工作区的左上角快速访问栏中的 Save Active Document（保存当前活动的文档）按钮🖫，保存当前打开原理图文件。

单击工作区的左上角快速访问栏中的 Save All Document（保存所有的文档）按钮🖫，保存当前"Project（工程）"面板中的所有文件。

3．文件的打开

原理图文件的打开包括以下两种方法。

（1）菜单命令

选择菜单栏中的"文件"→"打开"命令，打开如图 2-7 所示的对话框。选择将要打开的原理图文件或其他类型的文件，将其打开。

（2）右键命令创建

在工程文件上单击右键弹出快捷菜单，选择"添加已有文档到工程"选项，弹出卸载文件对话框，如图 2-8 所示，即可打开原理图文件。

图 2-7　打开文件对话框

图 2-8　右键打开原理图文件

2.2.2　创建新的项目文件

在进行工程设计时，通常要先创建一个项目文件，这样有利于对文件的管理。

选择菜单栏中的 File（文件）→"新的"→"项目"命令，弹出如图 2-9 所示的子菜单，显示创建的项目类型。

（1）PCB 工程：选择创建新的 PCB 项目。一个新的 PCB_Project.PrjPCBd 入口出现于 Projects 面板。

（2）Multi-board Design Project：选择创建新的多板项目。一个新的 MultiBoard_ Project.PrjMbd 入口出现于 Projects 面板。

图 2-9 子菜单

创建该项目文件后，可创建的新的文件类型包括：

Multi-board Schematic （*.MbsDoc）：当多板项目为活动文件时可用。

Mutli-board Assembly （*.MbaDoc）：多板项目为活动文件时可用。

（3）Integrated Library：选择创建新的集成元器件库项目。一个新的 Integrated_Library. LibPkg 入口出现于 Projects 面板。

（4）Project：当选中该选项时，将打开 New Project（新建工程）对话框，可通过该对话框定义新项目详细信息。

创建项目文件有两种方法，下面介绍具体创建方法。

1. 直接创建

选择菜单栏中的 File（文件）→"新的"→"项目"→"PCB 工程"命令，在 Project（工程）面板中出现了新建的工程文件，系统提供的默认名为 PCB Project1.PrjPCB，如图 2-10 所示。

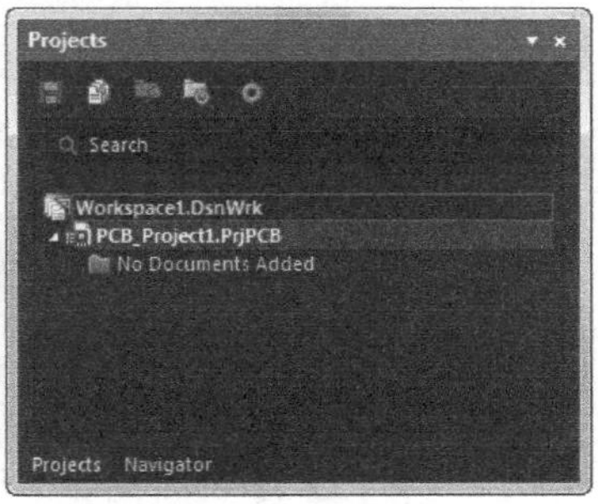

2. 对话框创建

选择菜单栏中的 File（文件）→"新的"→"项目"→

图 2-10 新建工程文件

Project（工程）命令，在弹出的对话框中列出了可以创建的各种工程类型，如图 2-11 所示，单击选择即可。

图 2-11 New Project（新建工程）对话框

在 New Project（新建工程）对话框中，包括以下几个选项。

（1）在 Project Types（项目类型）选项组下显示 4 种项目类型。

- PCB Project：选择创建新的 PCB 项目。Projects 面板上创建一个新的 PCB_Project.PrjPCBd。
- Multi-board Design Project：选择创建新的多板项目。
- Integrated Library：选择创建新的集成元器件库项目。
- Scrip Project：选择创建新的脚本项目。

（2）在 Name（名称）文本框中输入项目文件的名称，默认名称为 PCB_Project，后面新建的项目名称依次添加数字后缀，如 PCB_Project_1、PCB_Project_2 等。

（3）在 Location（路径）文本框下显示要创建的项目文件的路径，单击 Browse Location... 按钮，弹出 Browse for project location（搜索项目位置）对话框，选择路径文件夹。

3．文件的保存

选择菜单栏中的"文件"→"保存工程为"命令，打开如图 2-12 所示的对话框。

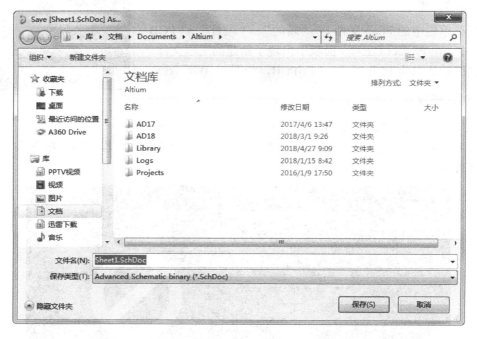

图 2-12　保存若干文件对话框

在保存项目文件对话框中，用户可以更改设计项目的名称、所保存的文件路径等，文件默认类型为"PCB Projects"，后缀名为".PrjPCB"。

工程文件的保存同样可以使用右键命令和工具按钮，这里不再赘述。

4．文件的打开

选择菜单栏中的"文件"→"打开工程"命令，打开如图 2-13 所示的对话框。选择将要打开的文件，将其打开。

图 2-13　打开文件对话框

2.2.3　原理图编辑器界面介绍

在打开一个原理图文件或创建一个新的原理图文件的同时，Altium Designer 18 的原理图编辑器将被启动，如图 2-14 所示。下面介绍原理图编辑器的主要组成部分。

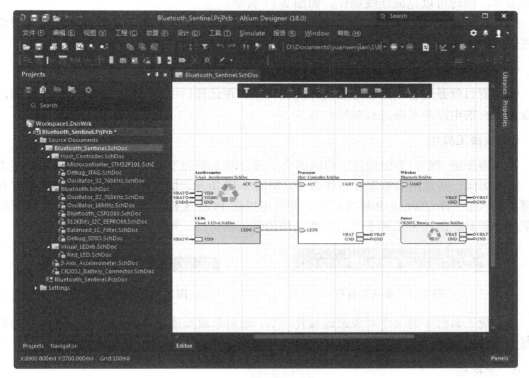

图 2-14　原理图编辑环境

1．菜单栏

Altium Designer 18 设计系统对于不同类型的文件进行操作时，主菜单的内容会发生相应的改变。在原理图编辑环境中，主菜单如图 2-15 所示。在设计过程中，对原理图的各种编辑都可以通过主菜单中的相应命令来实现。

图 2-15　原理图编辑环境中的主菜单

2．原理图标准工具栏

随着编辑器的改变，编辑窗口上会出现不同的主工具栏，**原理图标准**工具栏为用户提供了一些常用文件操作快捷方式，如图 2-16 所示。

图 2-16　原理图标准工具栏

选择菜单栏中的"视图"→Toolbars（工具栏）→"原理图标准"命令，可以打开或关闭该工具栏。

3．布线工具栏

该工具栏主要用于原理图绘制时，放置元器件、电源、地、端口、图纸标号以及未用管脚标志等，同时可以完成连线操作，如图 2-17 所示。

选择菜单栏中的"视图"→Toolbars（工具栏）→"布线"命令，可以打开或关闭该工具栏。

4．编辑窗口

编辑窗口就是进行电路原理图设计的工作区。在此窗口中可以新画一个电路原理图，也可以对原有的电路原理图进行编辑和修改。

5．快捷工具栏

在原理图或 PCB 界面设计工作区的中上部分增加新的工具栏——Active Bar 快捷工具栏，用来访问一些常用的放置和布线命令，如图 2-18 所示。快捷工具栏轻松地将对象放置在原理图、PCB、Draftsman 和库文档中，并且可以在 PCB 文档中一键执行布线，而无须使用主菜单。工具栏的控件依赖于当前正在工作的编辑器。

图 2-17　布线工具栏　　　　　　　　　图 2-18　快捷工具栏

当快捷工具栏中的某个对象最近被使用后，该对象就变成了活动/可见按钮。按钮的右下方有一个小三角形，在小三角上单击右键，即可弹出下拉菜单，如图 2-19 所示。

6．坐标栏

在编辑窗口的左下方，状态栏上面会显示鼠标指针目前位置的坐标，如图 2-20 所示。

7. 面板控制中心

用来开启或关闭各种工作面板。该面板控制中心，如图 2-21 所示。

图 2-19　下拉菜单　　　　图 2-20　坐标栏　　　　图 2-21　编辑器面板

2.3　图纸的设置

在绘制原理图之前，首先要对图纸的相关参数进行设置。主要包括图纸大小的设置、图纸字体的设置，图纸方向、标题栏和颜色的设置以及网格和光标设置等，以确定图纸的有关参数。

2.3.1　图纸大小的设置

1. 首先打开图纸设置对话框，有两种方法。

在界面右下角单击 Panels 按钮，弹出快捷菜单，选择 Properties（属性）命令，打开 Properties（属性）面板，并自动固定在右侧边界上，如图 2-22 所示。

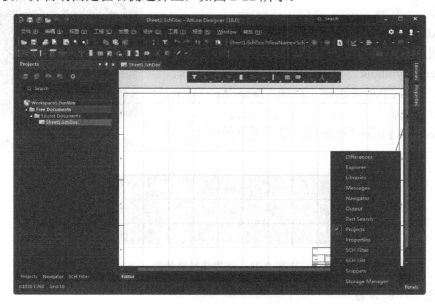

图 2-22　快捷菜单

Properties（属性）面板包含与当前工作区中所选择的条目相关的信息和控件。如果在当前工作空间中没有选择任何对象，从 PCB 文档访问时，面板显示电路板选项。从原理图访问时，显示文档选项。从库文档访问时，显示库选项。从多板文档访问时，显示多板选项。 面板还显示当前活动的 BOM 文档（*.BomDoc）。还可以迅速即时更改通用的文档选项。在工作区中放置对象（弧形、文本字符串、线等）时，面板也会出现。 在放置之前，也可以使用 Properties（属性）面板配置对象。通过 Selection Filter，可以控制在工作空间中可以选择的和不能选择的内容。

01 search（搜索）功能。

允许在面板中搜索所需的条目。

单击 按钮，使 Properties（属性）面板中包含来自同一项目的任何打开文档的所有类型的对象，如图 2-23 所示。

点击 按钮，使 Properties（属性）面板中仅包含当前文档中所有类型的对象。

在该选项板中，有 General（通用）和 Parameters（参数）这两个选项卡。

02 设置过滤对象。

在 Properties（属性）面板 Document Options（文档选项）选项组单击 中的下拉按钮，弹出如图 2-24 所示的对象选择过滤器。

单击 All objects，表示在原理图中选择对象时，选中所有类别的对象。其中包括 Components、Wires、Buses、Sheet Symbols、Sheet Entries、Net Labels、Parameters、Ports、Power Ports、Texts、Drawing objects、Other，可单独选择其中的选项，也可全部选中。

在 Selection Filter（选择过滤器）选项组中显示同样的选项。

图 2-23　Properties（属性）面板

图 2-24　对象选择过滤器

2．图纸大小的设置

单击 Properties（属性）面板 Page Options（图页选项）选项组，Formating and Size

（格式与尺寸）选项为图纸尺寸的设置区域。Altium Designer 18 给出了三种图纸尺寸的设置方式。一种是 Template（模板），单击 Template（模板）下拉按钮，如图 2-25 所示。在下拉列表框中可以选择已定义好的图纸标准尺寸，包括模型图纸尺寸（A0_portrait～A4_portrait）、公制图纸尺寸（A0～A4）、英制图纸尺寸（A～E）、CAD 标准尺寸（A～E）、OrCAD 标准尺寸（OrCAD_a～OrCAD_e）及其他格式（Letter、Legal、Tabloid 等）的尺寸。

当一个模板设置为默认模板后，每次创建一个新文件时，系统会自动套用该模板，适用于固定使用某个模板的情况。若不需要模板文件，则 Template（模板）文本框中显示空白。

在 Properties（属性）面板 Template（模板文件）选项组的下拉菜单中选择 A、A0 等模板，单击 按钮，弹出如图 2-26 所示的提示对话框，提示是否更新模板文件。

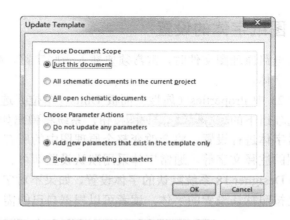

图 2-25　Template 选项　　　　图 2-26　Update Template 对话框

第二种是 Standard（标准风格），单击 Sheet Size（图纸尺寸）右侧的 按钮，在下拉列表框中可以选择已定义好的图纸标准尺寸，包括公制图纸尺寸（A0～A4）、英制图纸尺寸（A～E）、CAD 标准尺寸（A～E）、OrCAD 标准尺寸（OrCAD A～OrCAD E）及其他格式（Letter、Legal、Tabloid 等）的尺寸，如图 2-27 所示。

第三种是 Custum（自定义风格），Width（定制宽度）、Height（定制高度）。

在设计过程中，除了对图纸的尺寸进行设置外，往往还需要对图纸的其他选项进行设置，如图纸的方向、标题栏样式和图纸的颜色等。这些设置可以在 Page Options（图页选项）选项组中完成。

3．自定义图纸设置

在 Properties（属性）面板 Margin and Zones（边界和区域）选项组中，显示图纸边界尺寸，如图 2-28 所示。在 Vertial（垂直）、Horizontal（水平）两个方向上设置边框与边界的间距。在 Origin（原点）下拉列表中选择原点位置是 Upper Left（左上）还是 Bottom Right（右下）。在 Margin Width（边界宽度）文本框中设置输入边界的宽度值。

在 Properties（属性）面板 Units（单位）选项组中，通过 Sheet Border（显示边界）复选框可以设置是否显示边框。勾选该复选框表示显示边框，否则不显示边框。

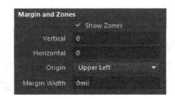

图 2-27　下拉列表　　　　　　　图 2-28　显示边界与区域

2.3.2　图纸字体的设置

在设计电路原理图文件时，常常须要插入一些字符，**Altium Designer 18** 可以为这些插入的字符设置字体。

在图 2-23 中 Properties（属性）面板 Units（单位）选项卡中，单击 Document Font（文档字体）选项组下的 Times New Roman, 10 按钮，系统将弹出如图 2-29 所示的下拉对话框。在该对话框中对字体进行设置，将会改变整个原理图中的所有文字，包括原理图中的元件管脚文字和原理图的注释文字等。通常字体采用默认设置即可。

Altium Designer 18 系统默认的字体设置，如果不对字体属性进行设置，添加到原理图上的字符就是按照默认设置的字体，读者可以根据自己的需要对字体进行设置。

图 2-29　字体下拉对话框

2.3.3　图纸方向、标题栏和颜色的设置

1. 图纸方向设置

图纸方向可通过 Properties（属性）面板 Orientation（定位）下拉列表框设置，可以设置为水平方向（Landscape）即横向，也可以设置为垂直方向（Portrait）即纵向。一般在绘制和显示时设为横向，在打印输出时可根据需要设为横向或纵向。

2. 图纸标题栏设置

在图 2-23 中，单击选中 Properties（属性）面板 Title Blo 复选框，即可以对图纸的标题栏进行设置。单击下拉列表框的下三角按钮，出现两种类型的标题栏供选择，Standard（标准型）如图 2-30 所示和 ANSI（美国国家标准协会模式）如图 2-31 所示。

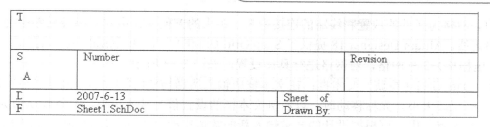

图 2-30　标准型标题栏

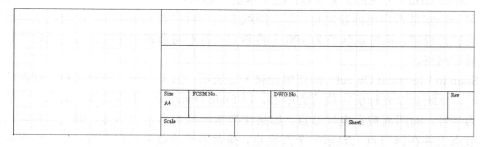

图 2-31　美国国家标准协会模式标题栏

3．图纸颜色设置

在 Properties（属性）面板 Units（单位）选项组中，单击 Sheet Color（图纸的颜色）显示框，然后在弹出的对话框中选择图纸的颜色。

4．设置图纸参考说明区域

在 Properties（属性）面板 Margin and Zones（边界和区域）选项组中，通过 Show Zones（显示区域）复选框可以设置是否显示参考说明区域。勾选该复选框表示显示参考说明区域，否则不显示参考说明区域。一般情况下应该选择显示参考说明区域。

在 Units（单位）选项组中，单击 Sheet Border（显示边界）颜色显示框，然后在弹出的对话框中选择边框的颜色，如图 2-32 所示。

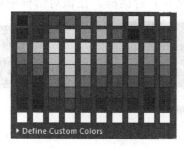

图 2-32　选择颜色

2.3.4　网格和光标设置

1．网格设置

进入原理图编辑环境后，编辑窗口的背景是网格型的，这种网格就是可视网格，是可以改变的。网格为元件的放置和线路的连接带来了极大的方便，使用户可以轻松地排列元件、整齐地走线。Altium Designer 18 提供了 Snap Grid（捕获）、Visible Grid（可见的）和 Electric Grid（电栅格）3 种网格，对网格进行具体设置，如图 2-33 所示。

- Snap Grid（捕获）文本框：在文本框中输入所谓捕获网格大小，就是光标每次移动的距离大小。光标移动时，以右侧文本框的设置值为基本单位，系统默认值为 10 个像素点，用户可根据设计的要求输入新的数值来改变光标每次移动的最小间隔距离。
- Visible Grid（可见的）文本框：在文本框中输入可视网格大小，激活"可见"按钮 ⊙，用于控制是否启用捕获网格，即在图纸上是否可以看到的网格。对图纸上网格间的距离进行设置，系统默认值为 100 个像素点。若不勾选该复选框，则表示在图纸上将不显示网格。
- Snap to Electrical Object（捕获电栅格）复选框：如果勾选了该复选框，则在绘制连线时，系统会以光标所在位置为中心，以 Snap Distance（栅格范围）文本框中的设置值为半径，向四周搜索电气节点。如果在搜索半径内有电气节点，则光标将自动移到该节点上并在该节点上显示一个圆亮点，搜索半径的数值可以自行设定。如果不勾选该复选框，则取消了系统自动寻找电气节点的功能。

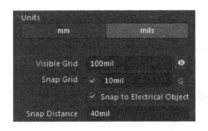

图 2-33　网格设置

单击菜单栏中的"视图"→"栅格"命令，其子菜单中有用于切换 3 种网格启用状态的命令，如图 2-34 所示。单击其中的"设置捕捉栅格"命令，系统将弹出如图 2-35 所示的 Choose a snap grid size（选择捕获网格尺寸）对话框。在该对话框中可以输入捕获网格的参数值。

图 2-34　栅格命令子菜单

图 2-35　Choose a snap grid size（选择捕获
网格尺寸）对话框

Altium Designer 18 提供了两种网格形状，即 Lines Grid（线状网格）和 Dots Grid（点状网格），如图 2-36 所示。

设置线状网格和点状网格的具体步骤如下。

（1）选择菜单栏中的"工具"→"原理图优先项"或在原理图图纸上右键单击，在弹出的快捷菜单中选择"原理图优先项"命令，打开 Preference（参数选择）对话框。在该对话框中选择 Grids（栅格）选项卡，或直接选择"选项"→"栅格"快捷命令，如图 2-37 所示。

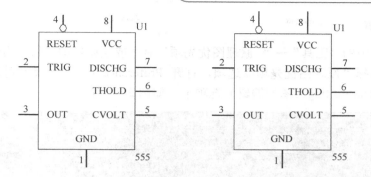

图 2-36　线状网格和点状网格

图 2-37　Preference（参数选择）对话框

（2）在 Grid（可视化栅格）选项的下拉列表中有两个选项，分别为 Line Grid 和 Dot Grid。若选择 Line Grid 选项，则在原理图图纸上显示线状网格；若选择 Dot Grid 选项，则在原理图图纸上显示点状网格。

（3）在 Grid Color（栅格颜色）选项中，单击右侧颜色条可以对网格颜色进行设置。

2．光标设置

选择菜单栏中的"工具"→"原理图优先项"命令或在原理图图纸上右键单击，在弹出的快捷菜单中选择"原理图优先项"选项，打开 Preference（参数选择）对话框。在该对话框中选择 Graphical Editing（图形编辑）选项卡，如图 2-38 所示。

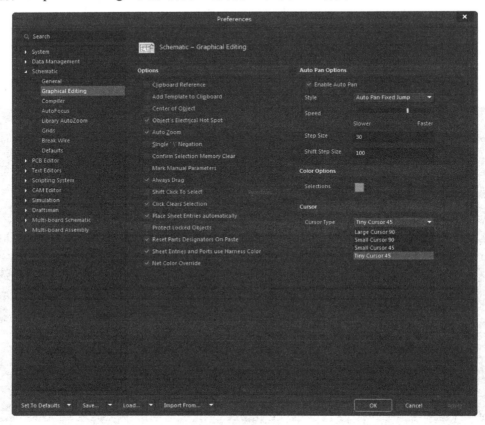

图 2-38　Preference（参数选择）对话框

在 Graphical Editing（图形编辑）选项卡的光标栏中，可以对光标进行设置，包括光标在绘图时、放置元器件时、放置导线时的形状。

Cursor Type（指针类型）是指光标的类型，单击下拉列表后的下三角按钮，会出现 4 种光标类型可供选择如图 2-39 所示：Large Cursor 90、Small Cursor 90、Small Cursor 45、Tiny Cursor 45。

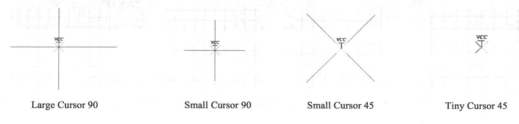

Large Cursor 90　　　　Small Cursor 90　　　　Small Cursor 45　　　　Tiny Cursor 45

图 2-39　4 种光标类型

2.3.5 填写图纸设计信息

图纸的参数信息记录了电路原理图的参数信息和更新记录。这项功能可以使用户更系统、更有效地对自己设计的图纸进行管理。

建议用户对此项进行设置。当设计项目中包含很多的图纸时，图纸参数信息就显得非常有用了。

在 Properties（属性）面板中，单击 Parameter（参数）选项卡，即可对图纸参数信息进行设置，如图 2-40 所示。

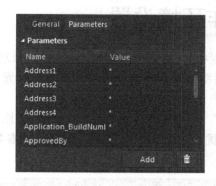

图 2-40　Parameter（参数）选项卡

在该面板中可以填写的原理图信息很多，简单介绍如下。

● Address1、Address2、Address3、Address4：用于填写设计公司或单位的地址。

● ApprovedBy：用于填写项目设计负责人姓名。

● Author：用于填写设计者姓名。

● CheckedBy：用于填写审核者姓名。

● CompanyName：用于填写设计公司或单位的名字。

● CurrentDate：用于填写当前日期。

● CurrentTime：用于填写当前时间。

● Date：用于填写日期。

● DocumentFullPathAndName：用于填写设计文件名和完整的保存路径。

● DocumentName：用于填写文件名。

● DocumentNumber：用于填写文件数量。

● DrawnBy：用于填写图纸绘制者姓名。

● Engineer：用于填写工程师姓名。

● ImagePath：用于填写影像路径。

● ModifiedDate：用于填写修改的日期。

● Organization：用于填写设计机构名称。

● Revision：用于填写图纸版本号。

● Rule：用于填写设计规则信息。

● SheetNumber：用于填写本原理图的编号。

● SheetTotal：用于填写电路原理图的总数。

- Time：用于填写时间。
- Title：用于填写电路原理图标题。

在要填写或修改的参数上双击或选中要修改的参数后，在文本框中修改各个设定值。单击 Add（添加）按钮，系统添加相应的参数属性。用户可以在该面板（如图 2-41 所示）选择 ModifiedDate（修改日期）参数，在 Value（值）选项组中填入修改日期，完成该参数的设置。

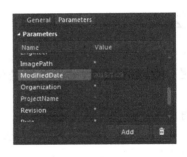

图 2-41　日期设置

2.4　原理图工作环境设置

在电路原理图的绘制过程中，其效率性和正确性往往与原理图工作环境的设置有着十分密切的联系。这一节中，我们将详细介绍原理图工作环境的设置，以使用户能熟悉这些设置，为后面原理图的绘制打下一个良好的开端。

选择菜单栏中的"工具"→"原理图优先项"命令或在原理图图纸上右键单击，在弹出的快捷菜单中选择原理图优先项选项，打开 Preference（参数选择）对话框，如图 2-42 所示。

图 2-42　General 选项卡

在该对话框中有 8 个选项卡：General（常规设置）、Graphical Editing（图形编辑）、Compiler（编译器）、AutoFocus（自动获得焦点）、Library AutoZoom（库扩充方式）、Grids（网格）、

Break Wire（断开连线）和 Default Units（默认单位）。下面我们将对这些选项卡进行具体的介绍。

2.4.1　General 选项卡的设置

在"Preference（参数选择）"对话框中，单击"General（常规设置）"标签，弹出"General（常规设置）"选项卡，如图 2-42 所示。"General（常规设置）"选项卡主要用来设置电路原理图的常规环境参数。

1．Units（单位）选项组

图纸单位可通过"Units（单位）"选项组下设置，可以设置为公制（Milimeters），也可以设置为英制（Mils）。一般在绘制和显示时设为 Mils。

2．Options（选项）选项组

- Break Wires At Autojunctions（自动添加结点）复选框：勾选该复选框后，在两条交叉线处自动添加节点后，节点两侧的导线将被分割成两段。
- Optimize Wire&Buses（最优连线路径）复选框：勾选该复选框后，在进行导线和总线的连接时，系统将自动选择最优路径，并且可以避免各种电气连线和非电气连线的相互重叠。此时，下面的元件割线复选框也呈现可选状态。若不勾选该复选框，则用户可以自己选择连线路径。
- Components Cut Wires（元件割线）复选框：勾选该复选框后，会启动元件分割导线的功能。即当放置一个元件时，若元件的两个管脚同时落在一根导线上，则该导线将被分割成两段，两个端点分别自动与元件的两个管脚相连。
- Enable In-Place Editing（启用即时编辑功能）复选框：勾选该复选框后，在选中原理图中的文本对象时，如元件的序号、标注等，双击后可以直接进行编辑、修改，而不必打开相应的对话框。
- Convert Cross-Junctions（将绘图交叉点转换为连接点）复选框：勾选该复选框后，用户在绘制导线时，在相交的导线处 3。
- 自动连接并产生节点，同时终止本次操作。若没有勾选该复选框，则用户可以任意覆盖已经存在的连线，并可以继续进行绘制导线的操作。
- Display Cross-Overs（显示交叉点）复选框：勾选该复选框后，非电气连线的交叉点会以半圆弧显示，表示交叉跨越状态。
- Pin Direction（管脚说明）复选框：勾选该复选框后，单击元件某一管脚时，会自动显示该管脚的编号及输入/输出特性等。
- Sheet Entry Direction（原理图入口说明）复选框：勾选该复选框后，在顶层原理图的图纸符号中会根据子图中设置的端口属性显示输出端口、输入端口或其他性质的端口。图纸符号中相互连接的端口部分不随此项设置的改变而改变。
- Port Direction（端口说明）复选框：勾选该复选框后，端口的样式会根据用户设置的端口属性显示输出端口、输入端口或其他性质的端口。
- Unconnected Left To Right（左右两侧原理图不连接）复选框：勾选该复选框后，由子图生成顶层原理图时，左右可以不进行物理连接。

- Render Text with GDI+（使用 GDI+渲染文本+）复选框：勾选该复选框后，可使用 GDI 字体渲染功能，精细到字体的粗细、大小等功能。
- Drag Orthogonal（直角拖曳）复选框：勾选该复选框后，在原理图上拖动元件时，与元件相连接的导线只能保持直角。若不勾选该复选框，则与元件相连接的导线可以呈现任意的角度。
- Drag Step（拖动间隔）下拉列表：在原理图上拖动元件时，拖动速度包括四种：Medium、Large、Small、Smallest。

3．Include With Clipboard（包含剪贴板）选项组

- No-ERC Markers（忽略 ERC 检查符号）复选框：勾选该复选框后，在复制、剪切到剪贴板或打印时，均包含图纸的忽略 ERC 检查符号。
- Parameter Sets（参数设置）复选框：勾选该复选框后，使用剪贴板进行复制操作或打印时，包含元件的参数信息。
- Notes（说明）复选框：勾选该复选框后，使用剪贴板进行复制操作或打印时，包含注释说明信息。

4．Alpha Numeric Suffix（字母和数字后缀）选项组

该选项组用于设置某些元件中包含多个相同子部件的标识后缀，每个子部件都具有独立的物理功能。在放置这种复合元件时，其内部的多个子部件通常采用"元件标识：后缀"的形式来加以区别。

- Alpha（字母）选项：选择该选项，子部件的后缀以字母表示，如 U：A，U：B 等。
- Numeric，separated by a dot " . "（数字间用点间隔）选项：选择该选项，子部件的后缀以数字表示，如 U.1，U.2 等。
- Numeric，separated by a colon " ; "（数字间用冒号分割）选项：选择该选项，子部件的后缀以数字表示，如 U：1，U：2 等。

5．Pin Margin（管脚边距）选项组

- Name（名称）文本框：用于设置元件的管脚名称与元件符号边缘之间的距离，系统默认值为 50mil。
- Number（编号）文本框：用于设置元件的管脚编号与元件符号边缘之间的距离，系统默认值为 80mil。

6．Auto-Increment During Placement（分段放置）选项组

该选项组用于设置元件标识序号及管脚号的自动增量数。

- Primary（首要的）文本框：用于设定在原理图上连续放置同一种元件时，元件标识序号的自动增量数，系统默认值为 1。
- Secondary（次要的）文本框：用于设定创建原理图符号时，管脚号的自动增量数，系统默认值为 1。
- Remove Leading Zeroes（去掉前导零）：勾选该复选框，元件标识序号及管脚号去掉前导零。

7．Port Cross References（端口对照）选项组

- Sheet Style（图纸风格）文本框：用于设置图纸中端口类型，包括 Name（名称）、Number（数字）。
- Location Style（位置风格）文本框：用于设置图纸中端口放置位置依据，系统设置包括 Zone（区域）、Location X,Y（坐标）。

8．Default Blank Sheet Size（默认空白原理图尺寸）选项组

该选项组用于设置默认的模板文件。可以单击 Template（模板）下拉列表中选择模板文件，选择后，模板文件名称将出现在 Template（模板）文本框中。每次创建一个新文件时，系统将自动套用该模板。如果不需要模板文件，则"模板"列表框中显示 No Default Template文件（没有默认的模板文件）。

单击 Sheet Size（图纸尺寸）下拉列表中选择样板文件，选择后，模板文件名称将出现在Sheet Size（图纸尺寸）文本框中，在文本框下显示具体的尺寸大小。

2.4.2 Graphical Editing 选项卡的设置

在 Preference（参数选择）对话框中，单击 Graphical Editing（图形编辑）标签，弹出 Graphical Editing 选项卡，如图 2-43 所示。Graphical Editing 选项卡主要用来设置与绘图有关的一些参数。

图 2-43　Graphical Editing 标签页

1．Options（选项）选项组

● Clipboard Reference（剪贴板参考点）复选框：勾选该复选框后，在复制或剪切选中的对象时，系统将提示确定一个参考点。建议用户勾选该复选框。

● Add Template to Clipboard（添加模板到剪贴板）复选框：勾选该复选框后，用户在执行复制或剪切操作时，系统将会把当前文档所使用的模板一起添加到剪贴板中，所复制的原理图包含整个图纸。建议用户不勾选该复选框。

● Center of Object（对象中心）复选框：勾选该复选框后，在移动元件时，光标将自动跳到元件的参考点上（元件具有参考点时）或对象的中心处（对象不具有参考点时）。若不勾选该复选框，则移动对象时光标将自动滑到元件的电气节点上。

● Object's Electrical Hot Spot（对象的电气热点）复选框：勾选该复选框后，当用户移动或拖动某一对象时，光标自动滑动到离对象最近的电气节点（如元件的管脚末端）处。建议用户勾选该复选框。如果想实现勾选"对象的中心"复选框后的功能，则应取消对"对象电气热点"复选框的勾选，否则移动元件时，光标仍然会自动滑到元件的电气节点处。

● Auto Zoom（自动放缩）复选框：勾选该复选框后，在插入元件时，电路原理图可以自动地实现缩放，调整出最佳的视图比例。建议用户勾选该复选框。

● Single '\' Negation（使用单一'\'符号表示低电平有效标识）复选框：一般在电路设计中，我们习惯在管脚的说明文字顶部加一条横线表示该管脚低电平有效，在网络标签上也采用此种标识方法。Altium Designer 18 允许用户使用"\"为文字顶部加一条横线。例如，RESET 低有效，可以采用"\R\E\S\E\T"的方式为该字符串顶部加一条横线。勾选该复选框后，只要在网络标签名称的第一个字符前加一个"\"，则该网络标签名将全部被加上横线。

● Confirm Selection Memory Clear（清除选定存储时需要确认）"复选框：勾选该复选框后，在清除选定的存储器时，将出现一个确认对话框。通过这项功能的设定可以防止由于疏忽而清除选定的存储器。建议用户勾选该复选框。

● Mark Manual Parameters（标记需要手动操作的参数）复选框：用于设置是否显示参数自动定位被取消的标记点。勾选该复选框后，如果对象的某个参数已取消了自动定位属性，那么在该参数的旁边会出现一个点状标记，提示用户该参数不能自动定位，需手动定位，即应该与该参数所属的对象一起移动或旋转。

● Always Drag（始终跟随拖曳）复选框：勾选该复选框后，移动某一选中的图元时，与其相连的导线也随之被拖动，以保持连接关系。若不勾选该复选框，则移动图元时，与其相连的导线不会被拖动。

● Shift Click To Select（按<Shift>键并单击选择）复选框：勾选该复选框后，只有在按下<Shift>键时，单击才能选中图元。此时，右侧的"Primitives（原始的）"按钮被激活。单击"元素"按钮，弹出如图 2-44 所示的 Must Hold Shift To Select（必须按住<Shift>键选择）对话框，可以设置哪些图元只有在按下<Shift>键时，单击才能选择。使用这项功能会使原理图的编辑很不方便，建议用户不必勾选该复选框，直接单击选择图元即可。

- Click Clears Selection（单击清除选择）复选框：勾选该复选框后，通过单击原理图编辑窗口中的任意位置，就可以解除对某一对象的选中状态，不需要再使用菜单命令或者"原理图标准"工具栏中的 ▨（取消对当前所有文件的选中）按钮。建议用户勾选该复选框。
- Place Sheet Entries Automatically（自动放置原理图入口）复选框：勾选该复选框后，系统会自动放置图纸入口。
- Protect Locked Objects（保护锁定对象）复选框：勾选该复选框后，系统会对锁定的图元进行保护。若不勾选该复选框，则锁定对象不会被保护。
- Reset Parts Designators On Paste（重置粘贴的元件标号）：勾选该复选框后，将复制粘贴后的元件标号进行重置。
- Sheet Entries and Ports use Harness Color（图纸入口和端口使用线束颜色）复选框：勾选该复选框后，将原理图中的图纸入口与电路按端口颜色设置为线束颜色
- Net Color Override（覆盖网络颜色）：勾选该复选框后，激活网络颜色功能，可单击 ✐· 按钮，设置网络对象的颜色

2. Auto Pan Options（自动摇镜选项）选项组

该选项组主要用于设置系统的自动摇镜功能，即当光标在原理图上移动时，系统会自动移动原理图，以保证光标指向的位置进入可视区域。

- Style（模式）下拉列表框：用于设置系统自动摇镜的模式。有 3 个选项可以供用户选择，即 Atuo Pan Off（关闭自动摇镜）、Auto Pan Fixed Jump（按照固定步长自动移动原理图）、Auto Pan Recenter（移动原理图时，以光标最近位置作为显示中心）。系统默认为 Auto Pan Fixed Jump（按照固定步长自动移动原理图）。
- Speed（速度）滑块：通过拖动滑块，可以设定原理图移动的速度。滑块越向右，速度越快。
- Step Size（移动步长）文本框：用于设置原理图每次移动时的步长。系统默认值为 30，即每次移动 30 个像素点。数值越大，图纸移动越快。
- Shift Step Size（快速移动步长）文本框：用于设置在按住<Shift>键的情况下，原理图自动移动的步长。该文本框的值一般要大于"Step Size（移动步长）"文本框中的值，这样在按住<Shift>键时可以加快图纸的移动速度。系统默认值为 100。

3. Color Options（颜色选项）选项组

该选项组用于设置所选中对象的颜色。单击 Selections（选择）颜色显示框，系统将弹出如图 2-45 所示的 Choose Color（选择颜色）对话框，在该对话框中可以设置选中对象的颜色。

4. Cursor（光标）选项组

该选项组主要用于设置光标的类型。在 Cursor Type（光标类型）下拉列表框中，包含 Large Cursor 90（长十字形光标）、Small Cursor 90（短十字形光标）、Small Cursor 45（短 45°交叉光标）、Tiny Cursor 45（小 45°交叉光标）4 种光标类型。系统默认为 Small Cursor 90（短十字形光标）类型。

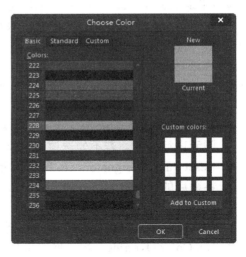

图 2-44 Must Hold Shift To Select（必须按住 <Shift>键选择）对话框

图 2-45 Choose Color（选择颜色）对话框

2.4.3 Complier 选项卡的设置

在 Preference（参数选择）对话框中，单击 Complier（编译）标签，弹出 Complier（编译）选项卡，如图 2-46 所示。Complier（编译）选项卡主要用来设置对电路原理图进行电气检查时，对检查出的错误生成各种报表和统计信息。

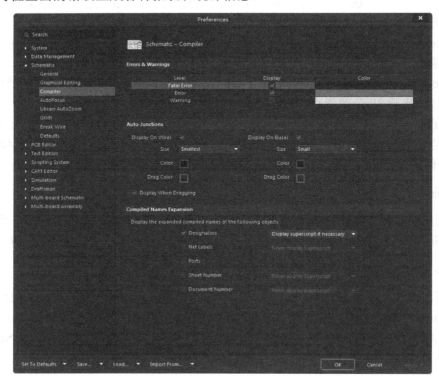

图 2-46 Complier 选项卡

1．Error&Warnings（错误和警告）选项区域

用来设置对于编译过程中出现的错误，是否显示出来，并可以选择颜色加以标记。系统错误有 3 种，分别是 Fatal Error（致命错误）、Error（错误）和 Warning（警告）。此选项区域采用系统默认即可。

2．Auto-Junction（自动连接）选项区域

主要用来设置在电路原理图连线时，在导线的"T"字型连接处，系统自动添加电气节点的显示方式。有 2 个复选框供选择。

（1）Display On Wirs（显示在线上）：在导线上显示，若选中此复选框，导线上的"T"字型连接处会显示电气节点。电气节点的大小用 Size（大小）设置，有四种选择，如图 2-47 所示。在 Color（颜色）中可以设置电气节点的颜色。

图 2-47　电气节点大小设置

（2）Display On Buses（显示在总线上）：在总线上显示，若选中此复选框，总线上的"T"字型连接处会显示电气节点。电气节点的大小和颜色设置操作与前面的相同。

3．Compiled Names Expansion（编译扩展名）选项区域

主要用来设置要显示对象的扩展名。若选中 Designators（标识）复选框后，在电路原理图上会显示标志的扩展名，其他对象的设置操作同上。

2.4.4　AutoFocus 选项卡的设置

在 Preference（参数选择）对话框中，单击 AutoFocus（自动聚焦）标签，弹出 AutoFocus 选项卡，如图 2-48 所示。

图 2-48　AutoFocus 选项卡

AutoFocus（自动聚焦）选项卡主要用来设置系统的自动聚焦功能，此功能能根据电路原理图中的元器件或对象所处的状态进行显示。

1．Dim Unconnected Objects（淡化未链接的目标）选项组

该选项组用来设置对未连接的对象的淡化显示。有 4 个复选框供选择，分别是 On Place（放置时）、On Move（移动时）、On Edit Graphically（图形编辑时）、On Edit In Place（编辑放置时）。单击 All On 按钮可以全部选中，单击 All Off 按钮可以全部取消选择。淡化显示的程度可以由右面的滑块来调节。

2．Thicken Connected Objects（使连接物体变厚）选项组

该选项组用来设置对连接对象的加强显示。有 3 个复选框供选择，分别是 On Place（放置时）、On Move（移动时）、On Edit Graphically（图形编辑时），其他的设置同上。

3．Zoom Connected Objects（缩放连接目标）选项组

该选项组用来设置对连接对象的缩放。有 5 个复选框供选择，分别是 On Place（放置时）、On Move（移动时）、On Edit Graphically（图形编辑时）、On Edit In Place（编辑放置时）、Restrict To Non-net Objects Only（仅约束非网络对象）。第 5 个复选框在选中 On Edit In Place（编辑放置时）复选框后，才能进行选择，其他设置同上。

2.4.5　元件自动缩放设置

可以设置元件的自动缩放形式，主要通过 Library AutoZoom（元件自动缩放）选项卡完成，如图 2-49 所示。

图 2-49　Library AutoZoom 选项卡

该标签设置有 3 个单选按钮供用户选择：Do Not Change Zoom Between Componets（在元件切换间不更改）、Remember Last Zoom For Each Component（记忆最后的缩放值）、Center Each Component In 元件居中。用户根据自己的实际情况选择即可，系统默认选中 Center Each Component In Editor（元件居中）单选按钮。

2.4.6　Grids 选项卡的设置

在 Preference（参数选择）对话框中，单击 Grids（栅格）标签，弹出 Grids 选项卡，如图 2-50 所示。Grids（栅格）选项卡用来设置电路原理图图纸上的网格。

在前一节中对网格的设置已经做过介绍，在此只将选项卡中没讲过的部分作简单介绍。

1. Imperial Grid Presets（英制格点预设）选项区域

用来将网格形式设置为英制网格形式。单击 Altium Presets 按钮，弹出如图 2-51 所示的菜单。

选择某一种形式后，在旁边显示出系统对 Snap Grid（跳转栅格）、Snap Distance（电气栅格）、Visible Grid（可视化栅格）的默认值，用户也可以自己点击设置。

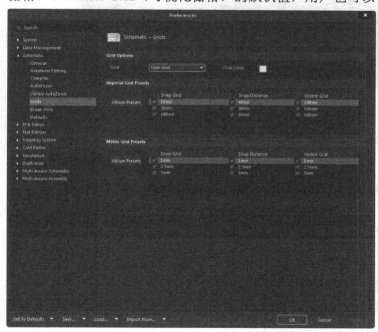

图 2-50　Grids 选项卡

图 2-51　Altium Presets（推荐设置）菜单

2. Metricl Grid Presets（米制格点预设）选项区域

用来将网格形式设置为公制网格形式，设置方法同上。

2.4.7　Break Wire 选项卡的设置

在 Preference（参数选择）对话框中，单击 Break Wire（切割导线）标签，弹出 Break Wire 选项卡，如图 2-52 所示。Break Wire（切割导线）选项卡用来设置与"打破线"命令有关的一些参数。

图 2-52　Break Wire 选项卡

1．Cutting Length（切割长度）选项区域

用来设置当执行"打破线"命令时，切割导线的长度。有 3 个选择框。

（1）Snap To Segment（折断片段）：对准片段，选择该项后，当执行"打破线"命令时，光标所在的导线被整段切除。

（2）Snap Grid Size Multiple（折断多重栅格尺寸）：捕获网格的倍数，选择该项后，当执行"打破线"命令时，每次切割导线的长度都是网格的整数倍。用户可以在右边的数字栏中设置倍数，倍数的大小在 2 到 10 之间。

（3）Fixed Length（固定长度）：固定长度，选择该项后，当执行"打破线"命令时，每次切割导线的长度是固定的。用户可以在右边的数字栏中设置每次切割导线的固定长度值。

2．Show Cutter Box（显示切割框）选项区域

用来设置当执行"打破线"命令时，是否显示切割框。有 3 个选项供选择，分别是 Never（从不）、Always（总是）、On Wire（线上）。

3．Show Extremity Markers（显示末端标记）选项区域

用来设置当执行"打破线"命令时，是否显示导线的末端标记。有 3 个选项供选择，分别是 Never（从不）、Always（总是）、On Wire（线上）。

2.4.8　Default 选项卡的设置

在 Preference（参数选择）对话框中，单击 Default（默认值）标签，弹出 Default 选项卡，

如图 2-53 所示。Default（默认值）选项卡用来设置在电路原理图绘制中，使用的是英制单位系统还是公制单位系统。

图 2-53   Default 选项卡

1. Primitives（原始）选项组

在原理图绘制中，使用的单位系统可以是英制单位系统（Mils），也可以是公制单位系统（MMs）。

2. Primitives（元件列表）下拉列表框

在 Primitives（元件列表）下拉列表框中，单击其下拉按钮，弹出下拉列表。选择下拉列表的某一选项，该类型所包括的对象将在 Primitive List（元器件）列表框中显示。

- All：全部对象。选择该选项后，在下面的"元器件"列表框中将列出所有的对象。
- Drawing Tools：指绘制非电气原理图工具栏所放置的全部对象。
- Other：指上述类别所没有包括的对象。
- Wiring Objects：指绘制电路原理图工具栏所放置的全部对象。
- Harness Objects：指绘制电路原理图工具栏所放置的线束对象。
- Library Parts：指与元件库有关的对象。
- Sheet Symbol Objects：指绘制层次图时与子图有关的对象。

3．Primitive List（元器件）列表框

可以选择 Primitive List（元器件）列表框中显示的对象，并对所选的对象进行属性设置或复位到初始状态。在 Primitive List（元器件）列表框中选定某个对象，例如选中 Pin（管脚），如图 2-54 所示，在右侧显示的基本信息中，修改相应的参数设置。

如果在此处修改相关的参数，那么在原理图上绘制管脚时默认的管脚属性就是修改过的管脚属性设置。

图 2-54　Pin 信息

在原始值列表框选中某一对象，单击 Reset All 按钮，则该对象的属性复位到初始状态。

4．功能按钮

- Save As（保存为）：保存默认的原始设置，当所有需要设置的对象全部设置完毕时，单击 Save As... 按钮，弹出文件保存对话框，保存默认的原始设置。默认的文件扩展名为 *.dft，以后可以重新进行加载。
- 装载：加载默认的原始设置，要使用以前曾经保存过的原始设置，单击 Load... 按钮，弹出打开文件对话框，选择一个默认的原始设置就可以加载默认的原始设置。
- 复位所有：恢复默认的原始设置。单击 Reset All 按钮，所有对象的属性都回到初始状态。

2.4.9　Orcad（tm）选项卡的设置

在 Preference（参数选择）对话框中，单击 Orcad（tm）标签，弹出 Orcad（tm）选项卡，如图 2-55 所示。Orcad（tm）选项卡主要用来设置与 Orcad 文件有关的参数。

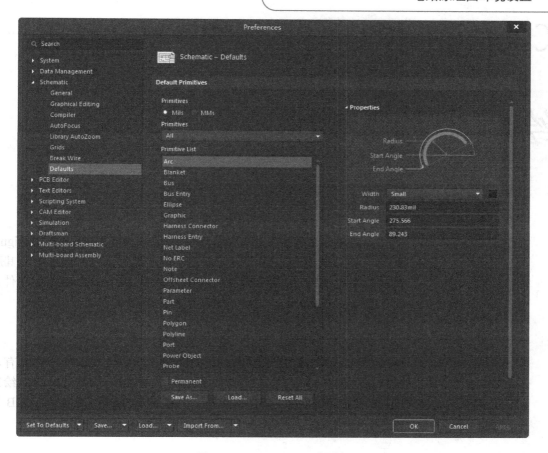

图 2-55　Orcad（tm）选项卡

- Primitives（图元）选项组：该选项下选择原理图单位。
- Primitives（图元）列表框：该列表框列出了所有可以编辑的图元总分类。
- Primitives List（图元列表）列表框：该列表框列出了所有可以编辑的图元对象选项。单击选择其中一项，在右侧 Properties（属性）选项组中显示相应的属性设置，进行图元属性的修改。例如，双击图元 Arc（弧）选项，进入坐标属性设置选项组，可以对各项参数的数值进行修改。

Chapter

绘制电路原理图

3

本章主要讲解学习原理图绘制的方法和技巧,在 Altium Designer 18 中,只有设计出符合需要和规则的电路原理图,然后才能对其顺利进行仿真分析,最终变为可以用于生产的 PCB 印制电路板文件。

3.1 原理图的组成

原理图,即电路板工作原理的逻辑表示,主要由一系列具有电气特性的符号构成。如图 3-1 所示是一张用 Altium Designer 18 绘制的原理图,在原理图上用符号表示了 PCB 的所有组成部分。PCB 各个组成部分与原理图上电气符号的对应关系如下。

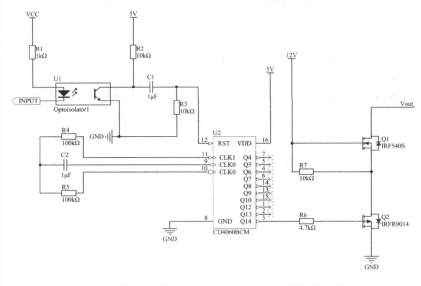

图 3-1　用 Altium Designer 18 绘制的原理图

1. 元件

在原理图设计中,元件以元件符号的形式出现。元件符号主要由元件管脚和边框组成,其中元件管脚需要和实际元件一一对应。

如图 3-2 所示为图 3-1 中采用的一个元件符号，该符号在 PCB 板上对应的是一个运算放大器。

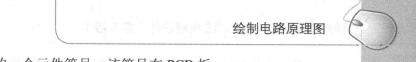

图 3-2　元件符号

2．铜箔

在原理图设计中，铜箔有以下几种表示。

（1）导线：原理图设计中的导线也有自己的符号，它以线段的形式出现。Altium Designer 18 中还提供了总线，用于表示一组信号，它在 PCB 上对应的是一组由铜箔组成的有时序关系的导线。

（2）焊盘：元件的管脚对应 PCB 上的焊盘。

（3）过孔：原理图上不涉及 PCB 的布线，因此没有过孔。

（4）覆铜：原理图上不涉及 PCB 的覆铜，因此没有覆铜的对应符号。

3．丝印层

丝印层是 PCB 上元件的说明文字，对应于原理图上元件的说明文字。

4．端口

在原理图编辑器中引入的端口不是指硬件端口，而是为了建立跨原理图电气连接而引入的具有电气特性的符号。原理图中采用了一个端口，该端口就可以和其他原理图中同名的端口建立一个跨原理图的电气连接。

5．网络标签

网络标签和端口类似，通过网络标签也可以建立电气连接。原理图中的网络标签必须附加在导线、总线或元件管脚上。

6．电源符号

这里的电源符号只用于标注原理图上的电源网络，并非实际的供电器件。

总之，绘制的原理图由各种元件组成，它们通过导线建立电气连接。在原理图上除了元件之外，还有一系列其他组成部分辅助建立正确的电气连接，使整个原理图能够和实际的 PCB 对应起来。

3.2　Altium Designer 18 元器件库

Altium Designer 18 为用户提供了包含大量元器件的元器件库。在绘制电路原理图之前，首先要学会如何使用元器件库。包括元器件库的加载、卸载以及如何查找自己需要的元器件。

3.2.1　元器件库的分类

Altium Designer 18 的元器件库中的元器件数量庞大，分类明确。Altium Designer 18 元器件库采用下面两级分类方法。

（1）一级分类是以元器件制造厂家的名称分类。

（2）二级分类在厂家分类下面又以元器件种类（如模拟电路、逻辑电路、微控制器、A/D 转换芯片等）进行分类。

对于特定的设计工程，用户可以只调用几个需要的元器件厂商中的二级库，这样可以减轻计算机系统运行的负担，提高运行效率。用户若要在 Altium Designer 18 的元器件库中调用一个所需要的元器件，首先应该知道该元器件的制造厂家和该元器件的分类，以便在调用该元器件之前把含有该元器件的元件库载入系统。

3.2.2 打开 Libraries（库）选项区域

打开 Libraries（库）选项区域的具体操作如下。

（1）将光标箭头放置在工作区右侧的 Libraries（库）标签上，此时会自动弹出一个 Libraries（库）选项区域，如图 3-3 所示。

（2）如果在工作区右侧没有 Libraries（库）标签，只要单击底部的面板控制栏（控制各面板的显示与隐藏）中的 Libraries（库）按钮，即可在工作区右侧出现 Libraries（库）标签，并自动弹出一个 Libraries（库）选项区域。如图 3-3 所示。可以看到，在 Libraries（库）选项区域中 Altium Designer 18 系统已经装入了两个默认的元件库：通用元件库（Miscellaneous Devices.IntLib）以及通用接插件库（Miscellaneous Connectors. IntLib）。

3.2.3 加载元件库

选择菜单栏中的"设计"→"浏览库"命令或在电路原理图编辑环境的右下角点击"Panels（面板）"，在弹出的菜单中选择 Libraries（库）选项，即可打开 Libraries（库）面板，如图 3-3 所示。

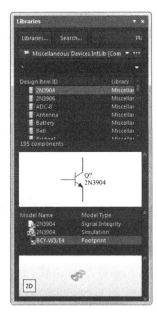

图 3-3　Libraries（库）面板

利用 Libraries（库）面板可以完成元器件的查找、元器件库的加载和卸载等功能。

3.2.4 元器件的查找

当用户不知道元器件在哪个库中时，就要查找需要的元器件。

查找元器件的过程如下。

（1）单击 Libraries（库）面板的 Search... 按钮或选择菜单栏中的"工具"→"查找器件"命令，弹出如图 3-4 所示的 Libraries Search（搜索库）对话框。

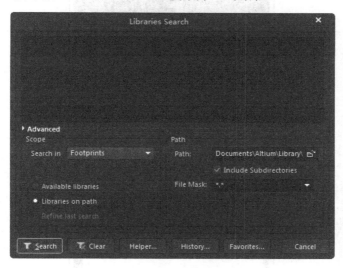

图 3-4　查找元器件对话框

下面我们简单介绍一下这个对话框。

① Scope（范围）设置区：有一个下拉列表框和一个复选框。Search in（在…中搜索）下拉列表框用于设置查找类型，有 4 种选择，分别是 components（元器件）、Footprints（PCB 封装）、3D Models（3D 模型）和 Database components（库元件）。

② Scope（范围）设置区：用于设置查找范围。若选中 Libraries on Path（库文件路径）单选按钮，则在目前已经加载的元器件库中查找；若选中"Path（文件路径）"，则按照设置的路径进行查找。

③ Path（文件路径）设置区：用于设置查找元器件的路径。主要由 Path（文件路径）和 File Mask（文件面具）选项组成，只有在选择了 Path（文件路径）时，才能进行路径设置。单击 Path（文件路径）路径右边的打开文件按钮，弹出浏览文件夹对话框，可以选中相应的搜索路径。一般情况下选中 Path（文件路径）下方的 Include Subdirectories（包括子目录）。File Mask（文件屏蔽）是文件过滤器，默认采用通配符。如果对搜索的库比较了解，可以输入相应的符号以减少搜索范围。

④ 文本栏：用来输入要查的元器件的名称。若文本框中有内容，单击 Clear（清除）按钮，可以将里面的内容清空，然后再输入要查找的元器件的名称。

（2）将上面的对话框设置好后，单击 Search 按钮即可开始查找。

例如我们要查找 P80C51FA-4N 这个元器件，在文本栏里输入 P80C51FA-4N（或简化输入 80c51）；在 Search in（在…中搜索）下拉列表框中选择 components（元件）；在 Scope（范围）设置区选择 Libraries on Path（库文件路径）；在 Path（文件路径）设置区，路径为系统提供的默认路径 D:\Documents and Settings\Altium\AD 18\Library\。单击 Search 按钮即可。查找到的结果如图 3-5 所示。

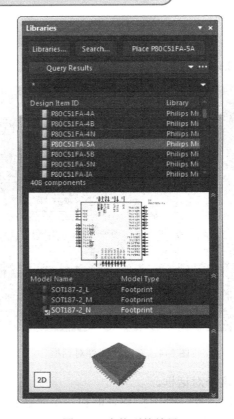

图 3-5　查找到的结果

3.2.5　元器件库的加载与卸载

由于加载到 Libraries（库）面板的元器件库要占用系统内存，所以当用户加载的元器件库过多时，就会占用过多的系统内存，影响程序的运行。建议用户只加载当前需要的元器件库，同时将不需要的元器件库卸载掉。

1．直接加载元器件库

当用户已经知道元器件所在的库时，就可以直接将其添加到 Libraries（库）面板中，加载元器件库的步骤如下。

（1）在 Libraries（库）面板中单击 Libraries（库）按钮或选择菜单栏中的"设计"→"浏览库"命令，弹出如图 3-6 所示对话框。在此对话框中有 3 个选项卡，Project 列出的是用户为当前设计项目自己创建的库文件；Installed（已安装）中列出的是当前安装的系统库文件；Library Path Relative To（搜索路径）列出的是查找路径。

（2）加载元器件库。选择 Install 按钮下的 Install from file... 命令，弹出查找文件夹对话框，如图 3-7 所示。然后根据设计项目需要决定安装哪些库就可以了。元器件库在列表中的位置影响了元器件的搜索速度，通常是将常用元器件库放在较高位置，以便对其先进行搜索。可以利用 Move up（上移）和 Move down（下移）两个按钮来调节元器件库在列表中的位置。

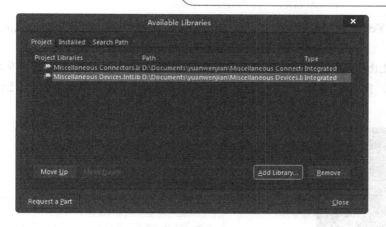

图 3-6　加载、卸载元器件库对话框

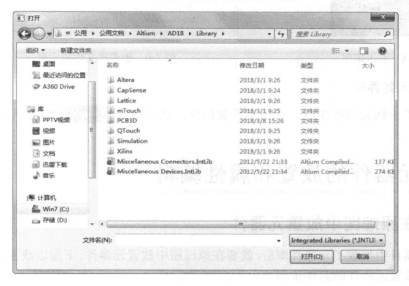

图 3-7　选择库文件对话框

由于 Altium Designer10 后面版本的软件中元件库的数量大量减少，如图 3-7 所示，不足以满足本书中原理图绘制所需的元件，因此在附带的光盘或网盘中自带大量元件库，用于原理图中元件的放置与查找。可以利用步骤（2）中 Install... ▼ 按钮，在查找文件夹对话框中选择自带元件库中所需元件库的路径，完成加载后进行使用。

2．查找到元器件后，加载其所在的库

在 3.5.2 中我们介绍了如何查找元器件，现在介绍一下如何将查找到的元器件所在的库加载到 Libraries（库）面板中。有 3 种方法，在这里我们以查找到的元器件 SN74S138AD 为例。

（1）选中所需的元器件 P80C51FA-4N，单击光标右键，弹出如图 3-8 所示的菜单。选择执行"安装当前库"命令，即可将元器件 P80C51FA-4N 所在的库加载到 Libraries（库）面板。

（2）在图 3-8 所示的菜单中选择执行 P80C51FA-4N 命令，系统弹出如图 3-9 所示的提示框，单击 Yes（是）按钮，即可将元器件 P80C51FA-4N 所在的库加载到 Libraries（库）面板。

（3）单击 Libraries（库）面板右上方的  按钮，弹出如图 3-9 所示的提示框，单击 Yes（是）按钮，也可以将元器件 P80C51FA-4N 所在的库加载到 "Libraries（库）" 面板。

图 3-8　右击菜单　　　　　　　　　　图 3-9　加载库文件提示框

3．卸载元器件库

当不需要一些元器件库时，选中不需要的库，然后单击 Remove 按钮就可以卸载不需要的库。

3.3　元器件的放置和属性编辑

3.3.1　在原理图中放置元器件

在当前项目中加载了元器件库后，就要在原理图中放置元器件，下面以放置 SN74S138AD 为例，说明放置元器件的具体步骤。

（1）选择菜单栏中的"视图"→"适合文件"命令，或者在图纸上右击光标，在弹出的快捷菜单中选择"视图"→"适合文件"选项，使原理图图纸显示在整个窗口中。也可以按 Page Down 和 Page Up 键缩小和放大图纸视图。或者右击光标，在弹出的快捷菜单中选择"视图"→"放大"和"缩小"选项同样可以缩小和放大图纸视图。

（2）在 Libraries（库）面板的元器件库列表下拉菜单中选择 Philips Microcontroller 8-Bit.IntLib 使之成为当前库，同时库中的元器件列表显示在库的下方，找到元器件 P80C51FA-4N。

（3）使用 Libraries（库）面板上的过滤器快速定位需要的元器件，默认通配符* 列出当前库中的所有元器件，也可以在过滤器栏输入 P80C51FA-4N，即可直接找到 P80C51FA-4N 元器件 。

（4）选中 P80C51FA-4N 后，单击 Place P80C51FA-4A 按钮或双击元器件名，光标变成十字形，同时光标上悬浮着一个 P80C51FA-4N 芯片的轮廓。若按下 Tab 键，将弹出 Properties（属性）面板中的 Component（元件）属性编辑面板，可以对元器件的属性进行编辑，如图 3-10 所示。

（5）移动光标到原理图中的合适位置，单击光标把 P80C51FA-4N 放置在原理图上。按 Page Down 和 Page Up 键缩小和放大元器件便于观察元器件放置的位置是否合适。按空格键可以使元器件旋转，每按一下旋转 90°，用来调整元器件放置的合适方向。

（6）放置完元器件后，右击光标或按 ESC 键退出元器件放置状态，光标恢复为箭头状态。

3.3.2 编辑元器件属性

在原理图上放置的所有元件都具有自身的特定属性，在放置好每一个元件后，应该对其属性进行正确的编辑和设置，以免使后面的网络表生成及 PCB 的制作产生错误。

通过对元件的属性进行设置，一方面可以确定后面生成的网络表的部分内容，另一方面也可以设置元件在图纸上的摆放效果。此外，在 Altium Designer 18 中还可以设置部分布线规则，编辑元件的所有管脚。元件属性设置具体包含元件的基本属性设置、元件的外观属性设置、元件的扩展属性设置、元件的模型设置、元件管脚的编辑 5 个方面的内容。

1. 手动设置

双击要编辑的元器件，打开 Properties（属性）面板中的 Component（元件）属性编辑面板，如图 3-10 所示是 P80C51FA-4N 的属性编辑面板。

图 3-10　元器件属性面板

下面介绍一下 P80C51FA-4N 的 Properties（属性）面板的设置。

（1）Properties 选项区域

元器件属性设置主要包括元器件标识和命令栏的设置等。

① Designator：标识符，是用来设置元器件序号的。在 Designator（标识符）文本框中输入元器件标识，如 U1、R1 等。Designator（标识符）文本框右边的"可见"按钮 用来设置元器件标识在原理图上是否可见。若激活"可见"按钮 ，则元器件标识 U1 会出现在原理图上，否则，元器件序号被隐藏。

② Comment（注释）：注释，用来说明元器件的特征。右边的"可见"按钮 用来设置 Comment（注释）的内容会出现在原理图图纸上。在一般情况下，没有必要对元器件属性进行编译。

③ Part（部件）：对于多个部件的元器件，显示元件的部件名，Part A、Part B、……。对于没有部件的元器件，该选项显示灰色，无法激活。

④ Description（标识符）：描述，对元器件功能作用的简单描述。

⑤ Design Item ID（设计项目地址）：元器件在库中的图形符号。单击后面 ⋯ 可以修改，但这样会引起整个电路原理图上的元器件属性的混乱，建议用户不要随意修改。

⑥ Type（类型）：类型，元器件符号的类型，单击后面下拉按钮可以进行选择。

⑦ Source（资源）：元器件所在元器件库名称。

（2）Location（地址）选项区域

主要设置元器件在原理图中的坐标位置，一般不需要设置，通过移动光标找到合适的位置即可。

① [X/Y]（位置 X 轴、Y 轴）文本框：用于设定元器件在原理图上的 X 轴和 Y 轴坐标。

② Rotation（旋转）：用于设置元器件放置的角度，有 0 Degrees、90 Degrees、180 Degrees、270 Degrees 4 种选择。

（3）Link（连接元件）选项区域

Name（库名称）：显示添加的连接库名称。

（4）Footprint（封装）选项组：显示元件的 PCB 封装。

单击 Add（添加）按钮，可以为该元件添加 PCB 封装模型。

（5）Models（模式）选项组：显示元件添加的信号完整性模型、仿真模型、PCB 3D 模型等。

单击 Add（添加）按钮，可以为该元件添加 PCB 封装模型之外的模型，如信号完整性模型、仿真模型、PCB 3D 模型等。

（6）Graphical（图形的）选项区域

主要包括元器件在原理图中位置、方向等属性设置。

① Mode（模式）：默认设置元器件的模式为 Nomal（正常）。

② Mirrored（镜像）设置：选中 Mirrored，元器件翻转 180°。

③ Local Colors（局部颜色）复选框：选中后，采用元器件本身的颜色设置。

一般情况下，对元器件属性设置只需设置元器件 Designator（标识符）和 Comment（注释）参数，其他采用默认设置即可。

2．自动设置

对于元件较多的原理图，当设计完成后，往往会发现元件的编号变得很混乱或者有些元件还没有编号。用户可以逐个地手动更改这些编号，但是这样比较烦琐，而且容易出现错误。Altium Designer 18 提供了元件编号管理的功能。

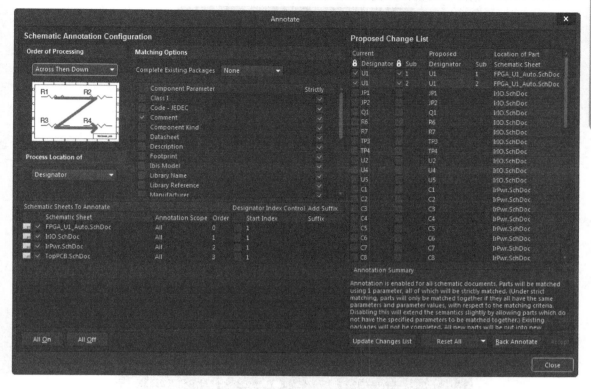

（1）选择菜单栏中的"工具"→"标注"→"原理图标注"命令，系统将弹出如图 3-11 所示 Annotate（标注）对话框。在该对话框中，可以对元件进行重新编号。

图 3-11　重置后的元件编号

Annotate（标注）对话框分为两部分：左侧是 Schematic Annotation Configuration（原理图元件编号设置），右侧是 Proposed Change List（推荐更改列表）。

① 在左侧的 Schematic Sheets To Annotate（需要对元件编号的原理图文件）栏中列出了当前工程中的所有原理图文件。通过文件名前面的复选框，可以选择对哪些原理图进行重新编号。

在对话框左上角的 Order of Processing（编号顺序）下拉列表框中列出了 4 种编号顺序，即 Up Then Across（先向上后左右）、Down Then Across（先向下后左右）、Across Then Up（先左右后向上）和 Across Then Down（先左右后向下）。

在 Matching Options（匹配选项）选项组中列出了元件的参数名称。通过勾选参数名前面的复选框，用户可以选择是否根据这些参数进行编号。

② 在右侧的 Current（当前）栏中列出了当前的元件编号，在 Proposed（推荐）栏中列出了新的编号。

（2）重新编号的方法。对原理图中的元件进行重新编号的操作步骤如下。

① 选择要进行编号的原理图。

② 选择编号的顺序和参照的参数，在 Annotate（标注）对话框中，单击 Reset All（全部重新编号）按钮，对编号进行重置。系统将弹出 Information（信息）对话框，提示用户编号发生了哪些变化。单击 OK（确定）按钮，重置后，所有的元件编号将被消除。

③ 单击 Update Change List（更新变化列表）按钮，重新编号，系统将弹出如图 3-12 所示的 Information（信息）对话框，提示用户相对前一次状态和相对初始状态发生的改变。

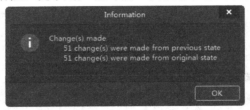

图 3-12　Information（信息）对话框

④ 在 Engineering Change Order（执行更改顺序）中可以查看重新编号后的变化。如果对这种编号满意，则单击 Accept Changes（Create ECO）（接受更改）按钮，在弹出的 Engineering Change Order（执行更改顺序）对话框中更新修改，如图 3-13 所示。

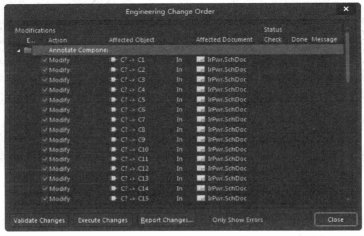

图 3-13　Engineering Change Order（执行更改顺序）对话框

⑤ 在 Engineering Change Order（执行更改顺序）对话框中，单击 Validate Changes（确定更改）按钮，可以验证修改的可行性，如图 3-14 所示。

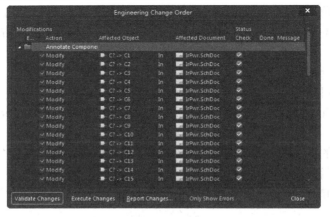

图 3-14　验证修改的可行性

⑥ 单击 Report Changes（报告更改）按钮，系统将弹出如图 3-15 所示的 Report Preview（报表预览）对话框，在其中可以将修改后的报表输出。单击 Export（输出）按钮，可以将该报表进行保存，默认文件名为"PcbIrda.PrjPCB And PcbIrda.xls"，是一个 Excel 文件；单击 Open Report（打开报表）按钮，可以将该报表打开，如图 3-16 所示；单击 Print（打印）按钮，可以将该报表打印输出。

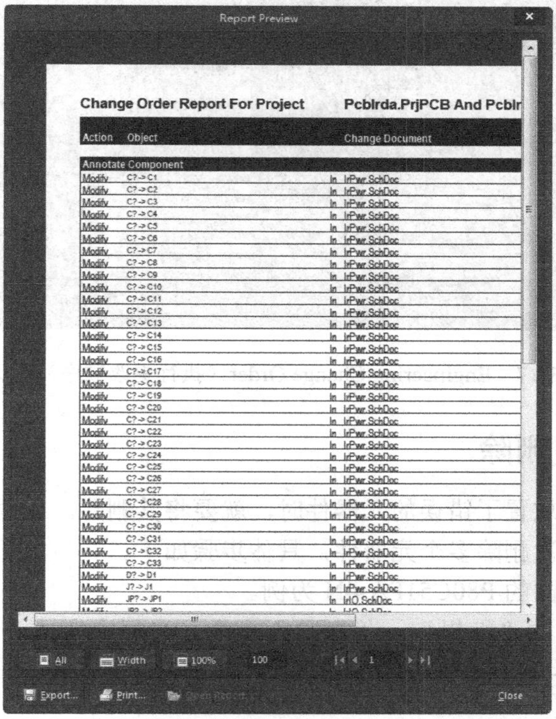

图 3-15　Report Preview（报告预览）对话框

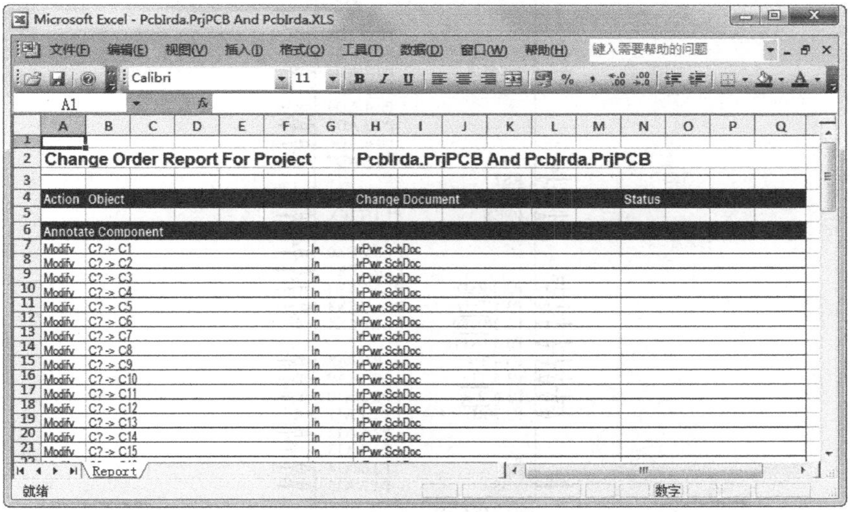

图 3-16　Open Report（打开报表）

⑦ 单击 Engineering Change Order（执行更改顺序）对话框中的 Execute Changes（执行更改）按钮，即可执行修改，如图 3-17 所示，对元件的重新编号便完成了。

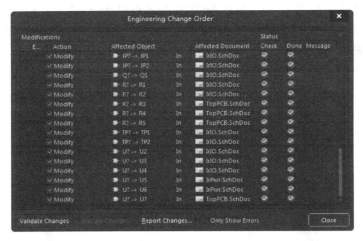

图 3-17　Engineering Change Order（执行更改顺序）对话框

3.3.3 元器件的删除

当在电路原理图上放置了错误的元器件时，就要将其删除。在原理图上，可以一次删除一个元器件，也可以一次删除多个元器件，具体步骤如下。

这里我们以删除前面的 P80C51FA-4N 为例。

（1）选择菜单栏中的"编辑"→"删除"命令，光标会变成十字形。将十字形光标移到要删除的 P80C51FA-4N 上，如图 3-18 所示。单击 P80C51FA-4N 即可将其从电路原理图上删除。

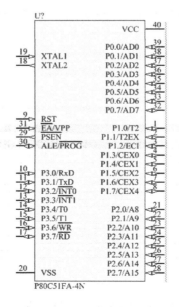

图 3-18　删除元器件

（2）此时，光标仍处于十字形状态，可以继续单击删除其他元器件。若不需要删除元器件，单击光标右键或按 ESC 键，即可退出删除元器件命令状态。

（3）也可以单击选取要删除的元器件，然后按 Delete 键可以将其删除。

（4）若需要一次性删除多个元器件，用光标选取要删除的多个元器件后，选择菜单栏中的"编辑"→"删除"命令或按 Delete 键，即可以将选取的多个元器件删除。

对于如何选取单个或多个元器件将在下一节介绍。

3.4 元器件位置的调整

元器件位置的调整就是利用各种命令将元器件移动到合适的位置以及实现元器件的旋转、复制与粘贴、排列与对齐等。

3.4.1 元器件的选取和取消选取

1. 元器件的选取

要实现元器件位置的调整，首先要选取元器件。选取的方法很多，下面介绍几种常用的方法。

（1）用光标直接选取单个或多个元器件

对于单个元器件的情况，将光标移到要选取的元器件上单击即可。这时该元器件周围会出现一个绿色框，表明该元器件已经被选取，如图 3-19 所示。

对于多个元器件的情况，单击光标并拖动光标，拖出一个矩形框，将要选取的多个元器件包含在该矩形框中，释放光标后即可选取多个元器件，或者按住 Shift 键，用光标逐一点击要选取的元器件，也可选取多个元器件。

（2）利用菜单命令选取

执行菜单命令"编辑"→"选择"，弹出如图 3-20 所示的菜单。

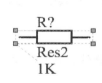

图 3-19　选取单个元器件　　　　图 3-20　"选择"菜单

① 以 Lasso 方式选择：执行此命令后，光标变成十字形状，用光标以套索形式选取一个区域，则区域内的元器件被选取。

② 区域内部：执行此命令后，光标变成十字形状，用光标选取一个区域，则区域内的元器件被选取。

③ 区域外部：操作同上，区域外的元器件被选取。

④ 矩形接触到对象：执行此命令后，光标变成十字形状，以单击点为起点，用光标拖动

出适当大小的矩形，以矩形区域作为选取的区域，则区域内的元器件被选取。

⑤ 直线接触到对象：执行此命令后，光标变成十字形状，用光标拖动出一条直线，与直线相交的对象（包括元器件与导线等）被选取。

⑥ 全部：执行此命令后，电路原理图上的所有元器件都被选取。

⑦ 连接：执行此命令后，若单击某一导线，则此导线以及与其相连的所有元器件都被选取。

⑧ 切换选择：执行该命令后，元器件的选取状态将被切换，即若该元器件原来处于未选取状态，则被选取；若处于选取状态，则取消选取。

2. 取消选取

取消选取也有多种方法，这里也介绍几种常用的方法。

（1）直接用光标单击电路原理图的空白区域，即可取消选取。

（2）单击主工具栏中的 按钮，可以将图纸上所有被选取的元器件取消选取。

（3）选择菜单栏中的"编辑"→"取消选中"命令，弹出如图 3-21 所示菜单。

图 3-21　"取消选中"菜单

① 取消选中（Lasso 模式）：执行此命令后，光标变成十字形状，用光标以套索形式选取一个区域，则区域内的元器件被取消选取。

② 内部区域：取消区域内元器件的选取。

③ 外部区域：取消区域外元器件的选取。

④ 矩形接触到的：执行此命令后，光标变成十字形状，以单击点为起点，用光标拖动出适当大小的矩形，以矩形区域作为选取的区域，则区域内的元器件被取消选取。

⑤ 线接触到的：执行此命令后，光标变成十字形状，用光标拖动出一条直线，与直线相交的对象（包括元器件与导线等）被取消选取。

⑥ 所有打开的当前文件：取消当前原理图中所有处于选取状态的元器件的选取。

⑦ 所有打开的文件：取消当前所有打开的原理图中处于选取状态的元器件的选取。

⑧ 切换选择：与图 3-21 中此命令的作用相同。

（4）按住 Shift 键，逐一单击已被选取的元器件，可以将其取消选取。

3.4.2　元器件的移动

要改变元器件在电路原理图上的位置，就要移动元器件。包括移动单个元器件和同时移动多个元器件。

1. 移动单个元器件

分为移动单个未选取的元器件和移动单个已选取的元器件两种。

（1）移动单个未选取的元器件的方法

将光标移到需要移动的元器件上（不需要选取），按下光标左键不放，拖动光标，元器件将会随光标一起移动，到达指定位置后松开光标左键，即可完成移动；或者选择菜单栏中的"编辑"→"移动"→"移动"命令，光标变成十字形状，光标左键单击需要移动的元器件后，元器件将随光标一起移动，到达指定位置后再次单击光标左键，完成移动。

（2）移动单个已选取的元器件的方法

将光标移到需要移动的元器件上（该元器件已被选取），同样按下光标左键不放，拖动至指定位置后松开光标左键；或者选择菜单栏中的"编辑"→"移动"→"拖动"命令，将元器件移动到指定位置；或者单击"原理图标准"工具栏中的█按钮，光标变成十字形状，左键单击需要移动的元器件后，元器件将随光标一起移动，到达指定位置后再次单击光标左键，完成移动。

2．移动多个元器件

需要同时移动多个元器件时，首先要将所有要移动的元器件选中。在其中任意一个元器件上按下光标左键不放，拖动光标，所有选中的元器件将随光标整体移动，到达指定位置后松开光标左键；或者选择菜单栏中的"编辑"→"移动"→"移动选中对象"命令，将所有元器件整体移动到指定位置；或者单击"原理图标准"工具栏中的█按钮，将所有元器件整体移动到指定位置，完成移动。

3.4.3　元器件的旋转

在绘制原理图过程中，为了方便布线，往往要对元器件进行旋转操作。下面介绍几种常用的旋转方法。

1．利用空格键旋转

单击选取需要旋转的元器件，然后按空格键可以对元器件进行旋转操作或者单击需要旋转的元器件并按住不放，等到光标变成十字形后，按空格键同样可以进行旋转。每按一次空格键，元器件逆时针旋转 90°。

2．用X键实现元器件左右对调

单击需要对调的元器件并按住不放，等到光标变成十字形后，按 X 键可以对元器件进行左右对调操作，如图 3-22 所示。

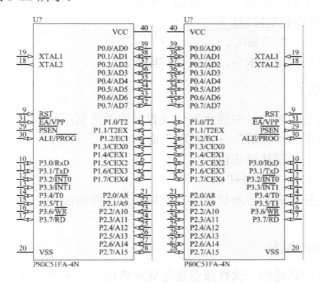

图 3-22　元器件左右对调

3．用Y键实现元器件上下对调

单击需要对调的元器件并按住不放，等到光标变成十字形后，按 Y 键可以对元器件进行上下对调操作，如图 3-23 所示。

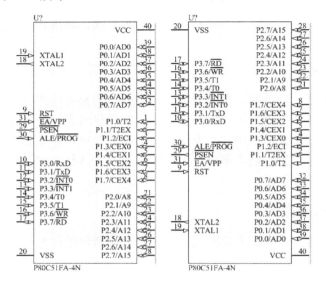

图 3-23　元器件上下对调

3.4.4　元器件的复制与粘贴

1．元器件的复制

元器件的复制是指将元器件复制到剪贴板中，具体步骤如下。

（1）在电路原理图上选取需要复制的元器件或元器件组。

（2）选择菜单栏中的"编辑"→"复制"命令。

① 单击工具栏中的复制按钮。

② 使用快捷键 Ctrl+C 或 E+C。

即可将元器件复制到剪贴板中，完成复制操作。

2．元器件的粘贴

元器件的粘贴就是把剪贴板中的元器件放置到编辑区里，有以下 3 种方法。

（1）选择菜单栏中的"编辑"→"粘贴"命令。

（2）单击工具栏上的粘贴按钮。

（3）使用快捷键 Ctrl+V 或 E+P。

执行粘贴后，光标变成十字形状并带有欲粘贴元器件的虚影，在指定位置上单击左键即可完成粘贴操作。

3．元器件的阵列式粘贴

元器件的阵列式粘贴是指一次性按照指定间距将同一个元器件重复粘贴到图纸上。

（1）启动阵列式粘贴

选择菜单栏中的"编辑"→"智能粘贴"命令或者使用快捷键 Shift+Ctrl+V，弹出 Smart Paste（智能粘贴）对话框，如图 3-24 所示。

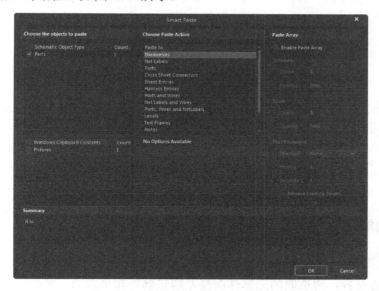

图 3-24　列阵式粘贴对话框

（2）阵列式粘贴对话框的设置

首先选中 Enable Paste Array（启用粘贴阵列）复选框。

① Columns（行）选项区域：用于设置行参数，Count（计算）用于设置每一行中所要粘贴的元器件个数；Spacing 用于设置每一行中两个元器件的水平间距。

② Rows（列）选项区域：用于设置列参数，Count（计算）用于设置每一列中所要粘贴的元器件个数；"数目间距"用于设置每一列中两个元器件的垂直间距。

（3）阵列式粘贴具体操作步骤

首先，在每次使用阵列式粘贴前，必须通过复制操作将选取的元器件复制到剪贴板中。然后，执行阵列式粘贴命令，设置阵列式粘贴对话框，即可以实现选定元器件的阵列式粘贴。如图 3-25 所示为放置的一组 3×3 的阵列式电阻。

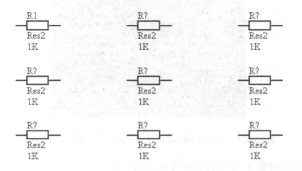

图 3-25　阵列式粘贴电阻

3.4.5 元器件的排列与对齐

（1）选择菜单栏中的"编辑"→"对齐"命令，弹出元器件排列和对齐菜单命令，如图 3-26 所示。

图 3-26　元器件对齐设置命令

其各项的功能如下。

- 左对齐：将选取的元器件向最左端的元器件对齐。
- 右对齐：将选取的元器件向最右端的元器件对齐。
- 水平中心对齐：将选取的元器件向最左端元器件和最右端元器件的中间位置对齐。
- 水平分布：将选取的元器件在最左端元器件和最右端元器件之间等距离放置。
- 顶对齐：将选取的元器件向最上端的元器件对齐。
- 底对齐：将选取的元器件向最下端的元器件对齐。
- 垂直中心对齐：将选取的元器件向最上端元器件和最下端元器件的中间位置对齐。
- 垂直分布：将选取的元器件在最上端元器件和最下端元器件之间等距离放置。
- "对齐到栅格上"命令：将选中的元件对齐在网格点上，以便电路连接。

（2）选择菜单栏中的"编辑"→"对齐"→"对齐"命令，弹出 Align Objects（排列对象）对话框，如图 3-27 所示。元器件对齐设置对话框主要包括三部分。

图 3-27　Align Objects（排列对象）设置对话框

Align Objects（排列对象）对话框中各选项的说明如下。

① Horizontal Alignment（水平排列）选项组

- No Change（不改变）单选按钮：单击该单选按钮，则元件保持不变。

- Left（左边）单选按钮：作用同"左对齐"命令。
- Centre（居中）单选按钮：作用同"水平中心对齐"命令。
- Right（右边）单选按钮：作用同"右对齐"命令。
- Distribute equally（平均分布）单选按钮：作用同"水平分布"命令。

② Vertical Alignment（垂直排列）选项组

- No Change（不改变）单选按钮：单击该单选按钮，则元件保持不变。
- Top（置顶）单选按钮：作用同"顶对齐"命令。
- Centre（居中）单选按钮：作用同"垂直中心对齐"命令。
- Bottom（置底）单选按钮：作用同"底对齐"命令。
- Distribute equally（平均分布）单选按钮：作用同"垂直分布"命令。

③ Move primitives to grid（按栅格移动）复选框：用于设定元器件对齐时，是否将元器件移动到网格上。建议用户选中此项，以便于连线时捕捉到元器件的电气节点。

3.5 绘制电路原理图

3.5.1 绘制原理图的工具

绘制电路原理图主要通过电路图绘制工具来完成，因此，熟练使用电路图绘制工具是必须的。启动电路图绘制工具的方法主要有两种。

1. 使用"布线"工具栏

选择菜单栏中的"视图"→Toolbars（工具栏）→"布线"命令，如图 3-28 所示，即可打开布线工具栏，如图 3-29 所示。

图 3-28　启动布线工具栏的菜单命令

图 3-29　布线工具栏

2．使用菜单命令

执行菜单命令"放置"或在电路原理图的图纸上光标右键单击选择"放置"选项，将弹出"放置"菜单下的绘制电路图菜单命令，如图 3-30 所示。这些菜单命令与布线工具栏的各个按钮相互对应，功能完全相同。

3.5.2 绘制导线和总线

1．绘制导线

导线是电路原理图中最基本的电气组件之一，原理图中的导线具有电气连接意义。下面介绍绘制导线的具体步骤和导线的属性设置。

图 3-30　"放置"菜单命令

（1）启动绘制导线命令

启动绘制导线命令如下，主要有以下 4 种方法。

① 单击"布线"工具栏中的▇（放置线）按钮进入绘制导线状态。

②"快捷"工具栏：工具栏中的"线"按钮▇。

③ 选择菜单栏中的"放置"→"线"命令，进入绘制导线状态。

④ 在原理图图纸空白区域右击光标，在弹出的菜单中选择"放置"→"线"命令。

⑤ 使用快捷 P+W。

（2）绘制导线

进入绘制导线状态后，光标变成十字形，系统处于绘制导线状态，绘制导线的具体步骤如下。

① 将光标移到要绘制导线的起点，若导线的起点是元器件的管脚，当光标靠近元器件管脚时，会自动移动到元器件的管脚上，同时出现一个红色的×表示电气连接的意义。单击光标左键确定导线起点。

② 移动光标到导线折点或终点，在导线折点处或终点处单击光标左键确定导线的位置，每转折一次都要单击光标一次。导线转折时，可以通过按 shift+空格键来切换选择导线转折的模式，共有 3 种模式，分别是直角、45 度角和任意角，如图 3-31 所示。

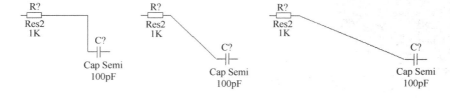

图 3-31　直角、45 度角和任意角转折

③ 绘制完第一条导线后，右击光标退出绘制第一根导线。此时系统仍处于绘制导线状态，将光标移动到新的导线的起点，按照上面的方法继续绘制其他导线。

④ 绘制完所有的导线后，单击鼠标右键退出绘制导线状态，光标由十字形变成箭头。

（3）导线属性设置

在绘制导线状态下，按下 Tab 键，弹出 Properties（属性）面板，如图 3-32 所示。或者在绘制导线完成后，双击导线同样会弹出导线属性设置面板。

在导线属性面板中，主要对导线的颜色和宽度进行设置。在 Properties（属性）面板中，主要对导线的颜色和宽度进行设置。单击 Width（线宽）右边的颜色框■，弹出下拉对话框，如图 3-33 所示。选中合适的颜色作为导线的颜色即可。

图 3-32　Properties（属性）面板

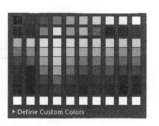

图 3-33　选择颜色对话框

导线的宽度设置是通过 Width（线宽）右边的下拉按钮来实现的。有四种选择：Smallest（最细）、Small（细）、Medium（中等）、Large（粗）。一般不需要设置导线属性，采用默认设置即可。

（4）打破线

选择菜单栏中的"编辑"→"打破线"命令，则切割绘制的完整导线，将一条导线打断分为两条，并添加间隔，过程如图 3-34 所示。

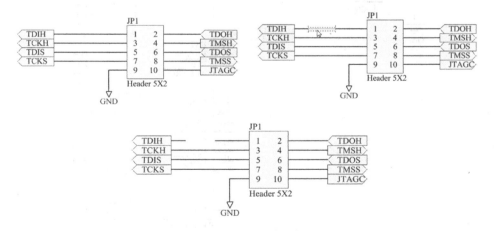

图 3-34　打破前、执行打破和打破后

（5）绘制导线实例

这里我们以 80C51 原理图为例说明绘制导线工具的使用。80C51 原理图如图 3-35 所示。在后面介绍的绘图工具的使用都以 80C51 原理图为例。

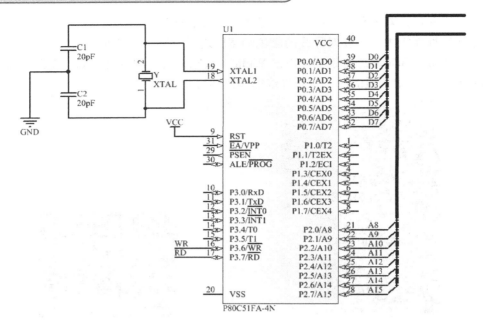

图 3-35　80C51 原理图

在前面已经介绍了如何在原理图上放置元器件。按照前面所讲在空白原理图上放置所需的元器件，如图 3-36 所示。下面利用绘制电路图工具栏命令完成对 80C51 原理图的绘制。

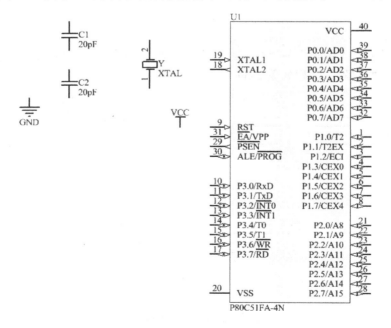

图 3-36　放置元器件

在 80C51 原理图中，主要绘制两部分导线。分别为第 18、19 管脚与电容、电源地等的连接以及第 31 管脚 VPP 与电源 VCC 的连接。其他地址总线和数据总线可以连接一小段导线便于后面网路标号的放置。

首先启动绘制导线命令,光标变成十字形。将光标移动到80C51的第19管脚XTAL1处,将在XTAL1的管脚上出现一个红色的X,单击光标左键确定。拖动光标到合适位置单击光标左键将导线转折后,将光标拖至元器件Y的第2管脚处,此时光标上再次出现红色的X,单击光标左键确定,第一条导线绘制完成,右击光标退出绘制第一根导线状态。此时光标仍为十字形,采用同样的方法绘制其他导线。只要光标为十字形状,就处于绘制导线命令状态下。若想退出绘制导线状态,右击光标即可,光标变成箭头后,才表示退出该命令状态。导线绘制完成后的80C51原理图如图3-37所示。

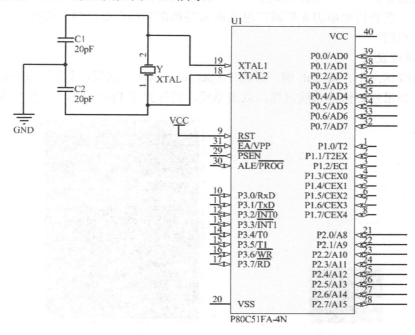

图3-37　绘制完导线的80C51原理图

提示:在Altium Designer 18中,默认情况下,系统会在导线的T型交叉点处自动放置电气节点(Manual Junction),表示所画线路在电气意义上是连接的。但在其他情况下,如十字交叉点处,由于系统无法判断导线是否连接,因此不会自动放置电气节点。如果导线确实是相互连接的,就需要将十字交叉点按T型交叉点处理,Altium Designer 18删除电气节点功能,无法手动来放置。

2. 绘制总线

总线就是用一条线来表达数条并行的导线。这样做是为了简化原理图,便于读图。如常说的数据总线、地址总线等。总线本身没有实际的电气连接意义,必须由总线接出的各个单一导线上的网络名称来完成电气意义上的连接。由总线接出的各外单一导线上必须放置网络名称,具有相同网络名称的导线表示实际电气意义上的连接。

（1）启动绘制总线的命令

启动绘制总线的命令有如下4种方法。

① 单击电路图"布线"工具栏中的■按钮。

② 快捷工具栏：在工具栏中的"线"按钮 上单击右键，弹出如图 3-38 所示的快捷菜单，选择"总线"按钮 ■。

③ 选择菜单栏中的"放置"→"总线"命令。

④ 在原理图图纸空白区域右击光标，在弹出的菜单中选择"放置"→"总线"命令。

⑤ 使用快捷键 P+B。

（2）绘制总线

启动绘制总线命令后，光标变成十字形，在合适的位置单击光标左键确定总线的起点，然后拖动光标，在转折处单击光标或在总线的末端单击光标确定，绘制总线的方法与绘制导线的方法基本相同。

① 总线属性设置

在绘制总线状态下，按 Tab 键，弹出 Properties（属性）面板，如图 3-39 所示。在绘制总线完成后，如果想要修改总线属性，双击总线，同样弹出 Properties（属性）面板。

图 3-38　快捷菜单　　　　图 3-39　Properties（属性）面板

总线属性面板的设置与导线设置相同，都是对线颜色和线宽度的设置，在此不再重复，一般情况下采用默认设置即可。

② 绘制总线实例

绘制总线的方法与绘制导线基本相同。启动绘制总线命令后，光标变成十字形，进入绘制总线状态后，在恰当的位置（P0.6 处空一格的位置，空的位置是为了绘制总线分支）单击光标确认总线的起点，然后在总线转折处单击光标左键，最后在总线的末端再次单击光标左键，完成第一条总线的绘制。采用同样的方法绘制剩余的总线。绘制完成数据总线和地址总线的 80C51 原理图如图 3-40 所示。

3．绘制总线入口

总线入口是单一导线进出总线的端点。导线与总线连接时必须使用总线入口，总线和总线入口没有任何的电气连接意义，只是让电路图看上去更有专业水平，因此电气连接功能要由网络标号来完成。

（1）启动总线入口命令

启动总线入口命令主要有以下 4 种方法。

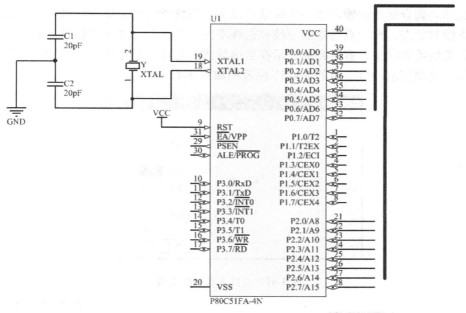

图 3-40　绘制总线后的 80C51 原理图

① 单击电路图"布线"工具栏中的"总线入口"按钮  。

② 快捷工具栏：在工具栏中的"线"按钮 上单击右键，弹出快捷菜单，选择"总线入口"按钮 。

③ 选择菜单栏中的"放置"→"总线入口"命令。

④ 在原理图图纸空白区域右击光标，在弹出的菜单中选择"放置"→"总线入口"命令。

⑤ 使用快捷键 P+U。

（2）绘制总线分支

绘制总线分支的步骤如下。

① 执行绘制总线分支命令后，光标变成十字形，并有分支线"/"悬浮在游标上。如果需要改变分支线的方向，按空格键即可。

② 移动光标到所要放置总线分支的位置，光标上出现两个红色的十字叉，单击光标即可完成第一个总线分支的放置。依次可以放置所有的总线分支。

③ 绘制完所有的总线分支后，右击光标或按 Esc 键退出绘制总线分支状态。光标由十字形变成箭头。

（3）总线分支属性设置

① 在绘制总线分支状态下，按 Tab 键，弹出 Properties（属性）面板，如图 3-41 所示，或者在退出绘制总线分支状态后，双击总线分支同样弹出 Properties（属性）面板。

② 在总线分支属性面板中，可以设置总线分支的颜色和线宽。Sixe（X/Y）一般不需要设置，采用默认设置即可。

③ 绘制总线分支的实例

进入绘制总线分支状态后，十字光标上出现分支线／或＼。由于在 80C51 原理图中采用／分支线，所以通过按空格键调整分支线的方向。绘制分支线很简单，只需要将十字光标上的分支线移动到合适的位置，单击光标就可以了。完成了总线分支的绘制后，右击光标退出总线分支绘制状态。这一点与绘制导线和总线不同，当绘制导线和总线时，双击光标右键退出导线和总线绘制状态，右击光标表示在当前导线和总线绘制完成后，开始下一段导线或总线的绘制。绘制完总线分支后的 80C51 原理图如图 3-42 所示。

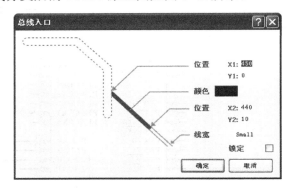

图 3-41　总线入口属性面板

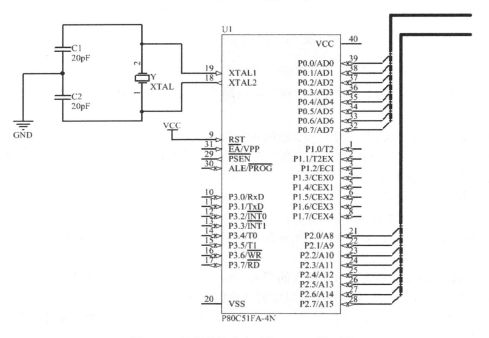

图 3-42　绘制总线分支后的 80C51 原理图

提示：在放置总线分支的时候，总线分支朝向的方向有时是不一样的，左边的总线分支向右倾斜，而右边的总线分支向左倾斜。在放置的时候，只需要按空格键就可以改变总线分支的朝向。

3.5.3　设置网络标签

在原理图绘制过程中，元器件之间的电气连接除了使用导线外，还可以通过设置网络标签来实现。网络标签实际上是一个电气连接点，具有相同网络标签的电气连接表明是连在一起的。网络标签主要用于层次原理图电路和多重式电路中的各个模块之间的连接。也就是说定义网络标签的用途是将两个和两个以上没有相互连接的网络，命名相同的网络标签，使它们在电气含义上属于同一网络，这在印制电路板布线时非常重要。在连接线路比较远或线路走线复杂时，使用网络标签代替实际走线会使电路图简化。

1. 启动执行网络标签命令

启动执行网络标签的命令，有4种方法：

（1）选择菜单栏中的"放置"→"网络标签"命令。

（2）单击"布线"工具栏中的 Net 按钮。

（3）快捷工具栏：在工具栏中的"线"按钮 上单击右键，弹出如图3-38所示的快捷菜单，选择"网络标签"按钮 Net 。

（4）在原理图图纸空白区域右击光标，在弹出的菜单中选择"放置"→"网络标签"命令。

（5）使用快捷键P+N。

2. 放置网络标签

放置网络标签的步骤如下。

（1）启动放置网络标签命令后，光标将变成十字形，并出现一个虚线方框悬浮在光标上。此方框的大小、长度和内容由上一次使用的网络标签决定。

（2）将光标移动到放置网络名称的位置（导线或总线），光标上出现红色的×，单击光标就可以放置一个网络标签了，但是一般情况下，为了避免以后修改网络标签的麻烦，在放置网络标签前，按Tab键，设置网络标签的属性。

（3）移动光标到其他位置继续放置网络标签（放置完第一个网路标号后，不按光标右键）。在放置网络标签的过程中如果网络标签的末尾为数字，那么这些数字会自动增加。

（4）右击光标或按Esc键退出放置网络标签状态。

3. 网络标签属性对话框

启动放置网络名称命令后，按Tab键打开"Properties（属性）"面板。或者在放置网络标签完成后，双击网络标签打开网络标签属性面板，如图3-43所示。

网络标签属性面板——Properties（属性）面板主要用来设置以下选项。

图3-43 网络标签属性面板

- Net Name（网络名称）：定义网络标签。可以在文本框中直接输入想要放置的网络标签，也可以单击后面的下拉按钮选取使用过的网络标签。
- 颜色块：单击颜色块 ，弹出选择颜色下拉列表，用户可以选择自己喜欢的颜色。
- [X/Y]（位置）：选项中的X、Y表明网络标签在电路原理图上的水平和垂直坐标。
- Rotation（定位）：用来设置网络标签在原理图上的放置方向。单击该选项中"0 Degrees"可以选择网络标签的方向。也可以用〈Space〉键实现方向的调整，每按一次〈Space〉键，旋转90°。

● Font（字体）：单击字体名称，弹出"字体"下拉列表，如图 3-44 所示。用户可以选择自己喜欢的字体等。

4．放置网络标签实例

在 80C51 原理图中，主要放置 WR、RD、数据总线（D0~D7）和地址总线（A8~A15）的网络标签。首先进入放置网络标签状态，按 Tab 键将弹出网络名称属性对话框，在网络名称栏中输入 D0，其他采用默认设置即可。移动光标到 80C51 的 AD0 图 3-44　"字体"下拉列表
管脚，游标出现红色的 X 符号，单击光标，网络标签 D0 的设置完成。依次移动光标到 D1~D7，会发现网络标签的末位数字自动增加。单击光标完成 D0~D7 的网络标签的放置。用同样的方法完成其他网络标签的放置，右击光标退出放置网络标签状态。完成放置网路标签后的 80C51 原理图如图 3-45 所示。

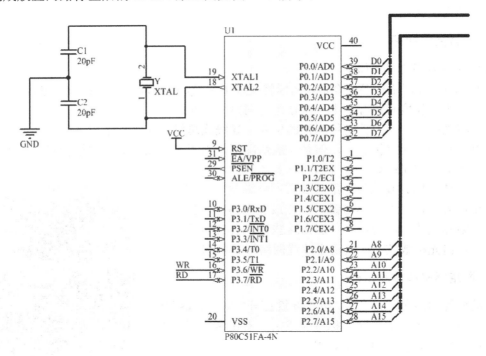

图 3-45　绘制完网络标签后的 80C51 原理图

3.5.4　放置电源和接地符号

放置电源和接地符号一般不采用绘图工具栏中的放置电源和接地菜单命令。通常利用电源和接地符号工具栏完成电源和接地符号的放置。下面首先介绍电源和接地符号工具栏，然后介绍绘图工具栏中的电源和接地菜单命令。

1．电源和接地符号工具栏

选择菜单栏中的"视图"→Toolbars（工具栏）命令，选中应用工具选项，在编辑窗口上出现如图 3-46 所示的一行工具栏。

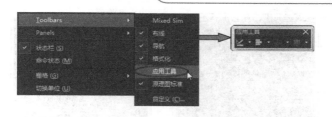

图 3-46　选中应用工具选项后出现的工具栏

单击"应用工具"工具栏中的 按钮，弹出电源和接地符号工具栏菜单，如图 3-47 所示。

在电源和接地工具栏中，单击图中的电源和接地图标按钮，可以得到相应的电源和接地符号，非常方便易用。

2．放置电源和接地符号

（1）放置电源和接地符号主要有 5 种方法

① 单击"布线"工具栏中的 GND 端口 或 VCC 电源端口按钮 。

图 3-47　电源和接地符号工具栏菜单

② 选择菜单栏中的"放置"→"电源端口"命令。

③ 在原理图图纸空白区域右击光标，在弹出的菜单中选择"放置"→"电源端口"命令。

④ 使用电源和接地符号工具栏。

⑤ 使用快捷键 P+O。

（2）放置电源和接地符号的步骤

① 启动放置电源和接地符号后，光标变成十字形，同时一个电源或接地符号悬浮在光标上。

② 在适合的位置单击光标或按 Enter 键，即可放置电源和接地符号。

③ 右击光标或按 Esc 键退出电源和接地放置状态。

3．设置电源和接地符号的属性

启动放置电源和接地符号命令后，按 Tab 键弹出 Properties（属性）面板，或者在放置电源和接地符号完成后，双击需要设置的电源符号或接地符号，如图 3-48 所示。

● Rotation（旋转）：用于设置端口放置的角度，有 0 Degrees、90 Degrees、180 Degrees、270 Degrees 4 种选择。

● Name（电源名称）：用于设置电源与接地端口的名称。

● Style（风格）：用于设置端口的电气类型，包括 11 种类型，如图 3-49 所示。

● Font（字体）：用于设置端口名称的字体类型、字体大小、字体颜色，同时设置字体添加加粗、斜体、下画线、横线等效果。

4．放置电源与接地符号实例

在 80C51 原理图中，主要有电容与电源地的连接和 VPP 与电源 VCC 的连接。利用电源与接地符号工具栏和绘图工具栏中放置电源和接地符号的命令分别完成电源和接地符号的放置，并比较两者优劣。

图 3-48 Properties（属性）对话框

（1）利用电源和接地符号工具栏绘制电源和接地符号

单击电源和接地符号工具栏的 VCC 电源端口按钮█，光标
变成十字形，同时有 VCC 图标悬浮在光标上，移动光标到合适
的位置，单击光标，完成 VCC 图标的放置。接地符号的放置与
电源符号的放置完全相同，不再叙述。

（2）利用绘图工具栏的放置电源和接地符号菜单

单击绘图工具栏的放置电源和接地符号按钮，光标变成十字
形，同时一个电源图示悬浮在光标上，其图示与上一次设置的电
源或接地图示相同。按下 Tab 键，在图 3-48 的 Name（电源名称）

图 3-49 端口的电气类型

栏中输入 VCC 作为网路标号，同时 Style（风格）栏选中 Bar，其他采用默认设置即可，单
击光标，VCC 图标就出现在原理图上。此时系统仍处于放置电源和接地符号状态，可以移
动光标到合适的位置继续放置电源和接地符号。右击光标退出放置电源和接地状态。完成放
置电源和接地符号后的 80C51 原理图，如图 3-34 所示。

3.5.5 放置输入/输出端口

在设计电路原理图时，一个电路网络与另一个电路网络的电气连接有三种形式：可以直
接通过导线连接；也可以通过设置相同的网络标签来实现两个网络之间的电气连接；还有一
种方法，即相同网络标签的输入/输出端口，在电气意义上也是连接的。输入/输出端口是层
次原理图设计中不可缺少的组件。

1. 启动放置输入/输出端口的命令

启动放置输入/输出端口主要有以下两种方法。

（1）单击"布线"工具栏中的"端口"按钮█。

（2）选择菜单栏中的"放置"→"端口"命令。

快捷工具栏：单击快捷工具栏中的"端口"按钮█

（3）在原理图图纸空白区域右击光标，在弹出的菜单中选择"放置"→"端口"命令。

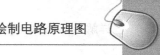
（4）使用快捷键 P+R。

2．放置输入/输出端口

放置输入/输出端口步骤如下。

（1）启动放置输入/输出端口命令后，光标变成十字形，同时一个输入/输出端口图示悬浮在光标上。

（2）移动光标到原理图的合适位置，在光标与导线相交处会出现红色的×，这表明实现了电气连接。单击光标即可定位输入/输出端口的一端，移动光标使输入/输出端口大小合适，单击光标完成一个输入/输出端口的放置。

（3）右击光标退出放置输入/输出端口状态。

3．输入/输出端口属性设置

在放置输入/输出端口状态下，按 Tab 键，或者在退出放置输入/输出端口状态后，双击放置的输入/输出端口符号，弹出 Properties（属性）面板，如图 3-50 所示。

图 3-50　"Properties（属性）"面板

输入/输出端口属性面板主要包括如下属性设置。

- Name（名称）：用于设置端口名称。这是端口最重要的属性之一，具有相同名称的端口在电气上是连通的。
- I/O Type（输入/输出端口的类型）：用于设置端口的电气特性，为后面的电气规则检查提供一定的依据。有 Unspecified（未指明或不确定）、Output（输出）、Input（输入）和 Bidirectional（双向型）4 种类型。
- Harness Type（线束类型）：设置线束的类型。

- Font（字体）：用于设置端口名称的字体类型、字体大小、字体颜色，同时设置字体添加加粗、斜体、下画线、横线等效果。
- Border（边界）：用于设置端口边界的线宽、颜色。
- Fill（填充颜色）：用于设置端口内填充颜色。

4．放置输入/输出端口实例

启动放置输入/输出端口命令后，光标变成十字形，同时输入/输出端口图示悬浮在光标上。移动光标到80C51原理图数据总线的终点，单击光标确定输入/输出端口的一端，移动光标到输入/输出端口大小合适的位置单击光标确认。右击光标退出制作输入/输出端口状态。此处图示里的内容是上一次放置输入/输出端口时的内容。双击放置输入/输出端口图示，弹出输入/输出端口属性面板。在 Name（名称）一栏输入 D0—D7，其他采用默认设置即可。地址总线的输入/输出端口设置不再叙述，放置输入/输出端口后的 80C51 原理图如图 3-34 所示。

3.5.6 放置通用 ERC 检查测试点

放置忽略 ERC 测试点的主要目的是让系统在进行电气规则检查（ERC）时，忽略对某些节点的检查。例如系统默认输入型管脚必须连接，但实际上某些输入型管脚不连接也是常事，如果不放置忽略 ERC 测试点，那么系统在编译时就会生成错误信息，并在管脚上放置错误标记。

1．启动放置通用ERC检查测试点命令

启动放置通用 ERC 检查测试点命令，主要有以下方法。

（1）单击"布线"工具栏中的"通用 No ERC 标号"按钮▉。
- 快捷工具栏：单击快捷工具栏中的"通用 No ERC 标号"按钮▉。

（2）选择菜单栏中的"放置"→"指示"→"通用 No ERC 标号"命令。

（3）在原理图图纸空白区域右击光标，在弹出的菜单中选择"放置"→"指示"→"通用 No ERC 标号"命令。

（4）使用快捷键 P+I+N。

2．放置通用ERC检查测试点

启动放置通用 ERC 检查测试点命令后，光标变成十字形，并且在光标上悬浮一个红叉，将光标移动到需要放置 NO ERC 的节点上，单击光标完成一个通用 ERC 检查测试点的放置。右击光标或按 Esc 键退出放置通用 ERC 测试点状态。

3．NO ERC属性设置

在放置通用 ERC 测试点状态下按 Tab 键，或在放置通用 ERC 测试点完成后，双击需要设置属性的通用 ERC 测试点检查符号，弹出 Properties（属性）面板，如图 3-51 所示。

图 3-51　Properties（属性）面板

主要用来设置通用 ERC 测试点的颜色和坐标位置，采用默认设置即可。

3.5.7 设置 PCB 布线标志

Altium Designer 18 允许用户在原理图设计阶段来规划指定网络的铜膜宽度、过孔直径、布线策略、布线优先权和布线板层属性。如果用户在原理图中对某些特殊要求的网络设置 PCB 布线指示，在创建 PCB 的过程中就会自动在 PCB 中引入这些设计规则。

1. 启动放置PCB布线标志命令，主要有2种方法

（1）选择菜单栏中的"放置"→"指示"→"参数设置"命令。

● 快捷工具栏：单击快捷工具栏中的"通用 No ERC 标号"按钮▇▇上单击右键，弹出快捷菜单，选择"参数设置"按钮▇▇。

（2）在原理图图纸空白区域右击光标，在弹出的菜单中选择"放置"→"指示"→"参数设置"命令。

2. 放置PCB布线标志

启动放置 PCB 布线标志命令后，光标变成十字形，Parameter Set 图标悬浮在光标上，将光标移动到放置 PCB 布线标志的位置，单击光标，即可完成 PCB 布线标志的放置。右击光标，退出 PCB 布线标志状态。

3. PCB 布线指示属性设置

在放置 PCB 布线标志状态下按 Tab 键，弹出"Properties（属性）"面板，如图 3-52 所示。或者在已放置的 PCB 布线标志上双击光标。

● （X/Y）（位置 X 轴、Y 轴）文本框：用于设定 PCB 布线指示符号在原理图上的 X 轴和 Y 轴坐标。

● Rotation（定位）文本框：用于设定 PCB 布线指示符号在原理图上的放置方向。有"0 Degrees"（0°）、"90 Degrees"（90°）、"180 Degrees"（180°）和"270 Degrees"（270°）4 个选项。

● Label（名称）文本框：用于输入 PCB 布线指示符号的名称。

● Style（类型）：文本框用于设定 PCB 布线指示符号在原理图上的类型，包括 Large（大的）、Tiny（极小的）。

图 3-52　Properties（属性）面板

● ules（规则）、Classes（级别）：该表中列出了选中 PCB 布线标志所定义的相关参数，包括名称、数值及类型等。单击 Add（添加）按钮，弹出 Choose Design Rule Type（选择设计规则类型）对话框，如图 3-53 所示。该对话框中列出了 PCB 布线时用到的所有规则类型。

选择某一参数，单击"编辑"按钮▇，则弹出相应的导线宽度设置对话框，如图 3-54 所示。该对话框分为两部分，上面是图形显示部分，下面是列表显示部分，均可用于设置导线的宽度。

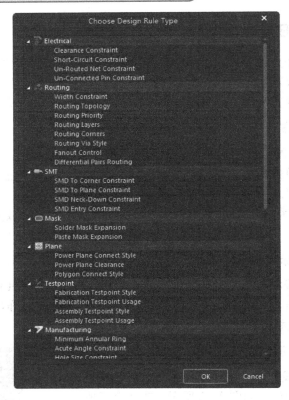

图 3-53　Choose Design Rule Type（选择设计规则类型）对话框

属性设置完毕后，单击 OK（确定）按钮即可关闭该对话框。

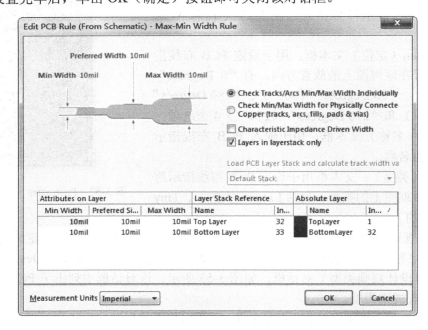

图 3-54　设置导线宽度

3.5.8 放置文本字和文本框

在绘制电路原理图时，为了增加原理图的可读性，设计者会在原理图的关键位置添加文字说明，即添加文本字、文本框和注释。当需要添加少量的文字时，可以直接放置文本字，而对于需要大段文字说明时，就需要用文本框。

1．放置文本字

（1）启动放置文本字的命令

① 选择菜单栏中的"放置"→"文本字符串"命令。

② 在原理图的空白区域单击光标右键，在弹出的菜单中执行"放置"→"文本字符串"命令。

③ 单击"应用工具"工具栏中的"实用工具"按钮 下拉菜单中的"放置文本字符串"按钮 。

（2）放置文本字

启动放置文本字命令后，光标变成十字形，并带有一个文本字"Text"。移动光标至需要添加文字说明处，单击光标左键即可放置文本字，如图 3-55 所示。

（3）文本字属性设置

在放置状态下，按 Tab 键或者放置完成后，双击需要设置属性的文本字，弹出 Properties（属性）面板，如图 3-56 所示。

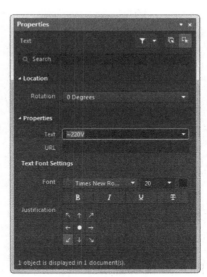

图 3-55　放置文本字　　　　　图 3-56　Properties（属性）面板

- [X/Y]（位置）：设置字符串的位置。
- 颜色：用于设置文本字的颜色。
- Rotation（定位）：设置文本字符串在原理图中的放置方向，有 0 Degrees、90 Degrees、180 Degrees 和 270 Degrees 4 个选项。
- Text（文本）：在该栏输入名称。

Font（字体）：在该文本框右侧按钮打开字体下拉列表，设置字体大小，在方向盘上设置文本字符串在不同方向上的位置，包括9个方位。

2．放置文本框

（1）启动放置文本框命令

① 选择菜单栏中的"放置"→"文本框"命令。

② 在原理图的空白区域单击光标右键，在弹出的菜单中执行"放置"→"文本框"命令。

③ 单击单击"应用工具"工具栏中的"实用工具"按钮 下拉菜单中的 （文本框）按。

（2）放置文本框

启动放置文本框命令后，光标变成十字形。移动光标到指定位置，单击光标左键确定文本框的一个顶点，然后移动光标到合适位置，再次单击左键确定文本框对角线上的另一个顶点，完成文本框的放置，如图 3-57 所示。

（3）文本框属性设置

在放置状态下，按 Tab 键或者放置完成后，双击需要设置属性的文本框，弹出 Properties（属性）面板，如图 3-58 所示。

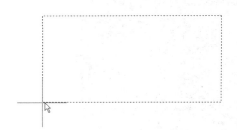

图 3-57　文本框的放置　　　　　　　　图 3-58　文本框属性设置面板

● **Word Wrap**：勾选该复选框，则文本框中的内容自动换行。

● **Clip to Area**：勾选该复选框，则文本框中的内容剪辑到区域。

文本框设置和文本字符串大致相同，相同选项这里不再赘述。

3．放置文本框

（1）启动放置文本框命令

① 选择菜单栏中的"放置"→"文本框"命令。

② 在原理图的空白区域单击光标右键，在弹出的菜单中执行"放置"→"文本框"命令。

③ 单击"应用工具"工具栏中的"实用工具"按钮 下拉菜单中的（文本框）按钮。

（2）放置文本框

启动放置文本框命令后，光标变成十字形。移动光标到指定位置，单击光标左键确定文本框的一个顶点，然后移动光标到合适位置，再次单击左键确定文本框对角线上的另一个顶点，完成文本框的放置，如图 3-59 所示。

（3）文本框属性设置

在放置状态下，按 Tab 键或者放置完成后，双击需要设置属性的文本框，弹出 Properties（属性）面板，如图 3-60 所示。

图 3-59　文本框的放置

图 3-60　文本框属性设置面板

● Word Wrap：勾选该复选框，则文本框中的内容自动换行。

● Clip to Area：勾选该复选框，则文本框中的内容剪辑到区域。

文本框设置和文本字符串大致相同，相同选项这里不再赘述。

4．放置注释

（1）启动放置注释命令

① 选择菜单栏中的"放置"→"注释"命令。

② 在原理图的空白区域单击光标右键，在弹出的菜单中执行"放置"→"注释"命令。

③ 单击单击"应用工具"工具栏中的"实用工具"按钮 下拉菜单中的（注释）按钮。

（2）放置注释

启动放置注释命令后，光标变成十字形。移动光标到指定位置，单击光标左键确定注释的一个顶点，然后移动光标到合适位置，再次单击左键确定注释对角线上的另一个顶点，完成注释的放置，如图 3-61 所示。

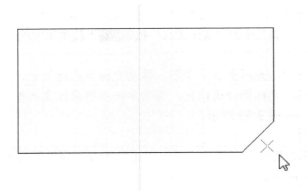

图 3-61　注释的放置

（3）注释属性设置

在放置状态下，按 Tab 键或者放置完成后，双击需要设置属性的注释，弹出 Properties
（属性）面板，如图 3-62 所示。

- Author（作者）：在文本框中添加图纸作者。
- Collapsed（变形）：勾选该复选框，注释边框形状自动缩放变形成图 3-63 所示的
  形状。

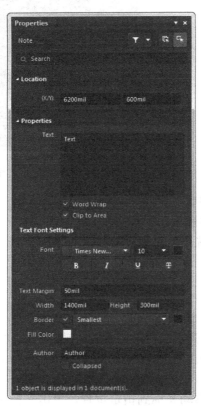

图 3-62　注释属性设置面板　　　　　图 3-63　变形后的注释边框

3.5.9 添加图形

有时在原理图中需要放置一些图像文件，如各种厂家标志、广告等。通过使用粘贴图片命令可以实现图形的添加。

（1）Altium Designer 18 支持多种图片的导入，启动添加图形有两种方法。

① 执行"放置"→"绘图工具"→"图像"命令。

② 单击"应用工具"工具栏中的"实用工具"按钮 下拉菜单中的 （图像）按钮。

（2）添加图形。

① 启动添加图形命令后，光标变成十字形状，并带有一个矩形框。

② 移动光标到需要放置图形的位置处，单击光标左键确定图形放置位置的一个顶点，移动光标光标到合适的位置再次单击光标左键，此时将弹出如图 3-64 所示的浏览图形对话框，从中选择要添加的图形文件。移动光标到工作窗口中，然后单击光标左键，这时所选的图形将被添加到原理图窗口中。

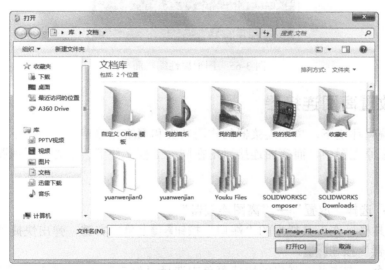

图 3-64　浏览图形对话框

③ 此时光标仍处于放置图形的状态，重复步骤（2）的操作即可放置其他的图形。

单击光标右键或者按下 Esc 键便可退出操作。

（3）设置放置图形属性。

在放置状态下按 Tab 键，系统将弹出相应的图形属性编辑面板，如图 3-65 所示。

● Border（边界）：设置图形边框的线宽和颜色，线宽有 Smallest、Small、Medium 和 Large 4 种线宽可供用户选择。

● [X/Y]（位置）：设置图形框的对角顶点位置。

● File Name（文件名）文本框：选择图片所在的文件路径名。

● Embedded（嵌入式）复选框：选中该复选框后，图片将被嵌入到原理图文件中，这样可以方便文件的转移。如果取消对该复选框的选中状态，则在文件传递时需要将图片的链接也转移过去，否则将无法显示该图片。

● Width（宽度）文本框：设置图片的宽。

- Height（高度）文本框：设置图片的高。
- X:Y Ratio1:1（比例）复选框：选中该复选框则以 1:1 的比例显示图片。

图 3-65　图形属性编辑面板

3.5.10　放置离图连接器

在原理图编辑环境下，离图连接器的作用其实和网络标签是一样的，不同的是，网络标签用在了同一张原理图中，而离图连接器用在同一工程文件下、不同的原理图中。

执行方式：

- 菜单栏：选择"放置"→"离图连接器"。
- 快捷工具栏：在工具栏中的"端口"按钮 ▣ 上单击右键，弹出快捷菜单，选择"离图连接器"按钮 ▣ 。
- 右键命令：右击并在弹出的快捷菜单中选择"放置"→"离图连接器"命令。
- 快捷键：〈P+C〉键。

绘制步骤：

（1）启动放置离图连接器命令后，光标变成十字形，并且在光标上悬浮一个连接符，此时光标变成十字形状，并带有一个离页连接符符号。

（2）移动光标到需要放置离图连接器的元件管脚末端或导线上，当出现红色交叉标志时，单击确定离页连接符的位置，即可完成离图连接器的一次放置。此时光标仍处于放置离图连接器的状态，如图 3-66 所示，重复操作即可放置其他的离图连接器。

编辑属性：

在放置离图连接器的过程中，用户可以对离图连接器的属性进行设置。双击离图连接器或者在光标处于放置状态时按 Tab 键，弹出如图 3-67 所示的 Properties（属性）面板。

其中各选项的意义如下。

- Rotation（旋转）：用于设置离图连接器放置的角度，有 0 Degrees、90 Degrees、180 Degrees、270 Degrees 4 种选择。
- Net Name（网络名称）：用于设置离图连接器的名称。这是离页连接符最重要的属性之一，具有相同名称的网络在电气上是连通的。
- color（颜色）：用于设置离图连接器颜色。
- Style（类型）：用于设置外观风格，包括 Left（左）、Right（右）这两种选择。

图 3-66　离图连接器符号　　　　　　　　　图 3-67　离图连接器设置

3.5.11　线束连接器

线束连接器是端子的一种，连接器又称插接器，由插头和插座组成。连接器是汽车电路中线束的中继站。线束与线束、线束与电器部件之间的连接一般采用连接器，汽车线束连接器是连接汽车各个电器与电子设备的重要部件，为了防止连接器在汽车行驶中脱开，所有的连接器均采用了闭锁装置。

执行方式：

- 菜单栏：选择"放置"→"线束"→"线束连接器"命令。
- 工具栏：单击"布线"工具栏中的"放置线束连接器"按钮■。
- 快捷工具栏：单击快捷工具栏中的"放置线束连接器"按钮■。
- 右键命令：右击并在弹出的快捷菜单中选择"放置"→"线束"→"线束连接器"命令。
- 快捷键：〈P+H+C〉键。

绘制步骤：

（1）启动放置线束连接器命令后，此时光标变成十字形状，并带有一个线束连接器符号。

（2）将光标移动到想要放置线束连接器的起点位置，单击确定线束连接器的起点，然后拖动光标，单击确定终点，如图 3-68 所示。此时系统仍处于绘制线束连接器状态，用同样的方法绘制另一个线束连接器。绘制完成后，单击光标右键退出绘制状态。

编辑属性：

双击线束连接器或在光标处于放置线束连接器的状态时按 Tab 键，弹出如图 3-69 所示的 Properties（属性）面板，在该面板中可以对线束连接器的属性进行设置。

该面板包括以下 3 个选项组。

1．Location（位置）选项组

● （X/Y）：用于表示线束连接器左上角顶点的位置坐标，用户可以输入设置。
● Rotation（旋转）：用于表示线束连接器在原理图上的放置方向，有 "0 Degrees"（0°）、"90 Degrees"（90°）、"180 Degrees"（180°）和 "270 Degrees"（270°）4 个选项。

2．Properties（属性）选项组

● Harness Type（线束类型）：用于设置线束连接器中线束的类型。
● Bus Text Style（总线文本类型）：用于设置线束连接器中文本显示类型。单击后面的下三角按钮，有 2 个选项供选择，Full（全程）、Prefix（前缀）。
● Width（宽度）、Height（高度）：用于设置线束连接器的长度和宽度。
● Primary Position（主要位置）：用于设置线束连接器的宽度。
● Border（边框）：用于设置边框线宽、颜色。单击后面的颜色块，可以在弹出的对话框中设置颜色。
● Full（填充色）：用于设置线束连接器内部的填充颜色。单击后面的颜色块，可以在弹出的对话框中设置颜色。

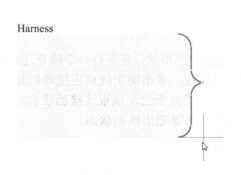

图 3-68　放置线束连接器　　　　　　　　　　图 3-69　Properties（属性）面板

3. Entries（线束入口）选项组

在该选项组中可以为连接器添加、删除和编辑与其余元件连接的入口，如图 3-70 所示。单击 Add（添加）按钮，在该面板中自动添加线束入口，如图 3-71 所示。

图 3-70　Entries（线束入口）选项组

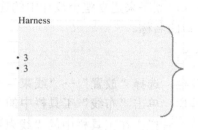

图 3-71　添加入口

3.5.12　预定义的线束连接器

执行方式：

- 菜单栏：选择"放置"→"线束"→"预定义的线束连接器"命令。
- 右键命令：右击并在弹出的快捷菜单中选择"放置"→"线束"→"预定义的线束连接器"命令。
- 快捷键：〈P+H+P〉键。

绘制步骤：

启动放置预定义的线束连接器命令后，弹出如图 3-72 所示的 Place Predefined Harness Connector（信号连接器属性设置）对话框。

在该对话框中可精确定义线束连接器的名称、端口、线束入口等。

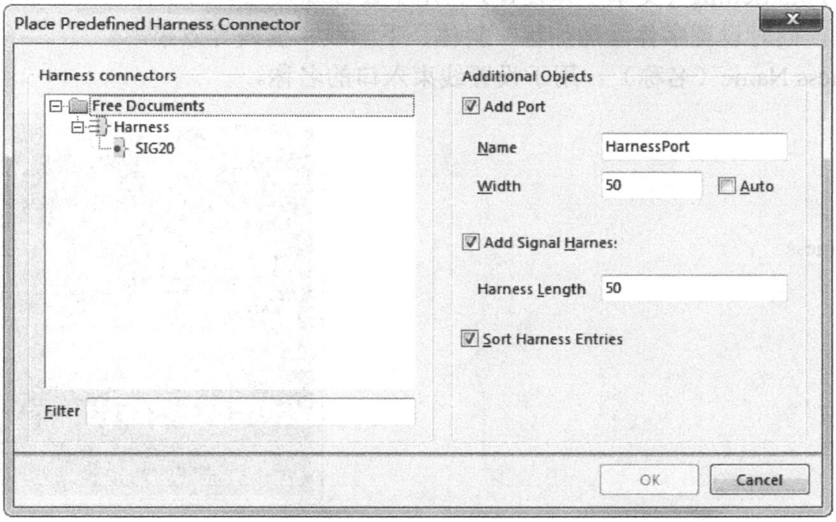

图 3-72　Place Predefined Harness Connector 对话框

3.5.13 线束入口

线束通过"线束入口"的名称来识别每个网路或总线。Altium Designer 正是使用这些名称而非线束入口顺序来建立整个设计中的连接。除非命名的是线束连接器，网路命名一般不使用线束入口的名称。

执行方式：

- 菜单栏：选择"放置"→"线束"→"线束入口"命令。
- 工具栏：单击"布线"工具栏中的"线束入口"按钮 ⬛ 。
- 快捷工具栏：在工具栏中的"线束连接器"按钮 ⬛ 上单击右键，弹出快捷菜单，单击"放置线束入口"按钮 ⬛ 。
- 右键命令：右击并在弹出的快捷菜单中选择"放置"→"线束"→"线束入口"命令。
- 快捷键：〈P+H+E〉键。

绘制步骤：

（1）启动放置线束入口命令后，此时光标变成十字形状，出现一个线束入口随光标移动而移动。

（2）移动光标到线束连接器内部，单击光标左键选择要放置的位置，只能在线束连接器左侧的边框上移动，如图 3-73 所示。

编辑属性：

在放置线束入口的过程中，用户可以对线束入口的属性进行设置。双击线束入口或在光标处于放置线束入口的状态时按 Tab 键，弹出如图 3-74 所示的 Properties（属性）面板，在面板中可以对线束入口的属性进行设置。

- Text Font Setting（文本字体设置）：用于设置线束入口的字体类型、字体大小、字体颜色，同时设置字体添加加粗、斜体、下画线、横线等效果。
- Harness Name（名称）：用于设置线束入口的名称。

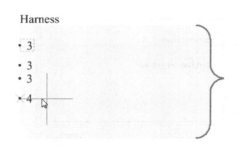

图 3-73　调整总线入口分支线的方向

图 3-74　Properties（属性）面板

3.5.14　信号线束

信号线束是一组具有相同性质的并行信号线的组合，通过信号线束线路连接到同一电路图上另一个线束接头，或连接到电路图入口或端口，以使信号连接到另一个原理图。

执行方式：

- 菜单栏：选择"放置"→"线束"→"信号线束"命令。
- 工具栏：单击"布线"工具栏中的"信号线束"按钮。
- 快捷工具栏：在工具栏中的"线束连接器"按钮上单击右键，弹出快捷菜单，选择"信号线束"按钮。
- 右键命令：右击并在弹出的快捷菜单中选择"放置"→"线束"→"信号线束"命令。
- 快捷键：〈P+H〉键。

绘制步骤：

启动放置信号线束命令后，此时光标变成十字形状，将光标移动到想要完成电气连接的元件的管脚上，单击放置信号线束的起点。出现红色的符号表示电气连接成功。移动光标，多次单击可以确定多个固定点，最后放置信号线束的终点。如图 3-75 所示，此时光标仍处于放置信号线束的状态，重复上述操作可以继续放置其他的信号线束。

编辑属性：

在放置信号线束的过程中，用户可以对信号线束的属性进行设置。双击信号线束或在光标处于放置信号线束的状态时按 Tab 键，弹出如图 3-76 所示的 Properties（属性）面板，在该面板中可以对信号线束的属性进行设置。

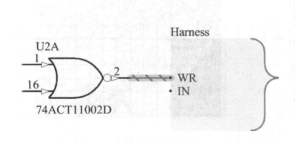

图 3-75　放置信号线束　　　　图 3-76　Properties（属性）面板

3.6　综合实例

通过前面的学习，相信用户对 Altium Designer 18 的原理图编辑环境、原理图编辑器的使用有了一定的了解，能够完成一些简单电路图的绘制。这一节，我们将通过具体的实例讲述完整的绘制出电路原理图的步骤。

3.6.1 单片机最小应用系统原理图

本节将从实际操作的角度出发，通过一个具体的实例来说明怎样使用原理图编辑器来完成电路的设计工作。目前绝大多数的电子应用设计脱离不了单片机系统。下面使用 Altium Designer 18 来绘制一个单片机最小应用系统的组成原理图。其主要的操作步骤如下。

绘制步骤

（1）启动 Altium Designer 18，打开 Projects（工程）面板，在 Workspace1.DsnWrk 选项上单击右键弹出快捷菜单，选择"添加新的到工程"→"PCB 工程"命令，则在 Projects（工程）面板中出现新建的工程文件，系统提供的默认文件名为"PCB_Project1.PrjPCB"，如图 3-77 所示。

（2）在工程文件 PCB_Project1.PrjPCB 上右击，在弹出的右键快捷菜单中单击"保存工程为"命令，在弹出的保存文件对话框中输入文件名"MCU.PrjPCB"，并保存在指定的文件夹中。此时，在 Projects（工程）面板中，工程文件名变为"MCU.PrjPCB"。该工程中没有任何内容，可以根据设计的需要添加各种设计文档。

（3）在工程文件 MCU.PrjPCB 上右击，在弹出的右键快捷菜单中单击"添加新的到工程"→Schematic（原理图）命令。在该工程文件中新建一个电路原理图文件，系统默认文件名为"Sheet1.SchDoc"。在该文件上右击，在弹出的右键快捷菜单中单击"另存为"命令，在弹出的保存文件对话框中输入文件名"MCU Circuit.SchDoc"。此时，在 Projects（工程）面板中，工程文件名变为"MCU Circuit.SchDoc"，如图 3-78 所示。在创建新原理图文件的同时，也就进入了原理图设计系统环境。

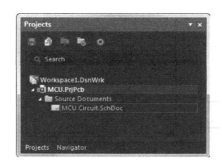

图 3-77　新建工程文件　　　　　　图 3-78　创建新原理图文件

（4）在编辑窗口中右击，打开 Properties（属性）面板，如图 3-79 所示，对图纸参数进行设置。我们将图纸的尺寸及标准风格设置为 A4，放置方向设置为 Landscape（水平），标题块设置为 Standard（标准），设置字体为 Arial，大小设置为 10，其他选项均采用系统默认设置。

（5）创建原理图文件后，系统已默认为该文件加载了一个集成元件库 Miscellaneous Devices.IntLib（常用分立元件库）。这里我们使用 Philips 公司的单片机 P89C51RC2HFBD，来构建单片机最小应用系统。为此需要先加载 Philips 公司元件库，其所在的库文件为 Philips Microcontroller 8-bit.IntLib。

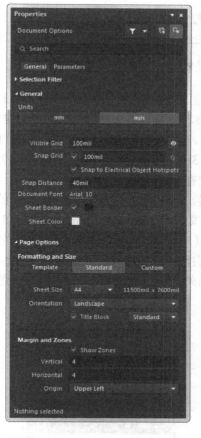

图 3-79　Properties（属性）面板

（6）在 Libraries（库）面板中单击 Libraries（库）按钮，系统将弹出如图 3-80 所示的 "Available Libraries"（可用库）对话框。在该对话框中单击"添加 Libraries（库）"按钮，打开相应的选择库文件对话框，在该对话框中选择确定的库文件夹 Philips，选择相应的库文件 Philips Microcontroller 8-bit.IntLib，单击"打开"按钮，关闭该对话框。在绘制原理图的过程中，放置元件的基本原则是根据信号的流向放置，从左到右，或从上到下。首先应该放置电路中的关键元件，然后放置电阻、电容等外围元件。在本例中，设定图纸上信号的流向是从左到右，关键元件包括单片机芯片、地址锁存芯片、扩展数据存储器。

图 3-80　Available Libraries（可用库）对话框

（7）放置单片机芯片。打开 Libraries（库）面板，在当前元件库名称栏选择 Philips Microcontroller 8-bit.IntLib，在过滤框条件文本框中输入 P89C51RC2HFBD，如图 3-81 所示。单击 Place P89C51RC2HFBD（放置 P89C51RC2HFBD）按钮，将选择的单片机芯片放置在原理图纸上。

（8）放置地址锁存器。这里使用的地址锁存器是 TI 公司的 SN74LS373N，该芯片所在的库文件为 TI Logic Latch.IntLib，按照与上面相同的方法进行加载。

打开 Libraries（库）面板，在当前元件库名称栏中选择 TI Logic Latch.IntLib，在元件列表中选择 SN74LS373N，如图 3-82 所示。单击 Place SN74LS373N（放置 SN74LS373N）按钮，将选择的地址锁存器芯片放置在原理图纸上。

（9）放置扩展数据存储器。这里使用的是 Motorola 公司的 MCM6264P 作为扩展的 8KB 数据存储器，该芯片所在的库文件为 Motorola Memory Static RAM.IntLib，按照与上面相同的方法进行加载。打开 Libraries（库）面板，在当前元件库名称栏中选择 Motorola Memory Static RAM.IntLib，在元件列表中选择 MCM6264P，如图 3-83 所示。单击 Place MCM6264P（放置 MCM6264P）按钮，将选择的外扩数据存储器芯片放置在原理图纸上。

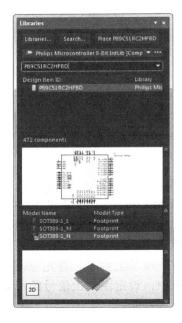

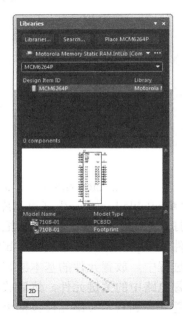

图 3-81　选择单片机芯片　　　图 3-82　选择地址锁存器芯片　　　图 3-83　数据存储器芯片

（10）放置外围元件。在单片机的应用系统中，时钟电路和复位电路是必不可少的。在本例中，我们采用一个石英晶振和两个匹配电容构成单片机的时钟电路，晶振频率是 20MHz。复位电路采用上电复位加手动复位的方式，由一个 RC 延迟电路构成上电复位电路，在延迟电路的两端跨接一个开关构成手动复位电路。因此，需要放置的外围元件包括两个电容、两个电阻、1 个极性电容、1 个晶振、1 个复位键，这些元件都在库文件 Miscellaneous Devices.IntLib 中。打开 Libraries（库）面板，在当前元件库名称栏中选择 Miscellaneous Devices.IntLib，在元件列表中选择电容 Cap、电阻 Res2、极性电容 Cap Pol2、晶振 XTAL、复位键 SW-PB，一一进行放置。

（11）设置元件属性。在图纸上放置好元件之后，再对各个元件的属性进行设置，包括元件的标识、序号、型号、封装形式等。双击元件打开元件属性设置面板，如图 3-84 所示为单片机属性设置面板。其他元件的属性设置可以参考前面章节，这里不再赘述。设置好元件属性后的原理图如图 3-85 所示。

图 3-84　设置单片机属性

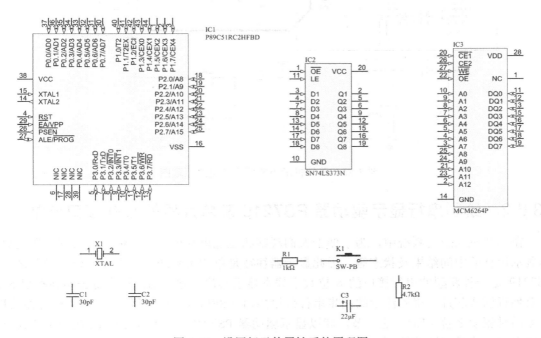

图 3-85　设置好元件属性后的原理图

（12）放置电源和接地符号。单击"布线"工具栏中的▇▇（VCC 电源端口）按钮，放置电源，本例共需要 4 个电源。单击"布线"工具栏中的▇▇（GND 端口），放置接地符号，本例共需要 9 个接地。由于都是数字地，使用统一的符号表示即可。

（13）连接导线。在放置好各个元件并设置好相应的属性后，下面应根据电路设计的要求把各个元件连接起来。单击"布线"工具栏中的▇▇（放置线）按钮、▇▇（放置总线）按钮和▇▇（放置总线入口）按钮，完成元件之间的端口及管脚的电气连接。

（14）放置网络标签。对于难以用导线连接的元件，应该采用设置网络标签的方法，这样可以使原理图结构清晰，易读易修改。在本例中，单片机与复位电路的连接，以及单片机与外扩数据存储器之间读、写控制线的连接采用了网络标签的方法。

（15）放置通用 ERC 测试点。对于用不到的、悬空的管脚，可以放置通用 ERC 测试点，让系统忽略对此处的 ERC 检查，不会产生错误报告。

绘制完成的单片机最小应用系统电路原理图如图 3-86 所示。

至此，原理图的设计工作暂时告一段落。如果需要进行 PCB 板的设计制作，还需要对设计好的电路进行电气规则检查和对原理图进行编译，这将在后面的章节中通过实例进行详细介绍。

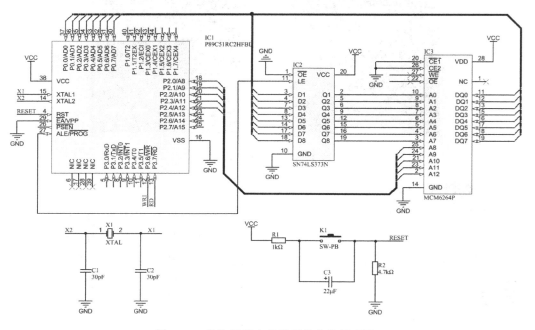

图 3-86　单片机最小应用系统电路原理图

3.6.2　绘制串行显示驱动器 PS7219 及单片机的 SPI 接口电路

在单片机的应用系统中，为了便于人们观察和监视单片机的运行情况，常常需要用显示器显示运行的中间结果及状态等。因此显示器往往是单片机系统必不可少的外部设备之一。PS7219 是一种新型的串行接口的 8 位数字静态显示芯片，它是由武汉力源公司新推出的 24 脚双列直插式芯片，采用流行的同步串行外设接口（SPI），可与任何一种单片机方便接口，并可同时驱动 8 位 LED。这一节，就以显示驱动器 PS7219 及单片机的 SPI 接口电路为例，继续介绍电路原理图的绘制。

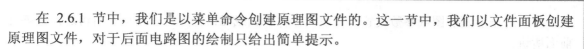

在 2.6.1 节中，我们是以菜单命令创建原理图文件的。这一节中，我们以文件面板创建原理图文件，对于后面电路图的绘制只给出简单提示。

绘制步骤

1．准备工作

（1）启动 Altium Designer 18。

（2）执行菜单命令"File（文件）"→"新的"→"项目"→"PCB 工程"，在 Project（工程）面板中出现了新建的工程文件，系统提供的默认名为 PCB Project1.PrjPCB，如图 3-87 所示。

（3）然后执行菜单命令"File（文件）"→"保存工程为"，在弹出的保存文件对话框中输入"PS7219 及单片机的 SPI 接口电路.PrjPcb"文件名，如图 3-88 所示。

图 3-87　新建工程文件

图 3-88　保存工程文件

（4）执行菜单命令"File（文件）"→"新的"→"原理图"，在工程文件中新建一个默认名为 Sheet1.SchDoc 的电路原理图文件。然后执行菜单命令"文件"→"另存为"，在弹出的保存文件对话框中输入"PS7219 及单片机的 SPI 接口电路.SchDoc"文件名，并保存在指定位置，如图 3-89 所示。

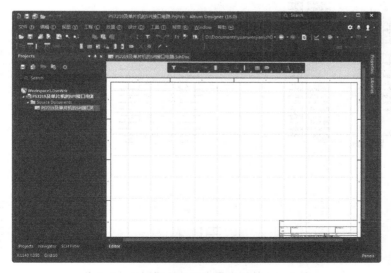

图 3-89　新建原理图文件

（5）对于后面的图纸参数设置、查找元器件、加载元器件库，在这里不再讲述，请参考前面所讲。

2．绘制电路图

在电路原理图上放置元器件并完成电路图。对于这一部分，我们只给出提示步骤，具体步骤希望用户自己进行操作。

（1）电路原理图上放置关键元器件，放置后的原理图如图 3-90 所示。

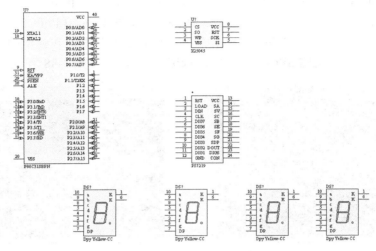

图 3-90　关键元器件放置

（2）放置电阻、电容等元器件，并编辑元器件属性，如图 3-91 所示。

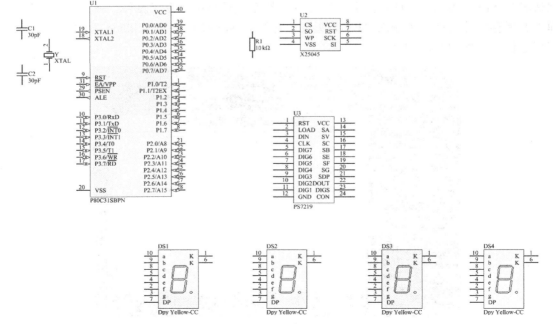

图 3-91　放置电阻电容并编辑属性的原理图

（3）放置电源和接地符号、连接导线以及放置网络标识、通用 ERC 检查测试点和输入/输出端口。绘制完成的电路图如图 3-92 所示。

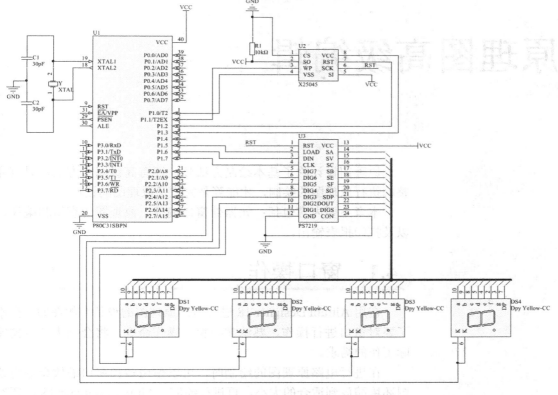

图 3-92　绘制完成的电路图

Chapter

原理图高级编辑

4

原理图设计除了基本绘制方法外，还有高级编辑方法，只有完整的执行原理图的绘制，才能算是完成了原理图的设计。

本章主要内容包括：元器件窗口编辑、原理图的查错和编译，以及打印报表输出。

4.1 窗口操作

在用 Altium Designer 18 进行电路原理图的设计和绘图时，少不了要对窗口进行操作，熟练掌握窗口操作命令，将会极大地方便实际工作的需求。

在进行电路原理图的绘制时，可以使用多种窗口缩放命令将绘图环境缩放到适合的大小，再进行绘制。Altium Designer 18 的所有窗口缩放命令都在"视图"下拉菜单中，如图 4-1 所示。

图 4-1 "视图"菜单

下面介绍这些菜单命令，并举例演示这些窗口缩放命令。

（1）适合文件：适合整个电路图。该命令把整张电路图缩放在窗口中，如图 4-2 所示。

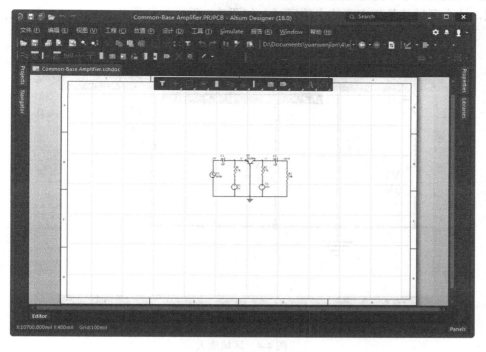

图 4-2　显示整张电路图

（2）适合所有对象：适合全部元器件。该命令将整个电路图缩放显示在窗口中，但是不包含图纸边框和原理图的空白部分，如图 4-3 所示。

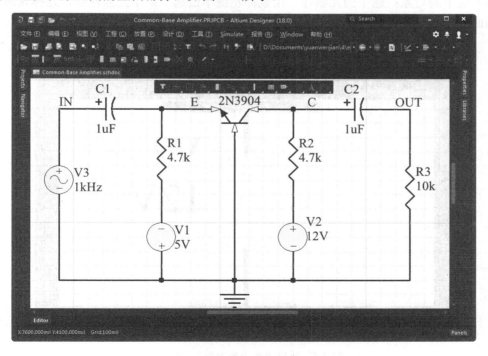

图 4-3　显示全部元器件

（3）区域：该命令是把指定的区域放大到整个窗口。在启动该命令后，要用鼠标拖出一个区域，这个区域就是指定要放大的区域，如图 4-4 所示。

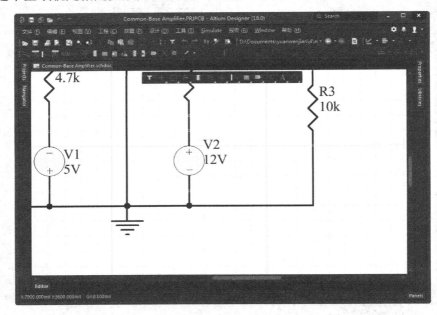

图 4-4　区域放大

（4）点周围：以光标为中心。使用该命令时，要先用鼠标选择一个区域，单击鼠标左键定义中心，再移动鼠标展开将要放大的区域，然后单击鼠标左键即可完成放大。与"区域"命令相似。

（5）选中的对象：选中的元器件。用鼠标左键单击选中某个元器件后，选择该命令，则显示画面的中心会转移到该元器件，如图 4-5 所示。

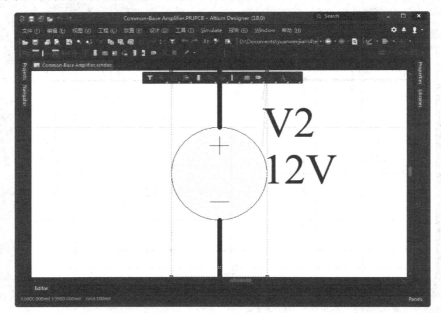

图 4-5　执行"选中的对象"后的显示

（6）放大、缩小：直接放大、缩小电路原理图。

（7）上一次缩放：直接显示上一次缩放的显示状态。

（8）全屏：全屏显示，执行该命令后整张电路图会全屏显示。

4.2 项目编译

项目编译就是在设计的电路原理图中检查电气规则错误。所谓电气规则检查，就是要查看电路原理图的电气特性是否一致，电气参数的设置是否合理。

4.2.1 项目编译参数设置

项目编译参数设置包括"错误检查报告（Error Reporting）"、"连接矩阵（Connection Matrix）"、"比较器设置（Comparator）"、"ECO 生成"等。

任意打开一个 PCB 项目文件，这里以 PCB 项目 Common-Base Amplifier.PRJPCB 为例。

选择菜单栏中的"工程"→"工程选项"命令，打开 Options for PCB Project…（项目管理选项）对话框，如图 4-6 所示。

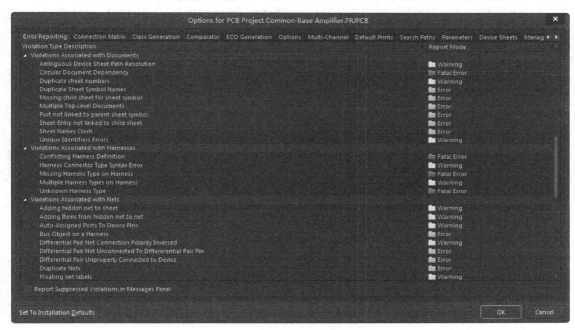

图 4-6 项目管理选项对话框

1．Error Reporting（错误报告）选项卡

（1）Violations Associated with Buses（与总线相关的违例）栏

● Bus indices out of range：总线编号索引超出定义范围。总线和总线分支线共同完成电气连接，如果定义总线的网络标签为 D [0...7]，则当存在 D8 及 D8 以上的总线分支线时将违反该规则。

● Bus range syntax errors：用户可以通过放置网络标签的方式对总线进行命名。当总线命名存在语法错误时将违反该规则。例如，定义总线的网络标签为 D[0…]时将违反该规则。

- Illegal bus definition：连接到总线的元件类型不正确。
- Illegal bus range values：与总线相关的网络标签索引出现负值。
- Mismatched bus label ordering：同一总线的分支线属于不同网络时，这些网络对总线分支线的编号顺序不正确，即没有按同一方向递增或递减。
- Mismatched bus widths：总线编号范围不匹配。
- Mismatched Bus-Section index ordering：总线分组索引的排序方式错误，即没有按同一方向递增或递减。
- Mismatched Bus/Wire object in Wire/Bus：总线上放置了与总线不匹配的对象。
- Mismatched electrical types on bus：总线上电气类型错误。总线上不能定义电气类型，否则将违反该规则。
- Mismatched Generics on bus（First Index）：总线范围值的首位错误。总线首位应与总线分支线的首位对应，否则将违反该规则。
- Mismatched Generics on bus（Second Index）：总线范围值的末位错误。
- Mixed generic and numeric bus labeling：与同一总线相连的不同网络标识符类型错误，有的网络采用数字编号，而其他网络采用了字符编号。

（2）Violations Associated with Components（与元件相关的违例）栏

- Component Implementations with duplicate pins usage：原理图中元件的管脚被重复使用。
- Component Implementations with invalid pin mappings：元件管脚与对应封装的管脚标识符不一致。元件管脚应与管脚的封装一一对应，不匹配时将违反该规则。
- Component Implementations with missing pins in sequence：按序列放置的多个元件管脚中丢失了某些管脚。
- Component revision has inapplicable state：元件版本有不适用的状态。
- Component revision has Out of Date：元件版本已过期。
- Components containing duplicate sub-parts：元件中包含了重复的子元件。
- Components with duplicate Implementations：重复实现同一个元件。
- Components with duplicate pins：元件中出现了重复管脚。
- Duplicate Component Models：重复定义元件模型。
- Duplicate Part Designators：元件中存在重复的组件标号。
- Errors in Component Model Parameters：元件模型参数错误。
- Extra pin found in component display mode：元件显示模式中出现多余的管脚。
- Mismatched hidden pin connections：隐藏管脚的电气连接存在错误。
- Mismatched pin visibility：管脚的可视性与用户的设置不匹配。
- Missing Component Model editor：元件模型编辑器丢失。
- Missing Component Model Parameters：元件模型参数丢失。
- Missing Component Models：元件模型丢失。
- Missing Component Models in Model Files：元件模型在所属库文件中找不到。

- Missing pin found in component display mode：在元件的显示模式中缺少某一管脚。
- Models Found in Different Model Locations：元件模型在另一路径（非指定路径）中找到。
- Sheet Symbol with duplicate entries：原理图符号中出现了重复的端口。为避免违反该规则，建议用户在进行层次原理图设计时，在单张原理图上采用网络标签的形式建立电气连接，而不同的原理图间采用端口建立电气连接。
- Un-Designated parts requiring annotation：未被标号的元件需要分开标号。
- Unused sub-part in component：集成元件的某一部分在原理图中未被使用。通常对未被使用的部分采用管脚空的方法，即不进行任何的电气连接。

（3）Violations Associated with Documents（与文档关联的违例）栏

- Ambiguous Device Sheet Path Resolution：设备图纸路径分辨率不明确。
- Circular Document Dependency：循环文档相关性。
- Duplicate sheet numbers：电路原理图编号重复。
- Duplicate Sheet Symbol Names：原理图符号命名重复。
- Missing child sheet for sheet symbol：项目中缺少与原理图符号相对应的子原理图文件。
- Multiple Top-Level Documents：定义了多个顶层文档。
- Port not linked to parent sheet symbol：子原理图电路与主原理图电路中端口之间的电气连接错误。
- Sheet Entry not linked to child sheet：电路端口与子原理图间存在电气连接错误。
- Sheet Name Clash：图纸名称冲突。
- Unique Identifiers Errors：唯一标识符错误。

（4）Violations Associated with Harnesses（与线束关联的违例）栏

- Conflicting Harness Definition：线束冲突定义。
- Harness Connector Type Syntax Error：线束连接器类型语法错误。
- Missing Harness Type on Harness：线束上丢失线束类型。
- Multiple Harness Types on Harness：线束上有多个线束类型。
- Unknown Harness Types：未知线束类型。

（5）Violations Associated with Nets（与网络关联的违例）栏

- Adding hidden net to sheet：原理图中出现隐藏的网络。
- Adding Items from hidden net to net：从隐藏网络添加子项到已有网络中。
- Auto-Assigned Ports To Device Pins：自动分配端口到器件管脚。
- Bus Object on a Harness：线束上的总线对象。
- Differential Pair Net Connection Polarity Inversed：差分对网络连接极性反转。
- Differential Pair Net Unconnected To Differential Pair Pin：差动对网与差动对管脚不连接。
- Differential Pair Unproperly Connected to Device：差分对与设备连接不正确。
- Duplicate Nets：原理图中出现了重复的网络。
- Floating net labels：原理图中出现不固定的网络标签。

- Floating power objects：原理图中出现了不固定的电源符号。
- Global Power-Object scope changes：与端口元件相连的全局电源对象已不能连接到全局电源网络，只能更改为局部电源网络。
- Harness Object on a Bus：总线上的线束对象。
- Harness Object on a Wire：连线上的线束对象。
- Missing Negative Net in Differential Pair：差分对中缺失负网。
- Missing Possitive Net in Differential Pair：差分对中缺失正网
- Net Parameters with no name：存在未命名的网络参数。
- Net Parameters with no value：网络参数没有赋值。
- Nets containing floating input pins：网络中包含悬空的输入管脚。
- Nets containing multiple similar objects：网络中包含多个相似对象。
- Nets with multiple names：网络中存在多重命名。
- Nets with no driving source：网络中没有驱动源。
- Nets with only one pin：存在只包含单个管脚的网络。
- Nets with possible connection problems：网络中可能存在连接问题。
- Same Nets used in Multiple Differential Pair：多个差分对中使用相同的网络。
- Sheets Containing duplicate ports：原理图中包含重复端口。
- Signals with multiple drivers：信号存在多个驱动源。
- Signals with no driver：原理图中信号没有驱动。
- Signals with no load：原理图中存在无负载的信号。
- Unconnected objects in net：网络中存在未连接的对象。
- Unconnected wires：原理图中存在未连接的导线。

（6）Violations Associated with Others（其他相关违例）栏

- Fail to add alternate item：未能添加替代项。
- Incorrect link in project variant：项目变体中的链接不正确。
- Object not completely within sheet boundaries：对象超出了原理图的边界，可以通过改变图纸尺寸来解决。
- Off-grid object：对象偏离格点位置将违反该规则。使元件处在格点的位置有利于元件电气连接特性的完成。

（7）Violations Associated with Parameters（与参数相关的违例）栏

- Same parameter containing different types：参数相同而类型不同。
- Same parameter containing different values：参数相同而值不同。

对于每一种错误都可以设置相应的报告类型，并采用不同的颜色。单击其后的按钮，弹出错误报告类型的下拉列表。一般采用默认设置，不需要对错误报告类型进行修改。

单击 Set To Installation Defaults 按钮，可以恢复到系统默认设置。

2. Connection Matrix（电路连接检测矩阵）选项卡

在项目管理选项对话框中，单击"Connection Matrix（电路连接检测矩阵）"标签，弹出"Connection Matrix（电路连接检测矩阵）"选项卡，如图 4-7 所示。

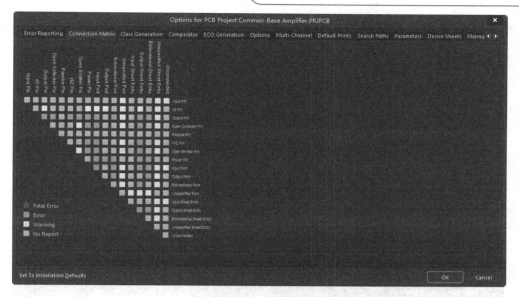

图 4-7　"Connection Matrix（电路连接检测矩阵）"选项卡

连接矩阵选项卡显示的是各种管脚、端口、图纸入口之间的连接状态，以及错误类型的严格性。这将在设计中运行电气规则检查电气连接，如管脚间的连接、元件和图纸的输入。连接矩阵给出了原理图中不同类型的连接点以及是否被允许的图表描述。例如：

（1）如果横坐标和纵坐标交叉点为红色，则当横坐标代表的管脚和纵坐标代表的管脚相连接时，将出现 Fatal Error 信息。

（2）如果横坐标和纵坐标交叉点为橙色，则当横坐标代表的管脚和纵坐标代表的管脚相连接时，将出现 Error 信息。

（3）如果横坐标和纵坐标交叉点为黄色，则当横坐标代表的管脚和纵坐标代表的管脚相连接时，将出现 Warning 信息。

（4）如果横坐标和纵坐标交叉点为绿色，则当横坐标代表的管脚和纵坐标代表的管脚相连接时，将不出现错误或警告信息。

对于各种连接的错误等级，用户可以自己进行设置，单击相应连接交叉点处的颜色方块，通过颜色方块的设置即可设置错误等级。一般采用默认设置，不需要对错误等级进行设置。

单击 Set To Installation Defaults 按钮，可以恢复到系统默认设置。

3．Comparator（比较器）选项卡

在项目管理选项对话框中，单击 Comparator（比较器）标签，弹出 Comparator（比较器）选项卡，如图 4-8 所示。

Comparator（比较器）选项卡用于设置当一个项目被编译时给出文件之间的不同和忽略彼此的不同。 比较器的对照类型描述中有 4 大类，包括与元器件有关的差别（Differences Associated with Components）、与网络有关的差别（Differences Associated with Nets）、与参数有关的差别（Differences Associated with Parameters）以及与对象有关的差别（Differences Associated with Parameters）。在每一大类中有若干具体的选项，对不同的项目可能设置会有所不同，但是一般采用默认设置。

单击 Set To Installation Defaults 按钮，可以恢复到系统默认设置。

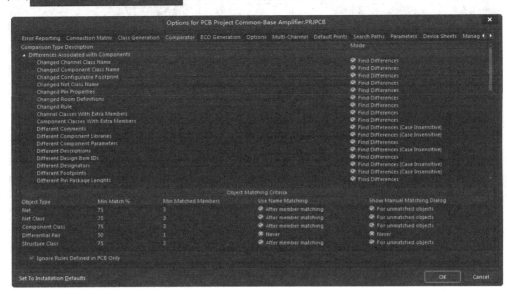

图 4-8　Comparator 选项卡

4．ECO Generation（生成ECO文件）选项卡

在项目管理选项对话框中，单击 ECO Generation（生成 ECO 文件）标签，弹出 ECO Generation（生成 ECO 文件）选项卡，如图 4-9 所示。

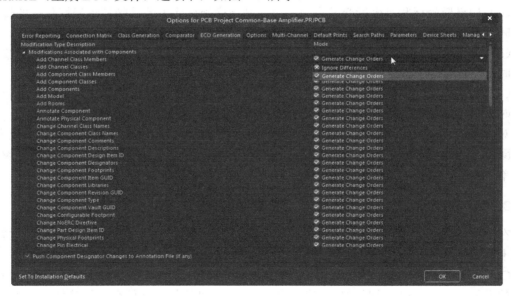

图 4-9　ECO Generationr 选项卡

Altium Designer 18 系统通过在比较器中找到原理图的不同，当执行电气更改命令后，ECO Generation（生成 ECO 文件）显示更改类型详细说明。主要用于原理图更新时显示更新的内容与以前文件的不同。

ECO Generation（生成 ECO 文件）选项卡中修改的类型 3 大类，主要用于设置与元器件有关的（Modifications Associated with Components）、与网络有关的（Modifications Associated with Nets）和与参数相关的（Modifications Associated with Parameters）改变。在每一大类中，又包含若干选项，对于每项都可以通过 Mode（模式）列表框的下拉列表中选择 Generate Change Orders（产生更改命令）或 Ignore Differences（忽略不同）。

单击 `Set To Installation Defaults` 按钮，可以恢复到系统默认设置。

4.2.2 执行项目编译

将以上参数设置完成后，用户就可以对自己的项目进行编译了，这里还是以前面的"Common-Base Amplifier.PRJPCB"项目为例。

正确的电路原理图如图 4-10 所示。

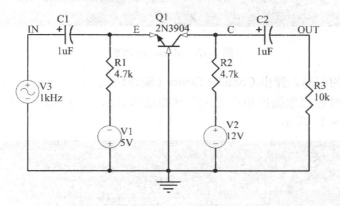

图 4-10　正确的电路原理图

如果在设计电路原理图的时候，Q1 与 C1、R1 没有连接，如图 4-11 所示。就可以通过项目编译来找出这个错误。

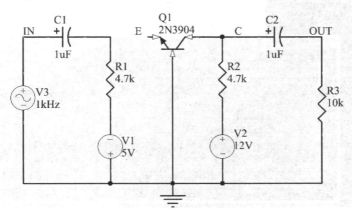

图 4-11　错误的电路原理图

下面介绍执行项目编译的步骤。

（1）执行菜单命令"工程"→Compile PCB Project Common-Base Amplifier.PRJPCB（编译项目文件），系统开始对项目进行编译。

105

（2）编译完成后，系统弹出 Messages（信息）面板，如图 4-12 所示。
如果原理图绘制正确．将不弹出 Messages（信息）面板窗口。

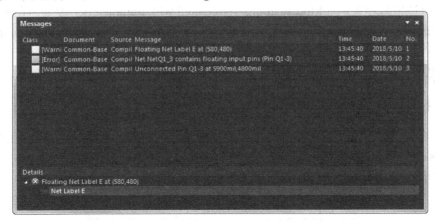

图 4-12　Messages 面板

（3）双击出错的信息，弹出 Compile Errors（编译错误）面板，此面板显示了与错误有关的原理图信息。同时在原理图出错位置出现高亮显示状态，电路图上的其他元器件和导线处于模糊状态，如图 4-13 所示。

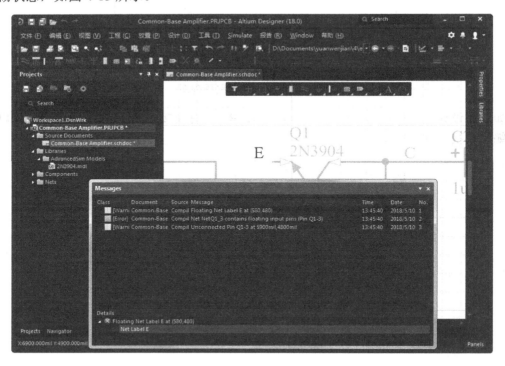

图 4-13　显示编译错误

（4）根据出错信息提示，对电路原理图进行修改，修改后再次编译，直到没有错误信息出现为止，即编译时不弹出 Messages（信息）面板。对于有些电路原理图中一些不需要进行检查的节点，可以放置一个忽略 ERC 检查测试点。

4.3 报表的输出

Altium Designer 18 具有丰富的报表功能，用户可以方便地生成各种类型的报表。

4.3.1 网络报表

对于电路设计而言，网络报表是电路原理图的精髓，是原理图和 PCB 板连接的桥梁。所谓网络报表，指的是彼此连接在一起的一组元器件管脚，一个电路实际上就是由若干个网络组成。它是电路板自动布线的灵魂，没有网络报表，就没有电路板的自动布线，也是电路原理图设计软件与印制电路板设计软件之间的接口。网络报表包含两部分信息：元件信息和网络连接信息。

Altium Designer 18 中的 Protel 网络报表有两种，一种是对单个原理图文件的网络报表；另一种是对整个项目的网络报表。

下面通过实例介绍生成网络报表的具体步骤。

1. 设置网络报表选项

在生成网络报表之前，用户首先要设置网络报表选项。

（1）打开 PCB 项目 Common-Base Amplifier.PRJPCB 中的电路原理图文件，执行菜单命令"工程"→"工程选项"，打开项目管理选项对话框。

（2）单击 Options（选项）标签，弹出 Options（选项）选项卡，如图 4-14 所示。

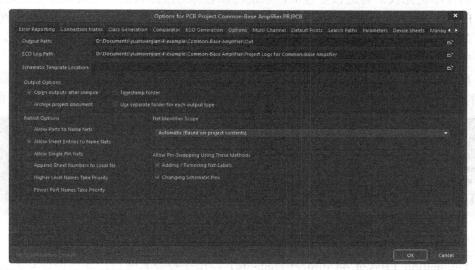

图 4-14　Options 选项卡

在该选项卡中可以对网络报表的有关选项进行设置。

① Output Path（输出路径）：用于设置各种报表的输出路径。系统默认的路径是系统在当前项目文档所在文件夹内创建的。本例中，路径为：D:\My Documents\yuanwenjian\5\Common-Base Amplifier\Output（本书中所有使用的源文件均放置在光盘目录下），单击右边的按钮，用户可以自己设置路径。

② ECO Log Path（ECO 日志路径）：用于设置 ECO 文件的输出路径。路径为：D:\My Documents\yuanwenjian\5\Common-Base Amplifier\Project Logs for Common-Base Amplifier。单击右边的🗁按钮，用户可以自己设置路径。

③ Output Options（输出选项）选项组：包括 4 个复选框，Open outputs after compile（编译后打开输出）、Timestamp folder（时间标志文件夹）、Archive project document（工程存档文档）以及 Use separate folder for each output type（为每种输出类型使用不同文件夹）。

④ Netlist Options（网络表选项）选项组：用来设置生成网络报表的条件。

● Allow Ports to Name Nets（允许自动命名端口网络）复选框：用于设置是否允许用系统产生的网络名代替与电路输入/输出端口相关联的网络名。如果所设计的项目只是普通的原理图文件，不包含层次关系，可勾选该复选框。

● Allow Sheet Entries to Name Nets（允许自动命名原理图入口网络）复选框：用于设置是否允许用系统生成的网络名代替与图纸入口相关联的网络名，系统默认勾选。

● Allow Sheet Entries to Name Nets（允许单独的管脚网络）复选框：用于设置生成网络表时，是否允许系统自动将图纸号添加到各个网络名称中。当一个项目中包含多个原理图文档时，勾选该复选框，便于查找错误。

● Append Sheet Numbers to Local Nets（将原理图编号附加到本地网络）复选框：用于设置生成网络表时，是否允许系统自动将图纸号添加到各个网络名称中。当一个项目中包含多个原理图文档时，勾选该复选框，便于查找错误。

● Higher Level Names Take Priority（高层次命名优先）复选框：用于设置生成网络表时的排序优先权。勾选该复选框，系统将以名称对应结构层次的高低决定优先权。

● Power Port Names Take Priority（电源端口命名优先）复选框：用于设置生成网络表时的排序优先权。勾选该复选框，系统将对电源端口的命名给予更高的优先权。在本例中，使用系统默认的设置即可。

⑤ Net Identifier Scope（网络识别符范围）选项组：用来设置网络标识的认定范围。单击右边的下三角按钮可以选择网络标识的认定范围，有 5 个选项供选择，如图 4-15 所示。

图 4-15　网络标识的认定范围菜单

● Automation（Based on project contents）：用于设置系统自动在当前项目内认定网络标识。一般情况下采用该默认选项。

● Flat（Only ports global）：用于设置使工程中的各个图纸之间直接用全局输入/输出端口来建立连接关系。

● Hierarchical（Sheet entry ＜一＞ port connections）：用于设置在层次原理图中，通过方块电路符号内的输入/输出端口与子原理图中的输入/输出端口建立连接关系。

● Strict Hierarchical（Sheet entry ＜一＞ port connections,power ports local）：用于设置

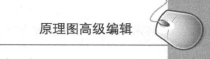

在详细的层次原理图中，通过方块电路符号内的输入/输出端口与子原理图中的输入/输出端口、局部电源端口建立连接关系。

- Global（Netlabels and global）：用于设置工程中各个文档之间用全局网络标号与全局输入/输出建立连接关系。

2. 生成网络报表

（1）单个原理图文件的网络报表的生成

对于 Common-Base Amplifier.PRJPCB 项目中，只有一个电路图文件 Common-Base Amplifier.schdoc，此时只需生成单个原理图文件的网络报表即可。

打开原理图文件，设置好网络报表选项后，选择菜单栏中的"设计"→"文件的网络表"命令，系统弹出网络报表格式选择菜单，如图 4-16 所示。在 Altium Designer 18 中，针对不同的设计项目，可以创建多种网络报表格式。这些网络报表文件不但可以在 Altium Designer 18 系统中使用，而且可以被其他 EDA 设计软件所调用。

在网络报表格式选择菜单中，选择 Protel（生成原理图网络表）命令，系统自动生成当前原理图文件的网络报表文件，并存放在当前 Projects（项目）面板中的 Generated 文件夹中，单击 Generated 文件夹前面的+，双击打开网络报表文件，如图 4-17 所示。

图 4-16 网络报表格式选择菜单

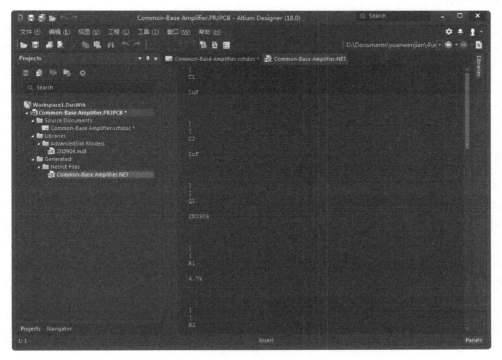

图 4-17 单个原理图文件的网络报表

该网络报表是一个简单的 ASCII 码文本文件，包含两大部分，一部分是元器件信息，另一部分是网络连接信息。

元器件信息由若干小段组成，每一个元器件的信息为一小段，用方括号隔开，空行由系统自动生成，如图 4-18 所示。

网络连接信息同样由若干小段组成，每一个网络的信息为一小段，用圆括号隔开，如图 4-19 所示。

图 4-18　一个元器件的信息　　　　图 4-19　一个网络的信息

从网络报表中可以看出元器件是否重名、是否缺少封装信息等问题。

（2）整个项目的网络报表的生成

对于一些比较复杂的电路系统，常常采用层次电路原理图来设计，此时，一个项目中会含有多个电路原理图文件，这里以 Common-Base Amplifier 项目为例，讲述如何生成整个项目的网络报表。

打开 Common-Base Amplifier.PRJPCB 项目中的任一电路图文件，设置好网络报表选项后，选择菜单栏中的"设计"→"工程的网络表"命令，系统弹出网络报表格式选择菜单，如图 4-20 所示。

图 4-20　网络报表格式选择菜单

选择执行 Protel（生成原理图网络表）命令，系统自动生成当前项目的网络报表文件，并存放在当前 Projects 面板中的 Generated 文件夹中，单击 Generated 文件夹前面的+，双击打开网络报表文件，如图 4-21 所示。

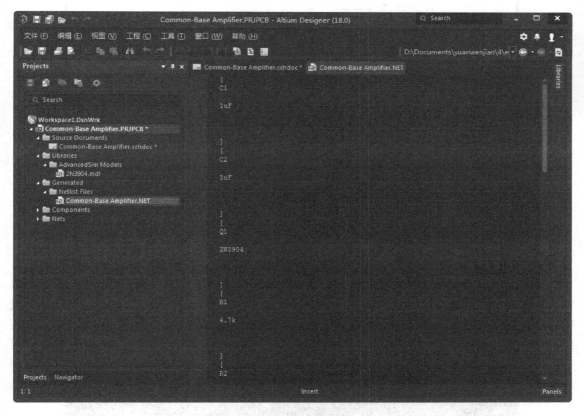

图 4-21　整个项目的网络报表

4.3.2　元器件报表

元器件报表主要用来列出当前项目中用到的所有元器件的信息，相当于一份元器件采购清单。依照这份清单，用户可以查看项目中用到的元器件的详细信息，同时在制作电路板时，可以作为采购元器件的参考。

下面还是以前面的项目 Common-Base Amplifier.PRJPCB 为例，介绍生成元器件报表的步骤。

1．设置元器件报表选项

（1）打开项目 Common-Base Amplifier.PRJPCB 中的电路原理图文件 Common-Base Amplifier.schdoc。

（2）选择菜单栏中的"报告"→Bill of Materials（材料清单）命令，系统弹出元器件报表对话框，如图 4-22 所示。

在该对话框中，可以对创建的元器件报表进行选项设置。用户可以通过对话框左边的 2 个列表框进行设置。

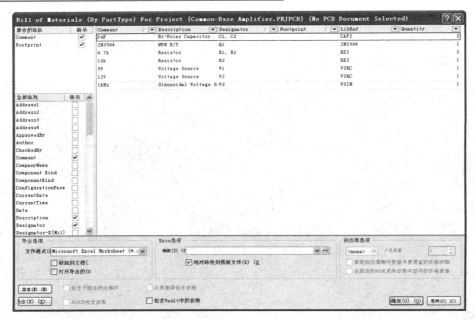

图 4-22　元器件报表对话框

① Grouped Columns（聚合的纵队）：分组列表框，用于设置元器件的分类标准。可以将 All Columns 列表框中的某一属性拖到该列表框中，系统将以该属性为标准，对元器件进行分类，并显示在元器件报表中。例如，分别将 Comment（说明）、Description（描述）拖到 Grouped Columns（聚合的纵队）列表框中，在以 Comment（说明）为标准的元器件报表中，相同的元器件被归为一类，而在以 Description（描述）为标准的元器件报表中，描述信息相同的元器件被归为一类，如图 4-23 和图 4-24 所示。

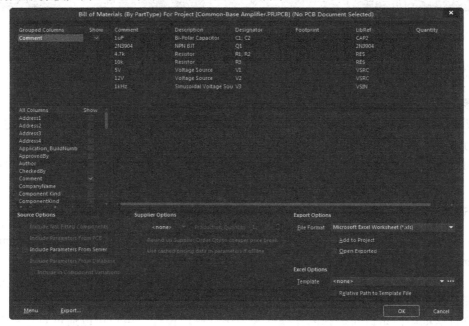

图 4-23　以 Comment 为标准的元器件报表

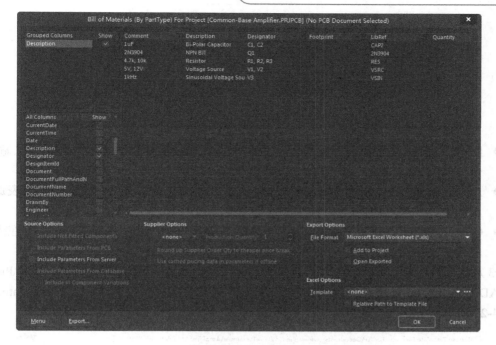

图 4-24 以 Description 为标准的元器件报表

② All Columns（全部纵队）所有列表框，该列表框列出了系统提供的所有元器件属性信息。对于用户需要的元器件信息，可以选中与之对应的复选框，即可在列表中显示出来。

在右边元器件列表的各栏中都有一个下拉倒三角按钮 ▾，单击该按钮，可以设置元器件列表的显示内容。例如，单击 Comment（说明）栏的下拉倒三角按钮 ▾，将弹出如图 4-25 所示的下拉菜单。

在对话框的下方还有几个选项和按钮，其意义如下。

● File Format（文件格式）：用于设置输出文件的格式。单击后面的下三角按钮 ▾，将弹出文件格式选择下拉菜单，如图 4-26 所示，有 6 种文件格式供选择。

图 4-25 Comment 栏下拉菜单   图 4-26 输出文件格式下拉菜单

● Template（模板）：用于设置元器件报表显示模板。单击后面的下三角按钮 ▾，可以选择模板文件，如图 4-27 所示。也可以单击 ⋯ 按钮重新选择模板。

● Menu（菜单）：单击该按钮，弹出如图 4-28 所示的菜单。Export（输出）用于输出元器件报表并保存在指定位置；Report…（报表）用于预览元器件报表；Column Best Fit（最合适列）用于将上面元器件列表的各栏宽度调整到最适大小，Force Columns to View（强制多列显示）用于调整当前元器件列表各栏的宽度，并将所有的项目显示出来。

图 4-27　模板选择下拉菜单　　　　　　　图 4-28　Menu（菜单）菜单

- Menu（菜单）：输出元器件报表，其作用与 Menu（菜单）菜单中的"Export（输出）"命令相同。
- Add to Project（添加到项目）复选框：若选中该复选框，系统将把元器件报表追加到工程中。
- Open Exported（打开输出报表）复选框：打开输出，若选中该复选框，系统在生成元器件报表后，将自动以相应的程序打开。

（3）在元件报表对话框中，单击 Template 下拉列表后面的■■■按钮，在 D:\Program Files\AD18\Template 目录下，选择系统自带的元件报表模板文件 BOM Default Template.XLT，如图 4-29 所示。

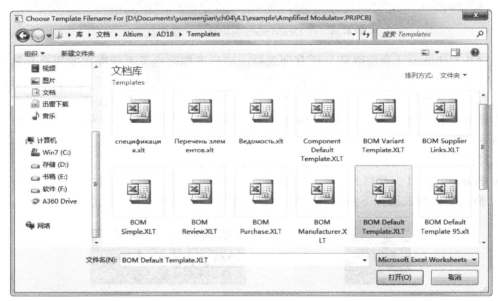

图 4-29　选择元件报表模板

（4）单击 打开(O) 按钮后，返回元件报表对话框。单击 OK（确定）按钮，退出对话框。设置好如图 4-30 所示的元器件报表选项以后，就可以生成元器件报表了。

2. 生成元器件报表

（1）执行 Menu（菜单）菜单中的 Report...（报表）命令，打开元器件报表预览对话框，如图 4-31 所示。

（2）单击 Export（输出）按钮，可以将该报表进行保存，默认文件名为 Common-Base Amplifier.xls，是一个 Excel 文件。

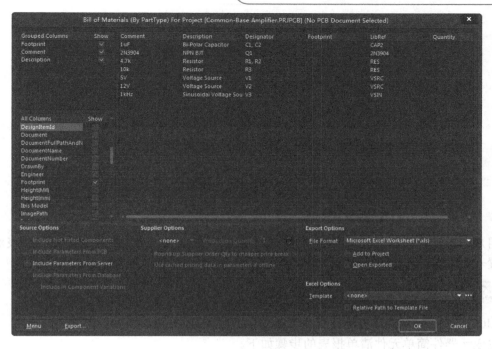

图 4-30　设置元件报表

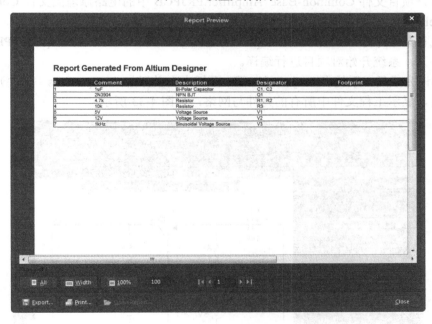

图 4-31　元器件报表预览

（3）单击 Open Report（打开报表）按钮，可以将该报表打开。

（4）单击 Print（打印）按钮，可以将该报表进行打印输出。

（5）执行 Menu（菜单）菜单中的"输出"命令，或者单击 Export（输出）按钮，保存元器件报表。它是一个 Excel 文件，打开该文件，如图 4-32 所示。

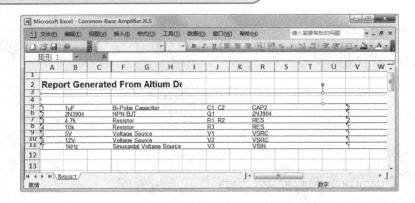

图 4-32　由 Excel 生成元器件报表

用户还可以根据自己的需要生成其他文件格式的元器件报表，只需在元器件报表对话框中设置一下即可，在此不再赘述。

4.3.3　元器件简单元件清单报表

Altium Designer 18 还为用户提供了推荐的元件报表，不需要进行设置即可产生。

生成元器件简单元件清单报表的步骤如下。

（1）打开项目文件 Common-Base Amplifier.PRJPCB 中的电路原理图文件 Common-Base Amplifier.schdoc。

（2）执行菜单命令"工程"→Compile PCB Project Common-Base Amplifier.PRJPCB（编译项目文件），系统开始对项目进行编译。

（3）编译完成后，系统在 Project（工程）面板中自动添加 Components（元件）、Net（网络）选项组，显示工程文件中所有的元件与网络，如图 4-33 所示。

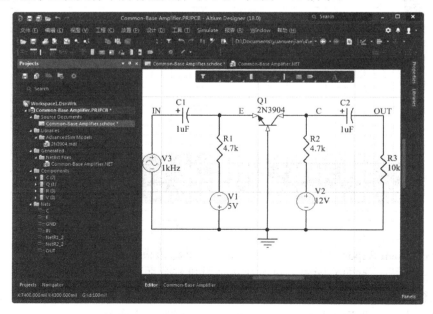

图 4-33　简易元件报表

4.3.4　元器件测量距离

Altium Designer 18 还为用户提供了测量原理图中两对象间距信息的测量。

生成元器件简单元件清单报表的步骤如下。

（1）打开项目文件 Common-Base Amplifier.PRJPCB 中的电路原理图文件 Common-Base Amplifier.schdoc。

（2）选择菜单栏中的"报告"→"测量距离"命令，显示浮动十字光标，分别选择图 4-34 中点 A、点 B，弹出信息对话框，如图 4-35 所示，显示 A、B 点间距。

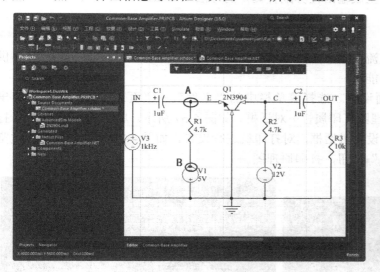

图 4-34　显示测量点

图 4-35　信息对话框

4.3.5　端口引用参考表

Altium Designer 18 可以为电路原理图中的输入/输出端口添加端口引用参考表。端口引用参考是直接添加在原理图图纸端口上，用来指出该端口在何处被引用。

生成端口引用参考表的步骤如下。

（1）打开项目文件 Common-Base Amplifier.PRJPCB 中的电路原理图文件 Common-Base Amplifier.schdoc。

（2）对该项目执行项目编译后，选择菜单栏中的"报告"→"端口交叉参考"命令，出现如图 4-36 所示菜单。

其意义如下。

① 添加到图纸：向当前原理图中添加端口引用参考。

② 添加到工程：向整个项目中添加端口引用参考。

图 4-36　"端口交叉参考"子菜单

③ 从图纸移除：从当前原理图中删除端口引用参考。

④ 从工程中移除：从整个项目中删除端口引用参考。

（3）选择"添加到图纸"命令，在当前原理图中为所有端口添加引用参考。

若选择菜单栏中的"报告"→"端口交叉参考"→"从图纸移除"命令或"从工程中移除"命令，可以看到，在当前原理图或整个项目中端口引用参考被删除。

4.4 输出任务配置文件

在 Altium Designer 18 中，对于各种报表文件，可以采用前面介绍的方法逐个生成并输出，也可以直接利用系统提供的输出任务配置文件功能来输出，即只需一次设置就可以完成所有报表文件（如网络报表、元器件交叉引用报表、元器件清单报表、原理图文件打印输出、PCB 文件打印输出等）的输出。

下面介绍文件打印输出、生成输出任务配置文件的方法和步骤。

4.4.1 打印输出

为方便原理图的浏览和交流，经常需要将原理图打印到图纸上。Altium Designer 18 提供了直接将原理图打印输出的功能。

在打印之前首先进行页面设置。选择菜单栏中的"文件"→"页面设置"命令，弹出 Schematic Print Properties（原理图打印属性）对话框，如图 4-37 所示。单击 Printer Setup（打印机设置）按钮，弹出打印机设置对话框，对打印机进行设置，如图 4-38 所示。设置、预览完成后，单击"Print（打印）"按钮，打印原理图。

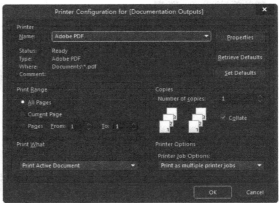

图 4-37　Schematic Print Properties 对话框　　　图 4-38　设置打印机

此外，选择菜单栏中的"文件"→"打印"命令，或单击"原理图标准"工具栏中的 （打印）按钮，也可以实现打印原理图的功能。

4.4.2 创建输出任务配置文件

利用输出任务配置文件批量生成报表文件之前，必须先创建输出任务配置文件，步骤如下。

（1）打开项目文件 Common-Base Amplifier.PRJPCB 中的电路原理图文件 Common-Base Amplifier.schdoc。

（2）选择菜单栏中的"文件"→"新的"→Output Job 文件命令，或者在 Projects（工程）面板上，单击 Projects（工程）按钮，在弹出的菜单中执行"添加新的到工程"→Output Job File（输出工作文件）命令，弹出一个默认名为"Job1.OutJob"的输出任务配置文件。然后选择菜单栏中的"文件"→"另存为"命令，保存该文件，并取名为"Common-Base Amplifier.OutJob"，如图 4-39 所示。

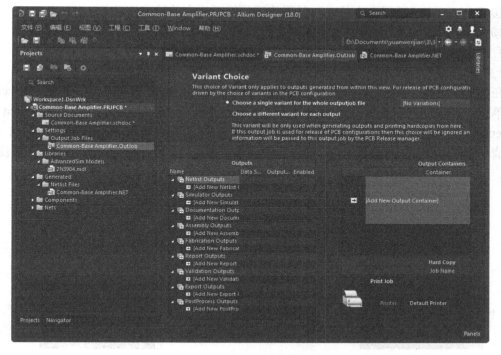

图 4-39　输出任务配置文件

在该文件中，按照输出数据类型将输出文件分为以下 9 大类。

① Netlist Outputs：表示网络表输出文件。

② Simulation Outputs：表示各种仿真分析报表输出文件。

③ Documentation Outputs：表示原理图文件和 PCB 文件的打印输出文件。

④ Assembly Outputs：表示 PCB 汇编输出文件。

⑤ Fabrication Outputs：表示与 PCB 有关的加工输出文件。

⑥ Report Outputs：表示各种报表输出文件。

⑦ Validation Outputs：表示各种生成的输出文件。

⑧ Export Outputs：表示各种输出文件。

⑨ PostProcess Outputs：表示各种接线端子加工输出文件。

（3）在对话框中的任一输出任务配置文件上单击鼠标右键，弹出输出配置环境菜单，如图 4-40 所示。

① 剪切：用于剪切选中的输出文件。

② 复制：用于复制选中的输出文件。

③ 粘贴：用于粘贴剪贴板中的输出文件。

④ 复制：用于在当前位置直接添加一个输出文件。

⑤ 清除：用于删除选中的输出文件。

⑥ Enable All（全部启用）：启用该选项组下所有的输出文件。

⑦ Disable All（全部禁用）：禁用该选项组下所有的输出文件。

⑧ Enable Selected（启用选中的）：启用该选项组下选中的输出文件。

⑨ Enable All（禁用选中的）：禁用该选项组下选中的输出文件。

⑩ 页面设置：用于进行打印输出的页面设置，该文件只对需要打印的文件有效。

⑪ 配置：用于对输出报表文件进行选项设置。

⑫ Document Options（文档选项）：对选项组下的文件进行参数设置。

在本例中，选中 Netlist Outputs（网络表输出文件）栏中的 Protel（生成网络表）选项的子菜单命令、Report Outputs（报告输出）栏中的 Bill of Materials（材料清单）、Component Cross Reference（交叉引用报表）、Report Project Hierarchy（工程层次报表）、Simple BOM（简单元件清单报表）、Report Single Pin Nets（管脚网络报表）5 项后面的子菜单命令，如图 4-41 所示。

图 4-40　输出配置环境菜单

图 4-41　Report Outputs（报告输出）快捷菜单

4.5　综合实例——音量控制电路

音量控制电路是所有音响设备中必不可少的单元电路。本例设计一个如图 4-42 所示的音量控制电路，并对其进行报表输出操作。

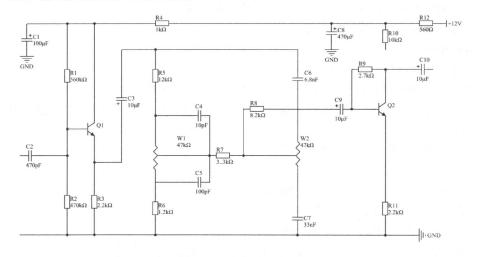

图 4-42　音量控制电路

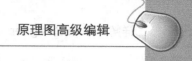

绘制步骤

1. 新建项目

（1）启动 Altium Designer 18，执行 Files（文件）→"新的"→"项目"→Project（工程）命令，弹出 New Project（新建工程）对话框。

（2）在该对话框中显示工程文件类型，创建一个 PCB 项目文件"音量控制电路.PrjPcb"，如图 4-43 所示。

图 4-43　New Project（新建工程）对话框

2. 创建和设置原理图图纸

（1）在 Projects（工程）面板的"音量控制电路.PrjPcb"项目文件上右击，在弹出的右键快捷菜单中单击"添加新的...到工程"→Schematic（原理图）命令，新建一个原理图文件，并自动切换到原理图编辑环境。

（2）单击菜单栏中的"文件"→"另存为"命令，将该原理图文件另存为"音量控制电路原理图.SchDoc"，保存后，Projects（工程）面板中将显示用户设置的名称。

（3）设置电路原理图图纸的属性。打开 Properties（属性）面板，按照图 4-44 设置，这里图纸的尺寸设置为 A4，放置方向设置为 Landscape，图纸标题栏设为 Standard，其他采用默认设置。

（4）设置图纸的标题栏。单击 Parameters（参数）选项卡，出现标题栏设置选项。在 Address1（地址）选项中输入地址，在 Organization（机构）选项中输入设计机构名称，在 Title（名称）选项中输入原理图的名称。其他选项可以根据需要填写，如图 4-45 所示。

3. 元件的放置和属性设置

（1）激活 Libraries（库）面板，在库文件列表中选择名为 Miscellaneous Devices.IntLib 的库文件，然后在过滤条件文本框中输入关键字"CAP"，筛选出包含该关键字的所有元件，选择其中名为"Cap Pol2"的电解电容，如图 4-46 所示。

图 4-44　Properties（属性）面板

图 4-45　Parameters（参数）选项卡

（2）单击 Place CapPol2（放置 CapPol2）按钮，然后将光标移动到工作窗口，进入如图 4-47 所示的电解电容放置状态。

图 4-46　选择元件

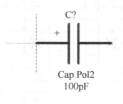

图 4-47　电解电容放置状态

（3）按 Tab 键，在弹出的 Properties（属性）面板中修改元件属性。在 General（通用）选项卡中将 Designator（指示符）设为 C1，单击 Comment（注释）文本框中的　按钮，设为不可见，然后打开 Paramrters（参数）选项卡，把 Value（值）改为 100 μF，参数设置如图 4-48 所示。

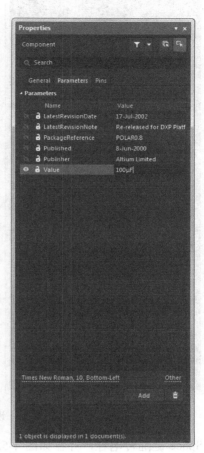

图 4-48　设置电解电容 C1 的属性

（4）按 Space 键，翻转电容至如图 4-49 所示的角度。

（5）在适当的位置单击，即可在原理图中放置电容 C1，同时编号为 C2 的电容自动附在光标上，如图 4-50 所示。

图 4-49　翻转电容　　　　　　　　　图 4-50　放置电容 C2

（6）设置电容属性。再次按 Tab 键，修改电容的属性，如图 4-51 所示。

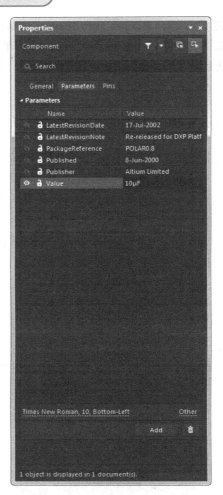

图 4-51　设置电容属性

（7）按 Space 键翻转电容，并在如图 4-52 所示的位置单击放置该电容。

$$+C1 \atop 100\mu F$$

$$C3 \atop 10\mu F$$

图 4-52　放置电容 C3

本例中有 10 个电容，其中，C1、C3、C8、C9、C10 为电解电容，容量分别为 100μF、10μF、470μF、10μF、10μF；而 C2、C4、C5、C6、C7 为普通电容，容量分别为 470nF、10nF、100nF、6.8nF、33nF。

（8）参照上面的数据，放置好其他电容，如图 4-53 所示。

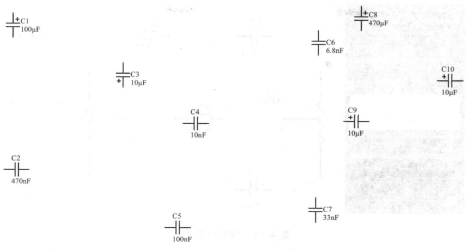

图 4-53 放置其他电容

（9）放置电阻。本例中用到 12 个电阻，为 R1～R12，阻值分别为 560kΩ、470kΩ、2.2kΩ、1kΩ、12kΩ、1.2kΩ、3.3kΩ、8.2kΩ、2.7kΩ、10kΩ、2.2kΩ、560Ω。与放置电容相似，将这些电阻放置在原理图中合适的位置上，如图 4-54 所示。

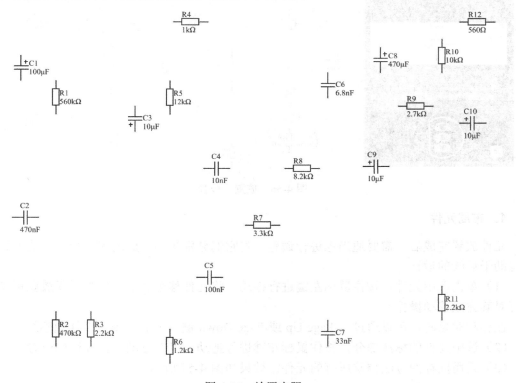

图 4-54 放置电阻

（10）采用同样的方法选择和放置两个电位器，如图 4-55 所示。

（11）以同样的方法选择和放置两个三极管 Q1 和 Q2，放置在 C3 和 C9 附近，如图 4-56 所示。

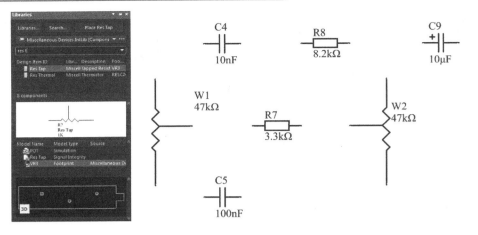

图 4-55　放置电位器

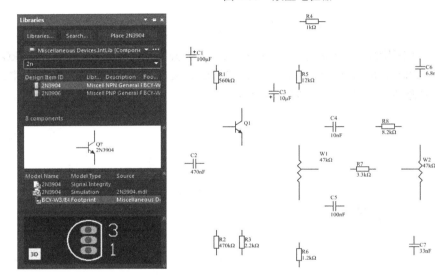

图 4-56　放置三极管

4．布局元件

元件放置完成后，需要适当地进行调整，将它们分别排列在原理图中最恰当的位置，这样有助于后续的设计。

（1）单击选中元件，按住鼠标左键进行拖动。将元件移至合适的位置后释放鼠标左键，即可对其完成移动操作。

在移动对象时，可以通过按 Page Up 或 Page Down 键来缩放视图，以便观察细节。

（2）选中元件的标注部分，按住鼠标左键进行拖动，可以移动元件标注的位置。

（3）采用同样的方法调整所有的元件，效果如图 4-57 所示。

5．原理图连线

（1）单击"布线"工具栏中的█████（放置线）按钮，进入导线放置状态，将光标移动到某个元件的管脚上（如 R1），十字光标的交叉符号变为红色，单击即可确定导线的一个端点。

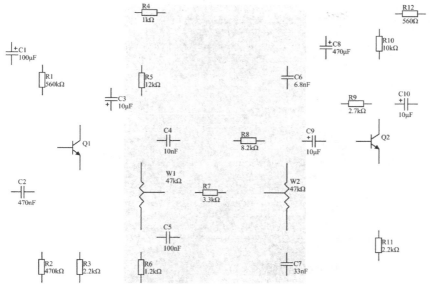

图 4-57 元件调整效果

（2）将光标移动到 R2 处，再次出现红色交叉符号后单击，即可放置一段导线。

（3）采用同样的方法放置其他导线，如图 4-58 所示。

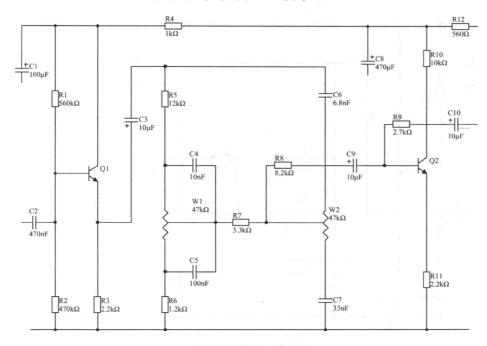

图 4-58 放置导线

（4）单击"布线"工具栏中的■（GND 端口）按钮，进入接地放置状态。按 Tab 键，在弹出的 Properties（属性）面板，默认 Style（类型）设置为 Power Ground（接地），Name（名称）设置为 GND，如图 4-59 所示。

图 4-59　Properties（属性）面板

（5）移动光标到 C8 下方的管脚处，单击即可放置一个接地符号。

（6）采用同样的方法放置其他接地符号，如图 4-60 所示。

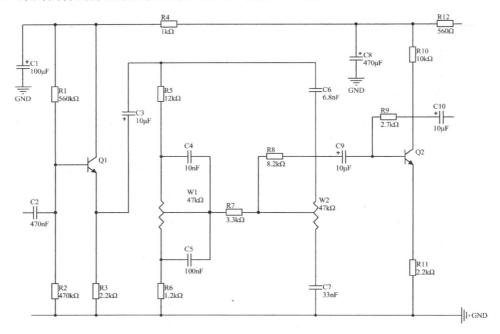

图 4-60　放置接地符号

（7）在应用工具工具栏中选择"放置＋12V 电源端口"按钮，按<Tab>键，在出现的 Properties（属性）面板，将 Style（类型）设置为 Bar，Name（名称）设置为＋12V，如图 4-61 所示。

（8）在原理图中放置电源并检查和整理连接导线，布线后的原理图如图 4-62 所示。

图 4-61　放置电源

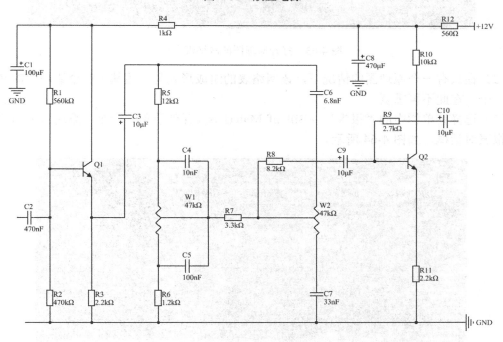

图 4-62　布线后的原理图

6．报表输出

（1）选择菜单栏中的"设计"→"工程的网络表"→Protel（生成项目网络表）命令，系统自动生成了当前项目的网络表文件"音量控制电路原理图.NET"，并存放在当前项目的"Generated\Netlist Files"文件夹中。双击打开该原理图的网络表文件"音量控制电路原理图.NET"，结果如图 4-63 所示。该网络表是一个简单的 ASCII 码文本文件，由多行文本组成。内容分成了两大部分，一部分是元件信息，另一部分是网络信息。系统会自动生成当前的原理图的网络表文件。

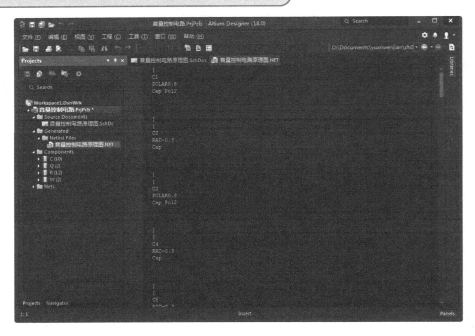

图 4-63　打开原理图的网络表文件

（2）在只有一个原理图的情况下，该网络表的组成形式与上述基于整个原理图的网络表是同一个，在此不再重复。

（3）选择菜单栏中的"报告"→Bill of Materials（元件清单）命令，系统将弹出相应的元件报表对话框，如图 4-64 所示。

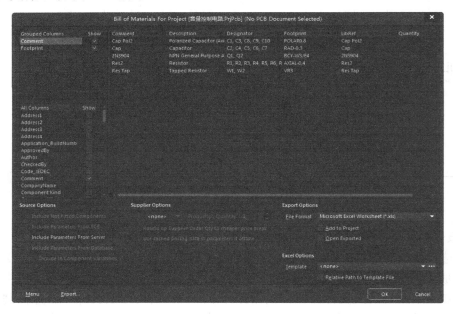

图 4-64　设置元件报表

单击 Menu（菜单）按钮，在弹出的快捷菜单中单击 Report（报表）命令，系统将弹出 Report Preview（报表预览）对话框，如图 4-65 所示。

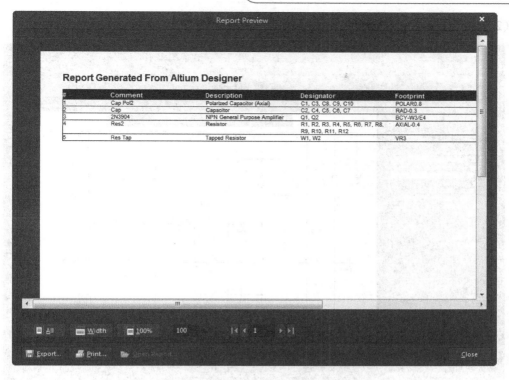

图 4-65　Report Preview（报表预览）对话框

（4）单击 Export（输出）按钮，可以将该报表进行保存，默认文件名为"音量控制电路.xls"，是一个 Excel 文件；单击 Print（打印）按钮，可以将该报表进行打印输出。

（5）在元件报表对话框中，单击 ⋯ 按钮，在 X:\Program Files\AD 18\Templates 目录下，选择系统自带的元件报表模板文件 BOM Default Template.XLT。

（6）单击打开按钮，返回元件报表对话框。单击"OK（确定）"按钮，退出对话框。

7．编译并保存项目

（1）选择菜单栏中的"工程"→Compile PCB Projects（编译 PCB 项目）命令，系统将自动生成信息报告，并在 Messages（信息）面板中显示出来，如图 4-66 所示，项目完成结果如图 4-67 所示。本例没有出现任何错误信息，表明电气检查通过。

图 4-66　Messages（信息）面板

（2）保存项目，完成音量控制电路原理图的设计。

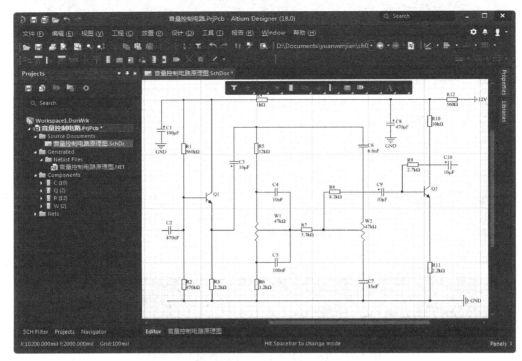

图 4-67　项目完成结果

Chapter

5

层次原理图的设计

在前面，学习了在一张图纸上绘制一般电路原理图的方法，这种方法只适应于规模较小、逻辑结构比较简单的系统电路设计。因此，当一个电路比较复杂时，就应该采用层次电路图来设计，即将整个电路系统按功能划分成若干个功能模块，每一个模块都有相对独立的功能。然后，在不同的原理图纸上分别绘制各个功能模块，本章将介绍如何绘制层次原理图。

5.1 层次原理图概述

层次电路原理图的设计理念是将实际的总体电路进行模块划分，划分的原则是每一个电路模块都应该有明确的功能特征和相对独立的结构，而且，还要有简单、统一的接口，便于模块彼此之间的连接。

5.1.1 层次原理图的基本概念

首先，来介绍一下层次原理图的基本概念。在设计原理图的过程中，用户常常会遇到这种情况，即由于设计的电路系统过于复杂而导致无法在一张图纸上完整的绘制整个电路原理图。

为了解决这个问题，需要把一个完整的电路系统按照功能划分为若干个模块，即功能电路模块。如果需要的话，还可以把功能电路模块进一步划分为更小的电路模块。这样，就可以把每一个功能电路模块的相应原理图绘制出来，我们称之为"子原理图"。然后在这些子原理图之间建立连接关系，从而完成整个电路系统的设计。

在 Altium Designer 18 电路设计系统中，原理图编辑器为用户提供了一种强大的层次原理图设计功能。层次原理图是由顶层原理图和子原理图构成的。顶层原理图由方块电路符号、方块电路 I/O 端口符号以及导线构成，其主要功能是用来展示子原理图之间的层次连接关系。其中，每一个方块电路符号代表一张子原理图；方块电路 I/O 端口符号代表子原理图之间的端口连接关系；导线用来将代表子原理图的方块电路符号组成一个完整的电路系统原理图。对于子原理图，它是一个由各种电路元器件符号组成的实实在在的电路原理图，通常对应着设计电路系统中的一个功能电路模块。

5.1.2 层次原理图的基本结构

Altium Designer 18 系统提供的层次原理图的设计功能非常强大，能够实现多层的层次电路原理图的设计。用户可以把一个完整的电路系统按照功能划分为若干个模块，而每一个功能电路模块又可以进一步划分为更小的电路模块，这样依次细分下去，就可以把整个电路系统划分成多层。

如图 5-1 所示为一个二级层次原理图的基本结构图。

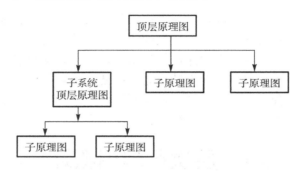

图 5-1　二级层次原理图的基本结构图

5.2　层次结构原理图的设计方法

基于上述设计理念，层次电路原理图设计的具体实现方法有两种，一种是自上而下的设计方法，另一种是自下而上的设计方法。

自上而下的设计方法是在绘制电路原理图之前，要求设计者对这个设计有一个整体的把握，把整个电路设计分成多个模块，确定每个模块的设计内容，然后对每一模块进行详细的设计。在 C 语言中，这种设计方法被称为自顶向下，逐步细化。该设计方法要求设计者在绘制原理图之前就对系统有比较深入的了解，对电路的模块划分比较清楚。

自下而上的设计方法是设计者先绘制子原理图，根据子原理图生成页面符，进而生成上层原理图，最后完成整个设计。这种方法比较适用于对整个设计不是非常熟悉的用户，是一种适合初学者选择的设计方法。

5.2.1 自上而下的层次原理图设计

本节以"基于通用串行数据总线 USB 的数据采集系统"的电路设计为例，详细介绍自上而下层次电路的具体设计过程。

采用层次电路的设计方法，将实际的总体电路按照电路模块的划分原则划分为 4 个电路模块，即 CPU 模块和三路传感器模块 Sensor1、Sensor2、Sensor3，然后先绘制出层次原理图中的顶层原理图，再分别绘制出每一电路模块的具体原理图。

自上而下绘制层次原理图的操作步骤如下。

（1）启动 Altium Designer 18，选择菜单栏中的 File（文件）→新的→项目→PCB 工程命令，在 Projects（工程）面板中出现了新建的工程文件，另存为"USB 采集系统.PrjPCB"。

（2）在工程文件"USB 采集系统.PrjPCB"上右击，在弹出的快捷菜单中单击"添加新的到工程"→Schematic（原理图）命令，在该工程文件中新建一个电路原理图文件，另存为"Mother.SchDoc"，并完成图纸相关参数的设置。

（3）选择菜单栏中的"放置"→"页面符"命令，或者单击"布线"工具栏中的"放置页面符"按钮 █，光标将变为十字形状，并带有一个页面符标志。

（4）移动光标到需要放置页面符的地方，单击确定页面符的一个顶点，移动光标到合适的位置，再一次单击确定其对角顶点，即可完成页面符的放置。

此时放置的图纸符号并没有具体的意义，需要进行进一步设置，包括其标识符所表示的子原理图文件及一些相关的参数等。

（5）此时，光标仍处于放置页面符的状态，重复上一步操作即可放置其他页面符，右击或者按<Esc>键即可退出操作。

（6）设置页面符的属性。双击需要设置属性的页面符或在绘制状态时按<Tab>键，系统将弹出相应的"Properties（属性）"面板，如图 5-2 所示。页面符属性的主要参数含义如下。

① Properties（属性）选项组

● Designator（标志）：用于设置页面符的名称。这里我们输入为 Modulator（调制器）。

● File Name（文件名）：用于显示该页面符所代表的下层原理图的文件名。

● Bus Text Style（总线文本类型）：用于设置线束连接器中文本显示类型。单击后面的下三角按钮，有 2 个选项供选择：Full（全程）、Prefix（前缀）。

● Line Style（线宽）：用于设置页面符边框的宽度，有 4 个选项供选择：Smallest、Small、Medium（中等的）和 Large。

Fill Color（填充颜色）：若选中该复选框，则页面符内部被填充。否则，页面符是透明的。

② Source（资源）选项组

图 5-2　Properties（属性）面板

● File Name（文件名）：用于设置该页面符所代表的下层原理图文件名，输入 Modulator.schdoc（调制器电路）。

③ Sheet Entries（图纸入口）选项组

在该选项组中可以为页面符添加、删除和编辑与其余元件连接的图纸入口，在该选项组下进行添加图纸入口，与工具栏中的"添加图纸入口"按钮作用相同。

单击"Add（添加）"按钮，在该面板中自动添加图纸入口，如图 5-3 所示。

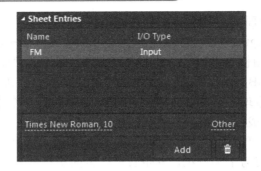

图 5-3　Sheet Entries（原理图入口）选项组

- ：用于设置页面符文字的字体类型、字体大小、字体颜色，同时设置字体添加加粗、斜体、下画线、横线等效果，如图 5-4 所示。
- Other（其余）：用于设置页面符中图纸入口的电气类型、边框的颜色和填充颜色。单击后面的颜色块，可以在弹出的对话框中设置颜色，如图 5-5 所示。

图 5-4　文字设置

图 5-5　图纸入口参数

④ Parameters（参数）选项卡

单击图 5-6 中的 Parameters（参数）标签，打开 Parameters（参数）选项卡，如图 5-6 所示。在该选项卡中可以为页面符的图纸符号添加、删除和编辑标注文字。单击 Add（添加）按钮，添加参数显示如图 5-7 所示。

图 5-6　Parameters（参数）选项卡

图 5-7　设置参数属性

在该面板中可以设置标注文字的名称、值、位置、颜色、字体、定位以及类型等。

单击 按钮，显示 "Value" 值，单击 按钮，显示 "Name"。

按照上述方法放置另外 3 个原理图符号 U-Sensor2、U-Sensor3 和 U-Cpu，并设置好相应的属性，如图 5-8 所示。

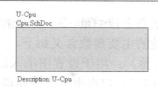

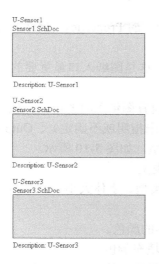

图 5-8　设置好的 4 个原理图符号

　　放置好页面符以后，下一步就需要放置图纸入口。图纸入口是页面符代表的子原理图之间所传输的信号在电气上的连接通道，应放置在页面符边缘的内侧。

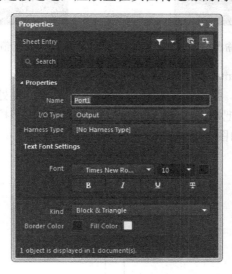

图 5-9　Properties（属性）面板

　　（7）选择菜单栏中的"放置"→"添加图纸入口"命令，或者单击"布线"工具栏中的 （放置图纸入口）按钮，光标将变为十字形状。

　　（8）移动光标到页面符内部，在选择放置图纸入口的位置单击，会出现一个随光标移动的图纸入口，但其只能在页面符内部的边框上移动，在适当的位置再次单击即可完成图纸入口的放置。此时，光标仍处于放置图纸入口的状态，继续放置其他的电路端口，右击或者按<Esc>键即可退出操作。

　　（9）设置图纸入口的属性。根据层次电路图的设计要求，在顶层原理图中，每一个页面符上的所有图纸入口都应该与其所代表的子原理图上的一个电路输入、输出端口相对应，包括端口名称及接口形式等，因此，需要对图纸入口的属性加以设置。双击需要设置属性的图纸入口或在绘制状态下按<Tab>键，系统将弹出相应的 Properties（属性）面板，如图 5-9 所示。图纸入口属性的主要参数含义如下。

- Name（名称）：用于设置图纸入口名称。这是图纸入口最重要的属性之一，具有相同名称的图纸入口在电气上是连通的。
- I/O Type（输入/输出端口的类型）：用于设置图纸入口的电气特性，为后面的电气规则检查提供一定的依据。有 Unspecified（未指明或不确定）、Output（输出）、Input（输入）和 Bidirectional（双向型）4 种类型，如图 5-10 所示。
- Harness Type（线束类型）：设置线束的类型。
- Font（字体）：用于设置端口名称的字体类型、字体大小、字体颜色，同时设置字体添加加粗、斜体、下画线、横线等效果。
- Border Color（边界）：用于设置端口边界的颜色。
- Fill Color（填充颜色）：用于设置端口内填充颜色。
- Kind（类型）：用于设置图纸入口的箭头类型。单击后面的下三角按钮，4 个选项供选择，如图 5-11 所示。

图 5-10　输入/输出端口的类型　　　　图 5-11　箭头类型

属性设置完毕后，按 Enter 键确认。

（10）按照同样的方法，把所有的图纸入口放在合适的位置处，并一一完成属性设置。

（11）使用导线或总线把每一个页面符上的相应图纸入口连接起来，并放置好接地符号，完成顶层原理图的绘制，如图 5-12 所示。

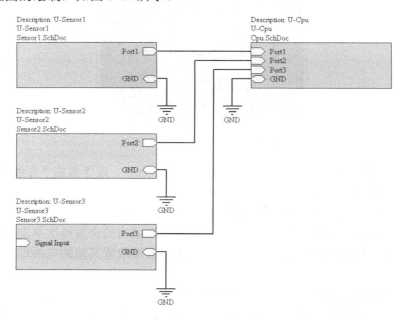

图 5-12　顶层原理图

根据顶层原理图中的页面符，把与之相对应的子原理图分别绘制出来，这一过程就是使用页面符来建立子原理图的过程。

（12）选择菜单栏中的"设计"→"从页面符创建图纸"命令，此时光标将变为十字形状。移动光标到页面符"U-Cpu"内部单击，系统自动生成一个新的原理图文件，名称为"Cpu.SchDoc"，与相应的页面符所代表的子原理图文件名一致，如图 5-13 所示。此时可以看到，在该原理图中已经自动放置好了与 4 个图纸入口方向一致的输入、输出端口。

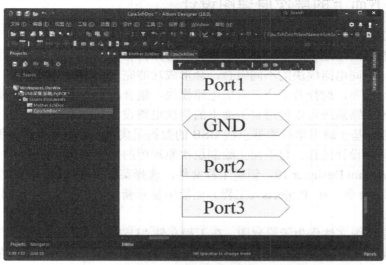

图 5-13　由页面符"U-Cpu"建立的子原理图

（13）使用普通电路原理图的绘制方法，放置各种所需的元件，并进行电气连接，完成"Cpu.SchDoc"子原理图的绘制，如图 5-14 所示。

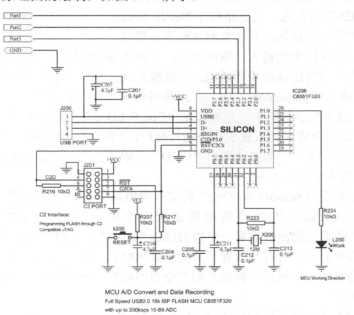

图 5-14　子原理图"Cpu.SchDoc"

（14）使用同样的方法，用顶层原理图中的另外 3 个页面符"U-Sensor1"、"U-Sensor2"、"U-Sensor3"建立与其相对应的 3 个子原理图"Sensor1.SchDoc"、"Sensor2.SchDoc"、"Sensor3.SchDoc"，并且分别绘制出来。

至此，采用自上而下的层次电路图设计方法，完成了整个 USB 数据采集系统电路原理图的绘制。

5.2.2 自下而上的层次原理图设计

对于一个功能明确、结构清晰的电路系统来说，采用层次电路设计方法，使用自上而下的设计流程，能够清晰地表达出设计者的设计理念。但在有些情况下，特别是在电路的模块化设计过程中，不同电路模块的不同组合，会形成功能完全不同的电路系统。用户可以根据自己的具体设计需要，选择若干个已有的电路模块，组合产生一个符合设计要求的完整电路系统。此时，该电路系统可以使用自下而上的层次电路设计流程来完成。

下面还是以"基于通用串行数据总线 USB 的数据采集系统"电路设计为例，介绍自下而上层次电路的具体设计过程。自下而上绘制层次原理图的操作步骤如下。

（1）启动 Altium Designer 18，新建工程文件。选择菜单栏中的 File（文件）→新的→项目）→PCB 工程命令，在 Projects（工程）面板中显示新建的工程文件，将其另存为"USB 采集系统.PrjPCB"。

（2）新建原理图文件作为子原理图。在工程文件"USB 采集系统.PrjPCB"上右击，在弹出的右键快捷菜单中单击"添加新的到工程"→Schematic（原理图）命令，在该工程文件中新建原理图文件，另存为"Cpu.SchDoc"，并完成图纸相关参数的设置。采用同样的方法建立原理图文件"Sensor1.SchDoc"、"Sensor2.SchDoc"和"Sensor3.SchDoc"。

（3）绘制各个子原理图。根据每一模块的具体功能要求，绘制电路原理图。例如，CPU 模块主要完成主机与采集到的传感器信号之间的 USB 接口通信，这里使用带有 USB 接口的单片机"C8051F320"来完成。而三路传感器模块 Sensor1、Sensor2、Sensor3 则主要完成对三路传感器信号的放大和调制，具体绘制过程不再赘述。

（4）放置各子原理图中的输入、输出端口。子原理图中的输入、输出端口是子原理图与顶层原理图之间进行电气连接的重要通道，应该根据具体设计要求进行放置。

例如，在原理图"Cpu.SchDoc"中，三路传感器信号分别通过单片机 P2 口的 3 个管脚 P2.1、P2.2、P2.3 输入到单片机中，是原理图"Cpu.SchDoc"与其他 3 个原理图之间的信号传递通道，所以在这 3 个管脚处放置了 3 个输入端口，名称分别为"Port1"、"Port2"、"Port3"。除此之外，还放置了一个共同的接地端口"GND"。放置的输入、输出电路端口电路原理图"Cpu.SchDoc"与图 5-9 完全相同。

同样，在子原理图"Sensor1.SchDoc"的信号输出端放置一个输出端口"Port1"，在子原理图"Sensor2.SchDoc"的信号输出端放置一个输出端口"Port2"，在子原理图"Sensor3.SchDoc"的信号输出端放置一个输出端口"Port3"，分别与子原理图"Cpu.SchDoc"中的 3 个输入端口相对应，并且都放置了共同的接地端口。移动光标到需要放置页面符的地方，单击确定页面符的一个顶点，移动光标到合适的位置，再一次单击确定其对角顶点，即可完成页面符的放置。

放置输入、输出电路端口的 3 个子原理图 Sensor1.SchDoc、Sensor2.SchDoc 和 Sensor3.SchDoc，结果如图 5-15、图 5-16 和图 5-17 所示。

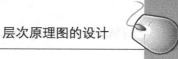

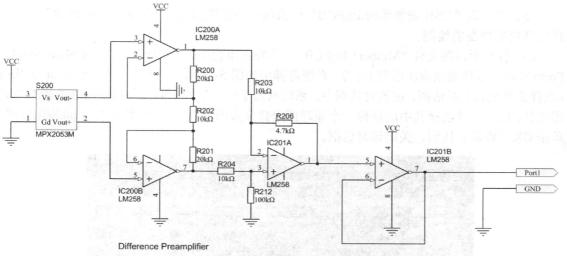

图 5-15 子原理图 Sensor1.SchDoc

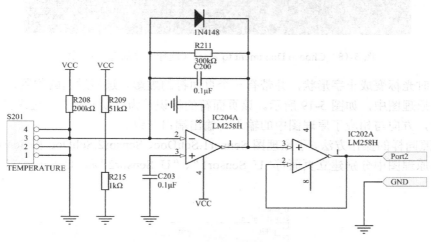

图 5-16 子原理图 Sensor2.SchDoc

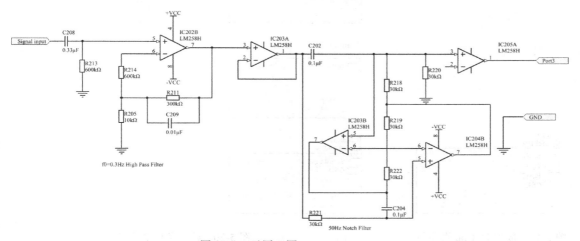

图 5-17 子原理图 Sensor3.SchDoc

（5）在工程"USB 采集系统.PrjPCB"中新建一个原理图文件"Mother1.PrjPCB"，以便进行顶层原理图的绘制。

（6）打开原理图文件"Mother1.PrjPCB"，选择菜单栏中的"设计"→Create Sheet Symbol From Sheet（原理图生成图纸符）命令，系统将弹出如图 5-18 所示的 Choose Document to Place（选择文件放置）对话框。在该对话框中，系统列出了同一工程中除当前原理图外的所有原理图文件，用户可以选择其中的任何一个原理图来建立页面符。例如，这里选中"Cpu.SchDoc"，单击 OK（确定）按钮，关闭该对话框。

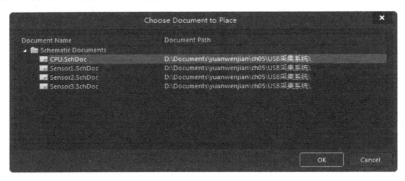

图 5-18　Choose Document to Place（选择文件放置）对话框

（7）此时光标变成十字形状，并带有一个页面符的虚影。选择适当的位置，将该页面符放置在顶层原理图中，如图 5-19 所示。该页面符的标识符为"U_Cpu"，边缘已经放置了 4 个电路端口，方向与相应子原理图中的输入、输出端口一致。

（8）按照同样的操作方法，子原理图 Sensor1.SchDoc、Sensor2.SchDoc 和 Sensor3.SchDoc 可以在顶层原理图中分别建立页面符"U_Sensor1"、"U_Sensor2"和"U_Sensor3"，如图 5-20 所示。

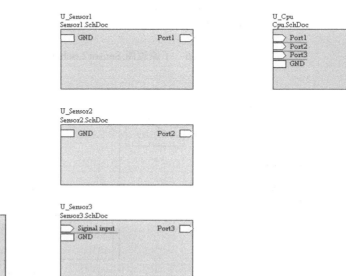

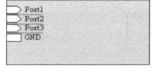

图 5-19　放置 U_Cpu 页面符

图 5-20　建立顶层页面符

（9）设置页面符和电路端口的属性。由系统自动生成的页面符不一定完全符合我们的设计要求，很多时候还需要进行编辑，如页面符的形状和大小、图纸入口的位置要有利于布线连接、图纸入口的属性需要重新设置等。

（10）用导线或总线将页面符通过图纸入口连接起来，并放置接地符号，完成顶层原理图的绘制，结果和图 5-7 完全一致。

5.3 层次结构原理图之间的切换

在绘制完成的层次电路原理图中，一般都包含顶层原理图和多张子原理图。用户在编辑时，常常需要在这些图中来回切换查看，以便了解完整的电路结构。对于层次较少的层次原理图，由于结构简单，直接在 Projects（工程）面板中单击相应原理图文件的图标即可进行切换查看。但是对于包含较多层次的原理图，结构十分复杂，单纯通过"Projects（工程）"面板来切换就很容易出错。Altium Designer 18 系统中提供了层次原理图切换的专用命令，以帮助用户在复杂的层次原理图之间方便地进行切换，实现多张原理图的同步查看和编辑。

5.3.1 由顶层原理图中的页面符切换到相应的子原理图

由顶层原理图中的页面符切换到相应子原理图的操作步骤如下。

（1）打开 Projects（工程）面板，选中工程"USB采集系统.PrjPCB"，选择菜单栏中的"工程"→"Compile PCB Project USB 采集系统.PrjPCB"命令，完成对该工程的编译。

（2）打开 Navigator（导航）面板，可以看到在面板上显示了该工程的编译信息，其中包括原理图的层次结构，如图 5-21 所示。

（3）打开顶层原理图"Mother.SchDoc"，选择菜单栏中的"工具"→"上/下层次"命令，或者单击"原理图标准"工具栏中的 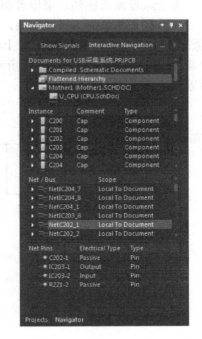（上/下层次）按钮，此时光标变为十字形状。移动光标到与欲查看的子原理图相对应的页面符处，放在任何一个电路端口上。例如，要查看子原理图"Sensor2.SchDoc"，把光标放在页面符"U_Sensor2"中的一个电路端口"Port2"上即可。

（4）单击该电路端口，子原理图"Sensor2.SchDoc"就出现在编辑窗口中，并且具有相同名称的输出端口"Port2"处于高亮显示状态，如图 5-22 所示。

图 5-21　Navigator（导航）面板

右击退出切换状态，完成了由页面符到子原理图的切换，用户可以对该子原理图进行查看或编辑。用同样的方法，可以完成其他几个子原理图的切换。

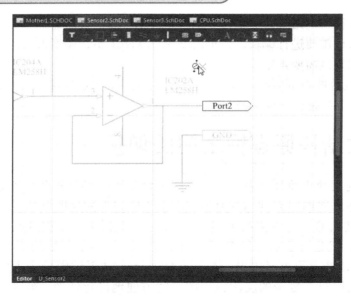

图 5-22　切换到相应子原理图

5.3.2　由子原理图切换到顶层原理图

由子原理图切换到顶层原理图的操作步骤如下。

（1）打开任意一个子原理图，选择菜单栏中的"工具"→"上/下层次"命令，或者单击"原理图标准"工具栏中的 ⬇⬆（上/下层次）按钮，此时光标变为十字形，移动光标到任意一个输入/输出端口处，如图 5-23 所示。在这里，我们打开子原理图"Sensor3.SchDoc"，把光标置于接地端口 GND 处。

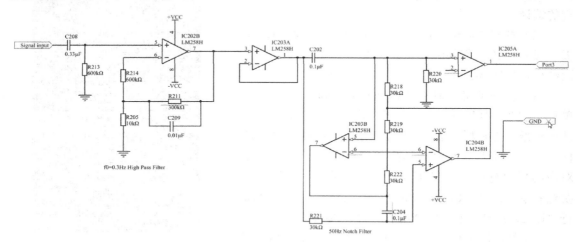

图 5-23　选择子原理图中的任一输入/输出端口

（2）单击接地端口，顶层原理图"Mother.SchDoc"就出现在编辑窗口中。并且在代表子原理图"Sensor3. SchDoc"的页面符中，具有相同名称的接地端口"GND"处于高亮显示状态。右击退出切换状态，完成由子原理图到顶层原理图的切换。此时，用户可以对顶层原理图进行查看或编辑。

5.4 层次设计表

通常设计的层次原理图层次较少，结构也比较简单。但是对于多层次的层次电路原理图，其结构关系却是相当复杂的，用户不容易看懂。因此，系统提供了一种层次设计表作为用户查看复杂层次原理图的辅助工具。借助层次设计表，用户可以清晰地了解层次原理图的层次结构关系，进一步明确层次电路图的设计内容。生成层次设计表的主要操作步骤如下。

（1）编译整个工程。前面已经对工程"USB 采集系统.PrjPCB"进行了编译。

（2）选择菜单栏中的"报告"→Report Project Hierarchy（工程层次报告）命令，生成有关该工程的层次设计表。

（3）打开 Projects（工程）面板，可以看到该层次设计表被添加在该工程下的"Generated\Text Documents\"文件夹中，是一个与工程文件同名，后缀为".REP"的文本文件。

（4）双击该层次设计表文件，则系统转换到文本编辑器界面，可以查看该层次设计表。生成的层次设计表如图 5-24 所示。

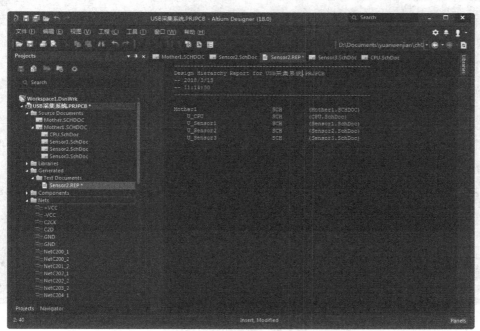

图 5-24　生成的层次设计表

从图中可以看出，在生成的设计表中，使用缩进格式明确列出了本工程中各个原理图之间的层次关系。原理图文件名越靠左，说明该文件在层次电路图中的层次越高。

5.5 综合实例

通过前面章节的学习，用户对 Altium Designer 18 层次原理图设计方法应该有一个整体的认识。现在用实例来详细介绍两种层次原理图的设计步骤。

5.5.1 声控变频器电路层次原理图设计

在层次化原理图中，表达子图之间的原理图称为母图，首先按照不同的功能将原理图划分成一些子模块在母图中，采取一些特殊的符号和概念来表示各张原理图之间的关系。本例主要讲述自顶向下的层次原理图设计，完成层次原理图设计方法中的母图和子图设计。

1. 建立工作环境

（1）在 Altium Designer 18 主界面中，选择菜单栏中的 File（文件）→新的→项目→Project（工程）菜单命令，弹出 New Project（新建工程）对话框，选择默认 PCB Project 选项及 Default（默认）选项，新建工程文件"声控变频器.PrjPcb"。

（2）选择 File（文件）→新的→原理图菜单命令。然后右键选择"另存为"菜单命令，将新建的原理图文件保存为"声控变频器.SchDoc"，如图 5-25 所示。

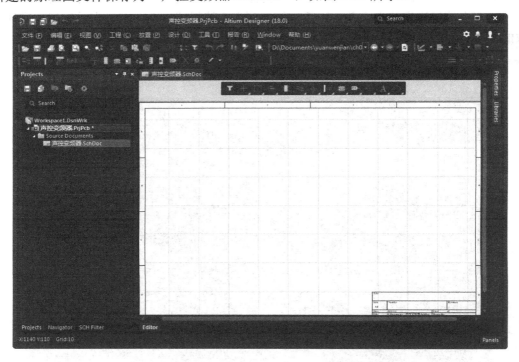

图 5-25 新建原理图文件

2. 放置页面符

（1）在本例层次原理图的母图中，有两个页面符，分别代表两个下层子图。因此，在进行母图设计时首先应该在原理图图纸上放置两个页面符。选择"放置"→"页面符"菜单命令，或者单击"布线"工具栏中的"放置页面符"按钮 ，鼠标将变为十字形状，并带有一个页面符标志。在图纸上单击确定页面符的左上角顶点，然后拖动鼠标绘制出一个适当大小的方块，再次单击鼠标左键确定页面符的右下角顶点，这样就确定了一个页面符。

（2）放置完一个页面符后，系统仍然处于放置页面符的命令状态，同样的方法在原理图中放置另外一个页面符。单击鼠标右键退出绘制页面符的命令状态。

（3）双击绘制好的页面符，打开 Properties（属性）面板，在该对话框中可以设置页面符的参数，如图 5-26 所示。

（4）单击 Parameters（参数）选项卡，在该选项卡中单击 Add（添加）按钮可以为页面符添加一些参数。例如，可以添加一个对该页面符的描述，如图 5-27 所示。

图 5-26　设置页面符属性　　　　　图 5-27　为页面符添加描述性文字

3．放置图纸入口

（1）选择菜单栏中的"放置"→"添加图纸入口"命令，或者单击"布线"工具栏中的 📐（添加图纸入口）按钮，鼠标将变为十字形状。移动鼠标到页面符内部，选择要放置的位置，单击鼠标左键，会出现一个图纸入口随鼠标移动而移动，但只能在页面符内部的边框上移动，在适当的位置再一次单击鼠标，即可完成图纸入口的放置。

（2）双击一个放置好的电路端口，打开 Properties（属性）面板，在该面板中对电路端口属性进行设置。

（3）完成属性修改的图纸入口如图 5-28（a）所示。

提示：在设置图纸入口的 I/O 类型时，注意一定要使其符合电路的实际情况，例如本例中电源页面符中的 VCC 端口是向外供电的，所以它的 I/O 类型一定是 Output。另外，要使图纸入口的箭头方向和它的 I/O 类型相匹配。

4．连线

将具有电气连接的页面符的各个图纸入口用导线或者总线连接起来。完成连接后，整个层次原理图的母图便设计完成了，如图 5-28（b）所示。

5．设计子原理图

选择菜单栏中的"设计"\"从页面符创建图纸"命令，这时鼠标将变为十字形状。移动鼠标到页面符 Power 上，单击鼠标左键，系统自动生成一个新的原理图文件，名称为 Power Sheet.SchDoc，与相应的页面符所代表的子原理图文件名一致。

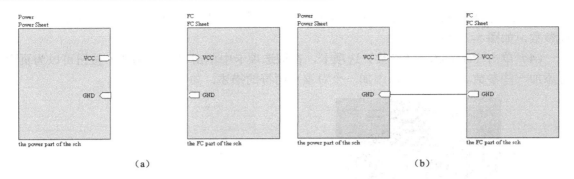

（a） （b）

图 5-28　设置电路端口属性

6．加载元件库

选择菜单栏中的 Libraries（元件库）面板，单击 Libraries... 按钮，打开 Available Libraries（可用库），然后在其中加载需要的元件库。本例中需要加载的元件库如图 5-29 所示。

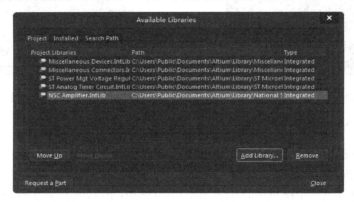

图 5-29　加载需要的元件库

7．放置元件

（1）选择 Libraries（库）面板，在其中浏览刚刚加载的元件库 ST Power Mgt Voltage Regulator. IntLib，找到所需的 L7809CP 芯片，然后将其放置在图纸上。

（2）在其他的元件库中找出需要的另外一些元件，然后将它们都放置到原理图中，再对这些元件进行布局，布局的结果如图 5-30 所示。

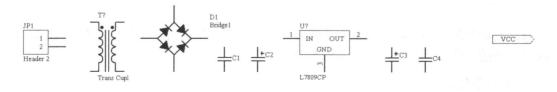

图 5-30　元件放置完成

8. 元件布线

（1）输出的电源端接到输入/输出端口 VCC 上，将接地端连接到输出端口 GND 上，至此，Power Sheet 子图便设计完成了，如图 5-31 所示。

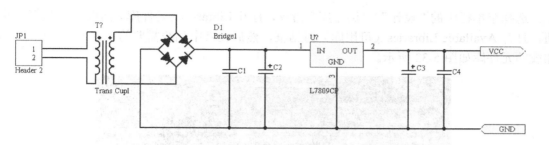

图 5-31　Power Sheet 子图设计完成

（2）按照上面的步骤完成另一个原理图子图的绘制，设计完成的 FC Sheet 子图如图 5-32 所示。

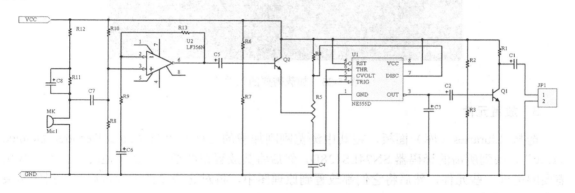

图 5-32　FC Sheet 子图设计完成

两个子图都设计完成后，整个层次原理图的设计便结束了。在本例中，讲述了层次原理图自上而下的设计方法。层次原理图的分层可以有若干层，这样可以使复杂的原理图更有条理，更加方便阅读。

5.5.2　存储器接口电路层次原理图设计

本例主要讲述自下而上的层次原理图设计。在电路的设计过程中，有时候会出现一种情况，即事先不能确定端口的情况，这时就不能将整个工程的母图绘制出来，因此自上而下的方法就不能胜任了。而自下而上的方法就是先设计好原理图的子图，然后由子图生成母图的方法。

1. 建立工作环境

（1）Altium Designer 18 主界面中，选择菜单栏中的 File（文件）→新的→项目→PCB 工程菜单命令，然后单击右键，选择"保存工程为"菜单命令将工程文件另存为"存储器接口.PrjPCB"。

（2）选择菜单栏中的 File（文件）→新的→"原理图"命令，然后选择"文件"→"另存为"菜单命令将新建的原理图文件另存为"寻址.SchDoc"。

2．加载元件库

选择菜单栏中的"设计"\"浏览库"命令，打开 Libraries（元件库）面板。单击 Libraries... 按钮，打开 Available Libraries（可用库）对话框，然后在其中加载需要的元件库。本例中需要加载的元件库如图 5-33 所示。

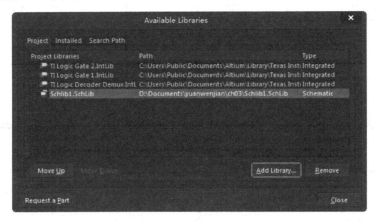

图 5-33　加载需要的元件库

3．放置元件

选择 Libraries（库）面板，在其中浏览刚刚加载的元件库"TI Logic Decoder Demux.IntLib"，找到所需的译码器 SN74LS138D，然后将其放置在图纸上。在其他的元件库中找出需要的另外一些元件，然后将它们都放置到原理图中，再对这些元件进行布局，布局的结果如图 5-34 所示。

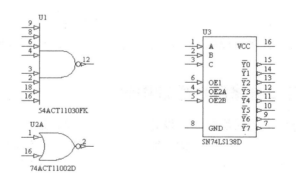

图 5-34　元件放置完成

4．元件布线

（1）绘制导线，连接各元器件，如图 5-35 所示。

（2）在途中放置网络标签。单击菜单栏中的"放置"→"网络标签"命令，或单击"布线"工具栏中的 Net （放置网络标签）按钮，在需要放置网络标签的管脚上添加正确的网络标签，并添加接地和电源符号，将输出的电源端接到输入/输出端口 VCC 上，将接地端连接到输出端口 GND 上，至此，Power Sheet 子图便设计完成了，如图 5-36 所示。

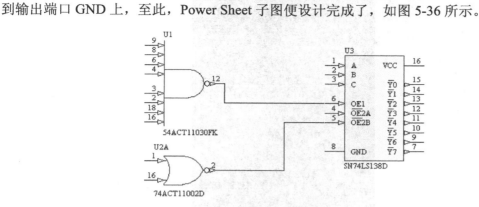

图 5-35 放置导线

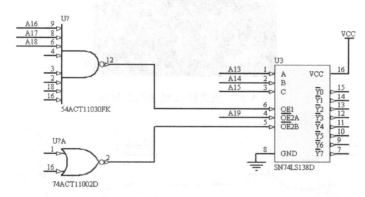

图 5-36 放置网络标签

注意：由于本电路为接口电路，有一部分管脚会连接到系统的地址和数据总线。因此，在本图中的网络标签并不是成对出现的。

5．放置输入/输出端口

（1）输入/输出端口是子原理图和其他子原理图的接口。选择菜单栏中的"放置"→"端口"命令，或者单击"布线"工具栏中的 **D1** （放置端口）按钮，系统进入放置输入/输出端口的命令状态。移动鼠标到目标位置，单击确定输入/输出端口的一个顶点，然后拖动鼠标到合适位置，再次单击确定输入/输出端口的另一个顶点，这样就放置了一个输入/输出端口。

（2）双击放置完的输入/输出端口，打开 Properties（属性）面板，如图 5-37 所示。在该对话框中设置输入/输出端口的名称、I/O 类型等参数。

（3）使用同样的方法，放置电路中所有的输入/输出端口，如图 5-38 所示。这样就完成了寻址原理图子图的设计。

6．绘制存储原理图子图

绘制存储原理图子图的方法绘制寻址原理图子图的方法一样，绘制的存储原理图子图，如图 5-39 所示。

图 5-37　设置输入/输出端口属性

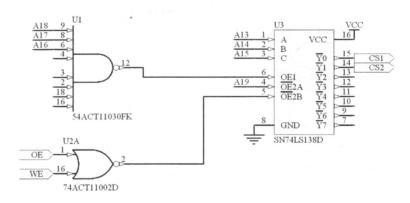

图 5-38　寻址原理图子图

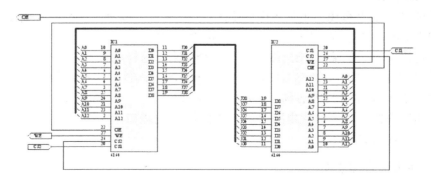

图 5-39　存储原理图子图

7. 设计存储器接口电路母图

（1）选择菜单栏中的 File（文件）→新的→"原理图"命令，然后选择菜单栏中的"文件"→"另存为"命令，将新建的原理图文件另存为"存储器接口.SchDoc"。

（2）选择菜单栏中的"设计"→Create Sheet Symbol From Sheet（原理图生成图纸符）菜单命令，打开 Choose Document to Place（选择文件位置）对话框，如图 5-40 所示。

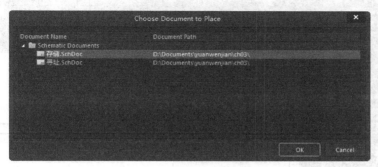

图 5-40　"Choose Document to Place"对话框

（3）在 Choose Document to Place（选择文件位置）对话框中列出了所有的原理图子图。选择"存储.SchDoc"原理图子图，单击"OK（确定）"按钮，鼠标光标上就会出现一个页面符，移动光标到原理图中适当的位置，单击就可以将该页面符放置在图纸上，如图 5-41 所示。

图 5-41　放置好的页面符

注意：在自上而下的层次原理图设计方法中，在进行母图向子图转换时，不需要新建一个空白文件，系统会自动生成一个空白的原理图文件。但是在自下而上的层次原理图设计方法中，一定要先新建一个原理图空白文件，才能进行由子图向母图的转换。

（4）同样的方法将"寻址.SchDoc"原理图生成的页面符放置到图纸中，如图 5-42 所示。

图 5-42　生成的母图页面符

（5）用导线将具有电气关系的端口连接起来，就完成了整个原理图母图的设计，如图 5-43 所示。

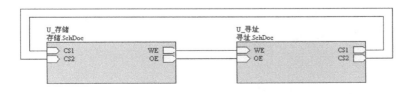

图 5-43　存储器接口电路母图

8．显示层次关系

选择菜单栏中的"工程"→"Compile PCB Project 存储器接口.PrjPcb"（编译存储器接口电路板项目.PrjPcb）命令，将原理图进行编译，在 Projects（工程）工作面板中就可以看到层次原理图中母图和子图的关系，如图 5-44 所示。

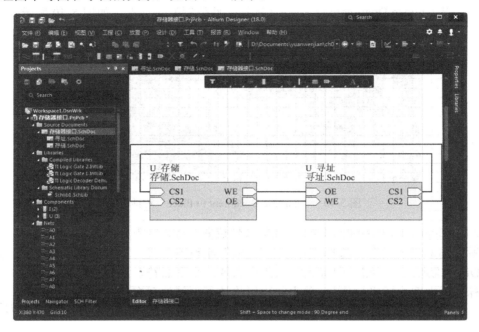

图 5-44　显示层次关系

本例主要介绍了采用自下而上方法设计原理图时，从子图生成母图的方法。

Chapter

6

印制电路板的环境设置

设计印制电路板是整个工程设计的最终目的。原理图设计得再完美，如果电路板设计得不合理，性能将大打折扣，严重时甚至不能正常工作。制板商要参照用户所设计的 PCB 图来进行电路板的生产。由于要满足功能上的需要，电路板设计往往有很多规则要求，如要考虑到实际中的散热和干扰等问题。

本章主要介绍印制电路板的基础、PCB 编辑环境、PCB 创建和 PCB 视图操作等知识，使读者对电路板的设计有一个全面了解。

6.1 印制电路板的设计基础

在设计之前，首先介绍一下一些有关印制电路板的基础知识，以便用户能更好地理解和掌握以后 PCB 板的设计过程。

6.1.1 印制电路板的概念

印制电路板（Printed Circuit Board），简称 PCB，是以绝缘覆铜板为材料，经过印制、腐蚀、钻孔以及后处理等工序，在覆铜板上刻蚀出 PCB 图上的导线，将电路中的各种元器件固定并实现各元器件之间的电气连接，使其具有某种功能。随着电子设备的飞速发展，PCB 越来越复杂，上面的元器件越来越多，功能也越来越强大。

（1）印制电路板根据导电层数的不同，可以分为单面板、双面板和多层板 3 种。

① 单面板：单面板只有一面覆铜，另一面用于放置元器件，因此只能利用敷了铜的那面设计电路导线和元器件的焊接。单面板结构简单，价格便宜，适应于相对简单的电路设计。对于复杂的电路，由于单面板只能单面走线，所以布线比较困难。

② 双面板：双面板是一种双面都敷有铜的电路板，分为顶层 Top Layer 和底层 Bottom Layer。它双面都可以布线焊接，中间为一层绝缘层，元器件通常放置在顶层。由于双面都可以走线，因此双面板可以设计比较复杂的电路。它是目前使用最广泛的印制电路板结构。

③多层板：如果在双面板的顶层和底层之间加上别的层，如信号层、电源层或者接地层，即构成了多层板。通常的 PCB 板，包括顶层、底层和中间层，层与层之间是绝缘的，用于隔离布线，两层之间的连接是通过过孔实现的。一般的电路系统设计用双面板和四层板即可满足设计要求，只是在较高级的电路设计中，或者有特殊要求时，比如对抗高频干扰要求很高情况下，使用六层或六层以上的多层板。多层板制作工艺复杂，层数越多，设计时间越长，成本也越高。但随着电子技术的发展，电子产品越来越小巧精密，电路板的面积要求越来越小，因此目前多层板的应用也日益广泛。

（2）下面介绍几个印制电路板中的常用概念。

① 元器件封装

元器件的封装是印制电路设计中非常重要的概念。元器件的封装就是实际元器件焊接到印制电路板时的焊接位置与焊接形状，包括实际元器件的外型尺寸、空间位置、各管脚之间的间距等。元器件封装是一个空间的概念，对于不同的元器件可以有相同的封装，同样一种封装可以用于不同的元器件。因此，在制作电路板时必须知道元器件的名称，同时也要知道该元器件的封装形式。

② 过孔

过孔是用来连接不同板层之间导线的孔。过孔内侧一般由焊锡连通，用于元器件管脚的插入。过孔可分为 3 种类型：通孔（Through）、盲孔（Blind）和隐孔（Buried）。从顶层直接通到底层，贯穿整个 PCB 板的过孔称为通孔；只从顶层或底层通到某一层，并没有穿透所有层的过孔称为盲孔；只在中间层之间相互连接，没有穿透底层或顶层的过孔称为隐孔。

③ 焊盘

焊盘主要用于将元器件管脚焊接固定在印制板上并将管脚与 PCB 上的铜膜导线连接起来，以实现电气连接。通常焊盘的有三种形状，圆形（Round）、矩形（Rectangle）和正八边形（Octagonal），如图 6-1 所示。

图 6-1   焊盘

④ 铜膜导线和飞线

铜膜导线是印制电路板上的实际走线，用于连接各个元器件的焊盘。它不同于印制电路板布线过程中的飞线，所谓飞线，又叫预拉线，是系统在装入网络报表以后，自动生成的不同元器件之间错综交叉的线。

铜膜导线与飞线的本质区别在于铜膜导线具有电气连接特性，而飞线则不具有。飞线只是一种形式上的连线，只是在形式上表示出各个焊盘之间的连接关系，没有实际电气连接意义。

6.1.2　印制电路板的设计流程

要制作一块实际的电路板，首先要了解印制电路板的设计流程。印制电路板的设计流程如图 6-2 所示。

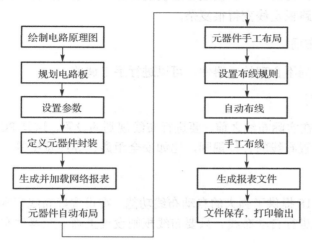

图 6-2　印制电路板的设计流程

1. 绘制电路原理图

电路原理图是设计印制电路板的基础，此工作主要在电路原理图的编辑环境中完成。如果电路图很简单，也可以不用绘制原理图，直接进入 PCB 电路设计。

2. 规划电路板

印制电路板是一个实实在在的电路板，其规划包括电路板的规格、功能、工作环境等诸多因素，因此在绘制电路板之前，用户应该对电路板有一个总体的规划。具体是确定电路板的物理尺寸、元器件的封装、采用几层板以及各元器件的摆放位置等。

3. 设置参数

主要是设置电路板的结构及尺寸、板层参数、通孔的类型、网格大小等。

4. 定义元器件封装

原理图绘制完成后，正确加入网络报表，系统会自动为大多数元器件提供封装。但是，对于用户自己设计的元器件或者是某些特殊元器件，必须由用户自己创建或修改元器件的封装。

5. 生成并加载网络报表

网络报表是连接电路原理图与印制电路板设计之间的桥梁，是电路板自动布线的灵魂。只有将网络报表装入 PCB 系统后，才能进行电路板的自动布线。在设计好的 PCB 板上生成网络报表和加载网络报表，必须保证产生的网络报表没有任何错误，其所有元器件都能够加载到 PCB 板中。加载网络报表后，系统将产生一个内部的网络报表，形成飞线。

6. 元器件自动布局

元器件自动布局是由电路原理图根据网络报表转换成的 PCB 图。对于电路板上元器件较多且比较复杂的情况，可以采用自动布局。由于一般元器件自动布局不很规则，甚至有的相互重叠，因此必须手动调整元器件的布局。

元器件布局的合理性将影响到布线的质量。对于单面板设计，如果元器件布局不合理，将无法完成布线操作；而对于双面板或多层板的设计，如果元器件布局不合理，布线时将会放置很多过孔，使电路板走线变得很复杂。

7. 元器件手工布局

对于那些自动布局不合理的元器件，可以进行手工调整。

8. 设置布线规则

飞线设置好后，在实际布线之前，要进行布线规则的设置，这是 PCB 板设计所必需的一步。在这里用户要设置布线的各种规则，比如安全距离、导线宽度等。

9. 自动布线

Altium Designer 18 提供了强大的自动布线功能，在设置好布线规则之后，可以利用系统提供的自动布线功能进行自动布线。只要布线规则设置正确、元器件布局合理，一般都可以成功完成自动布线。

10. 手工布线

在自动布线结束后，有可能因为元器件布局，自动布线无法完全解决问题或产生布线冲突，此时就需要进行手工布线加以调整。如果自动布线完全成功，则可以不必手工布线。另外，对于一些有特殊要求的电路板，不能采用自动布线，必须由用户手工布线来完成设计。

11. 生成报表文件

印制电路板布线完成之后，可以生成相应的各种报表文件，比如元器件报表清单、电路板信息报表等。这些报表可以帮助用户更好地了解所设计的印制板和管理所使用的元器件。

12. 文件保存，打印输出

生成了各种报表文件后，可以将其打印输出和保存，包括 PCB 文件和其他报表文件均可打印，以便今后工作中使用。

6.1.3 印制电路板设计的基本原则

印制电路板中元器件的布局、走线的质量，对电路板的抗干扰能力和稳定性有很大影响，所以在设计电路板时应遵循 PCB 设计的基本原则。

1. 元器件布局原则

元器件布局不仅影响电路板的美观，而且还影响电路的性能。在元器件布局时，应注意以下几点。

（1）关键元器件先布局，即首先布置关键元器件，如单片机、DSP、存储器等，然后按照地址线和数据线的走向，再布置其他元器件。

（2）高频元器件管脚引出的导线应尽量短些，以减少对其他元器件以及电路的影响。

（3）模拟电路模块与数字电路模块分开布置，不要混放在一起。

（4）带强电的元器件与其他元器件的距离应尽量远一些，并布置在调试时不易接触到的地方。

（5）对于重量较大的元器件，安装到电路板上时要加一个支架固定，防止元器件脱落。

（6）对于一些发热严重的元器件，可以安装散热片。

（7）电位器、可变电容等元器件应放置在便于调试的地方。

2. 布线原则

在布线时，应遵循以下基本原则。

（1）输入端与输出端导线应尽量避免平行布线，以避免发生反馈耦合。

（2）对于导线的宽度，应尽量宽些，最好取 15mil 以上，最小不能小于 10mil。

（3）导线间的最小间距由线间绝缘电阻和击穿电压决定，在条件允许的范围内尽量大一些，一般不能小于 12mil。

（4）微处理器芯片的数据线和地址线尽量平行布线。

（5）布线时，走线尽量少拐弯，若需要拐弯，一般取 45 度走向或圆弧形走向。在高频电路中，拐弯时不能取直角或锐角，以防止高频信号在导线拐弯时发生信号反射现象。

（6）在条件允许范围内，尽量使电源线和接地线粗一些。

6.2 PCB 编辑环境

PCB 编辑环境的主菜单与电路原理图编辑环境的主菜单风格类似，不同的是提供了许多用于 PCB 编辑操作的功能选项，下面详细介绍如何设置 PCB 编辑环境。

6.2.1 启动印制电路板编辑环境

在 Altium Designer 18 系统中，打开一个 PCB 文件后，即可进入印制电路板的编辑环境中。

选择菜单栏中的"文件"→"打开"命令，在弹出的对话框中选择一个 PCB 文件，如图 6-3 所示。

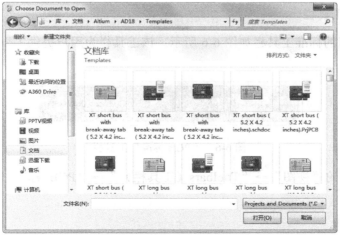

图 6-3　打开 PCB 文件对话框

单击 打开(O) 按钮，系统打开一个 PCB 文件，进入 PCB 编辑环境，如图 6-4 所示。

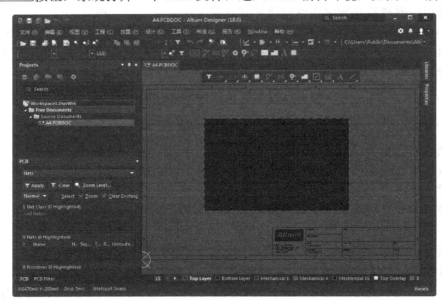

图 6-4　PCB 编辑环境

6.2.2　PCB 编辑环境界面介绍

1．主菜单

在 PCB 设计过程中，各项操作都可以通过主菜单中的相应命令来完成，如图 6-5 所示。对于菜单中的各项具体命令将在以后用到时做详细讲解。

图 6-5　PCB 编辑环境中主菜单

2．PCB 标准工具栏

PCB 编辑环境的标准工具栏如图 6-6 所示。该工具栏为用户提供了一些常用操作的快捷方式。

图 6-6　"PCB 标准"工具栏

选择菜单栏中的"视图"→"Toolbars（工具栏）"→"PCB 标准"命令，可以打开或关闭该工具栏。

3．布线工具栏

该工具栏主要用于 PCB 布线时，放置各种图元，如图 6-7 所示。

选择菜单栏中的"视图"→"Toolbars"（工具栏）→"布线"命令，可以打开或关闭该工具栏。

4．应用程序工具栏

该工具栏中包括 6 个按钮，每一个按钮都有一个下拉工具栏，如图 6-8 所示。

图 6-7　"布线"工具栏　　　　　　　　图 6-8　"应用工具"工具栏

选择菜单栏中的"视图"→"Toolbars（工具栏）"→"应用程序"命令，可以打开或关闭该工具栏。

5．过滤器工具栏

该工具栏可以根据网络、元器件号或者元器件属性等过滤参数，使符合条件的图元在编辑区内高亮显示，不符合条件的部分则变暗，如图 6-9 所示。

选择菜单栏中的"视图"→"Toolbars（工具栏）"→"过滤器"命令，可以打开或关闭该工具栏。

6．导航工具栏

该工具栏主要用于实现不同界面之间的快速切换，如图 6-10 所示。

图 6-9　"过滤器"工具栏　　　　　　　图 6-10　"导航"工具栏

选择菜单栏中的"视图"→"Toolbars"（工具栏）→"导航"命令，可以打开或关闭该工具栏。

7．层次标签

单击层次标签页，可以显示不同的层次图纸，如图 6-11 所示。每层的元器件和走线都用不同颜色加以区分，便于对多层次电路板进行设计。

图 6-11　层次标签

6.2.3　PCB 面板

单击编辑区右下角面板控制中心的 Panels 按钮，在弹出的菜单中选择 PCB 命令项，系统弹出 PCB 面板，如图 6-12 所示。

（1）单击 Components 栏中的下三角按钮，可以为面板模式选择参数，如图 6-13 所示。

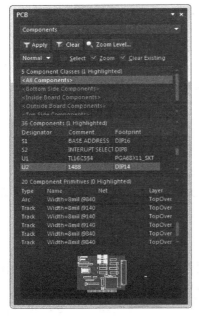

图 6-12　PCB 面板

图 6-13　面板模式选择参数菜单

若选择前三种则进入浏览模式，若选择中间 3 种则进入相应的编辑器中。

对于 Component Class（元器件分类列表）、Components（元件封装列表）、Component Primitives（封装图元列表）栏，显示的是符合它前面几栏的内容。

Mask（屏蔽查询）：若选中该复选框，则符合参数的图元将高亮显示，其他部分则变暗。过滤掉的图元不能被选择和编辑，该复选框在 From-To 编辑器中不能使用。

（2）PCB 面板的按钮。PCB 面板中有 3 个复选框，主要用于视图显示的操作。

Apply（应用）复选框：单击该按钮，可恢复前一步工作窗口中的显示效果，类似于"撤销"操作。

Clear（清除）复选框：单击该按钮，可恢复印制电路板的最初显示效果，即完全显示 PCB 中的所有对象。

Zoom Level（缩放）复选框：单击该按钮，可精确设置显示对象的放大程度。

（3）定位对象显示效果的设置。定位对象时，电路板上的相应显示效果可以通过下面的两个复选框进行设置。

Select（选择）复选框：在定位对象时是否显示该对象的选中状态（在对象周围出现虚线框时即表示处于选中状态）。

Zoom（缩放）复选框：在定位对象时是否同时放大该对象。

（4）最后一栏为取景框栏，取景框栏中的取景框可以任意移动，也可以放大缩小。它显示了当前编辑区内的图形在 PCB 板上所处的位置。

6.3　使用菜单命令创建 PCB 文件

除了通过 PCB 向导创建 PCB 文件以外，用户还可以使用菜单命令创建 PCB 文件。

首先创建一个空白的 PCB 文件，然后设置 PCB 板的各项参数。

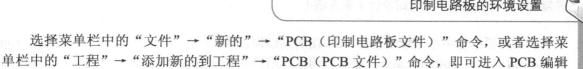

选择菜单栏中的"文件"→"新的"→"PCB（印制电路板文件）"命令，或者选择菜单栏中的"工程"→"添加新的到工程"→"PCB（PCB 文件）"命令，即可进入 PCB 编辑环境中。此时 PCB 文件没有设置参数，用户需要对该文件的各项参数进行设置。

6.3.1 PCB 板层设置

Altium Designer 18 提供了一个图层堆栈管理器对各种板层进行设置和管理，在图层堆栈管理器中，可以添加、删除、移动工作层面等。

1. 电路板的显示

在界面右下角单击 Panels 按钮，弹出快捷菜单，选择 View Configuration（视图配置）命令，打开 View Configuration（视图配置）面板，在 Layer Sets（层设置）下拉列表中选择 All Layers（所有层），即可看到系统提供的所有层，如图 6-14 所示。

同时还可以选择 Signal Layers（信号层）、Plane Layers（平面层）、NonSignal Layers（非信号层）和 Mechanical Layers（机械层）选项，分别在电路板中单独显示对应的层。

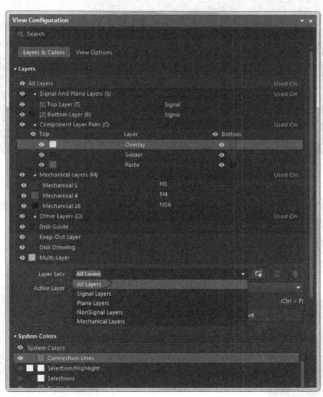

图 6-14 系统所有层的显示

2. 启动图层堆栈管理器

（1）单击菜单栏中的"设计"→"层叠管理器"命令，系统将弹出 Layer Stack Manager（电路板层堆栈管理）对话框。如图 6-15 所示。在该对话框中可以增加层、删除层、移动层所处的位置以及对各层的属性进行编辑。

（2）对话框的中心显示了当前 PCB 图的层结构。默认的设置为一双层板，即只包括 Top Layer（顶层）和 Bottom Layer（底层）两层，用户可以单击 Add Layer（添加层）按钮添加信号层、电源层和地线层，单击 Add Internal Plane（添加中间层平面）按钮添加中间层。选定一层为参考层进行添加时，添加的层将出现在参考层的下面，当选择 Bottom Layer（底层）时，添加层则出现在底层的上面。

（3）用鼠标双击某一层的名称，可以直接修改该层的属性，对该层的名称及厚度进行设置。

（4）单击 Add Layer ▾ 按钮，添加层后，单击 Move Up 按钮或 Move Down 按钮可以改变该层的所在位置。在设计过程的任何时间都可进行添加层的操作。

（5）选中某一层后单击 Delete Layer 按钮即可删除该层。

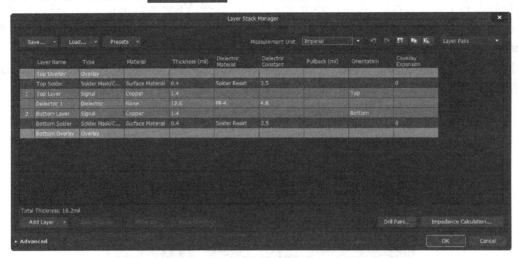

图 6-15　Layer Stack Manager（层堆栈管理）对话框

（6）在该对话框的任意空白处单击鼠标右键，即可弹出一个菜单，如图 6-16 所示。此菜单项中的大部分选项也可以通过对话框下方的按钮进行操作。

（7） Presets ▾ 的下拉菜单项提供了不同常用层数的电路板层数设置，可以直接选择进行快速板层设置，如图 6-17 所示。

图 6-16　右键菜单

图 6-17　下拉列表

（8）PCB 设计中最多可添加 32 个信号层、26 个电源层和地线层。各层的显示与否可在 View Configuration（视图配置）面板中进行设置，选中各层中的"显示"按钮 ⊙ 即可。

（9）单击 Advanced 按钮，对话框发生变化，增加了电路板堆叠特性的设置，如图 6-18 所示。

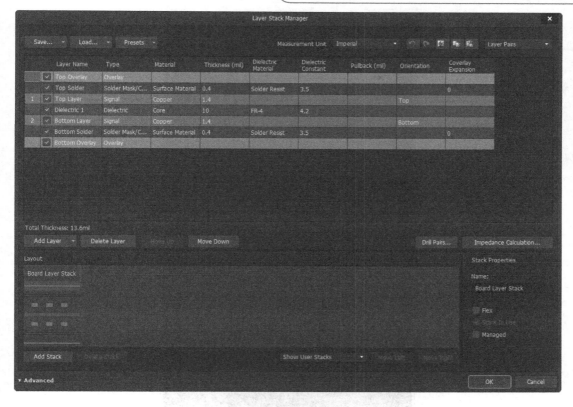

图 6-18 板堆叠特性的设置

电路板的层叠结构中不仅包括拥有电气特性的信号层，还包括无电气特性的绝缘层，两种典型的绝缘层主要是指 Core（填充层）和 Prepreg（塑料层）。

层的堆叠类型主要是指绝缘层在电路板中的排列顺序，默认的 3 种堆叠类型包括 Layer Pairs（Core 层和 Prepreg 层自上而下间隔排列）、Internal Layer Pairs（Prepreg 层和 Core 层自上而下间隔排列）和 Build-up（顶层和底层为 Core 层，中间全部为 Prepreg 层）。改变层的堆叠类型将会改变 Core 和 Prepreg 在层栈中的分布，只有在信号完整性分析需要用到盲孔或深埋过孔时才需要进行层的堆叠类型设置。

（10）Drill Pairs... 按钮用于钻孔设置。

（11）Impedance Calculation... 按钮用于阻抗计算。

设置好层面以后，还需要对各个层面的属性进行设置。

6.3.2 工作层面颜色设置

工作层面颜色设置对话框用于设置 PCB 板层的颜色，打开工作层面颜色设置对话框的方式如下。

1. 打开View Configuration（视图配置）面板

在界面右下角单击 Panels 按钮，弹出快捷菜单，选择 View Configuration（视图配置）命令，打开 View Configuration（视图配置）面板，如图 6-19 所示，该面板包括电路板层颜色设置和系统默认颜色的显示两部分。

图 6-19　View Configuration（视图配置）面板

2．设置对应层面的显示与颜色

Layers（层）选项组用于设置对应层面和系统的显示颜色。

（1）"显示"按钮 用于决定此层是否在 PCB 编辑器内显示。
不同位置的"显示"按钮 启用/禁用层不同。

● 每个层组中启用或禁用一个层、多个层或所有层。如图 6-20 所示，启用/禁用了全部的 Component Layers。

图 6-20　启用/禁用了全部的元件层

● 启用/禁用整个层组，如图 6-21 所示，所有的 Top Layers 启用/禁用。

图 6-21　启用/禁用 Top Layers

● 启用/禁用每个组中的单个条目，如图 6-22 所示，突出显示的个别条目已禁用。

（2）如果要修改某层的颜色或系统的颜色，单击其对应的"颜色"栏内的色条，即可在弹出的选择颜色列表中进行修改，如图 6-23 所示。

图 6-22　启用/禁用单个条目　　　　　图 6-23　选择颜色列表

（3）在 Layer Sets（层设置）设置栏中，有 All Layers（所有层）、Signal Layers（信号层）、Plane Layers（平面层）、NonSignal Layers（非信号层）和 Mechanical Layers（机械层）选项，它们对应其上方的信号层、电源层和地线层、机械层。选择 All Layers（所有层）决定了在板层和颜色面板中是显示全部的层面，还是只显示图层堆栈中设置的有效层面。一般地，为使面板简洁明了，默认选择 All Layers（所有层），只显示有效层面，对未用层面可以忽略其颜色设置。

单击 Used On（使用的层打开）按钮，即可选中该层的"显示"按钮 ⊙，清除其余所有层的选中状态。

3．显示系统的颜色

在 System Color（系统颜色）栏中可以对系统的两种类型可视格点的显示或隐藏进行设置，还可以对不同的系统对象进行设置。

6.3.3　环境参数设置

在设计 PCB 板之前，除了要设置电路板的板层参数外，还需要设置环境参数。

通过 Properties（属性）进行设置。

单击右侧 Properties（属性）按钮，打开 Properties（属性）面板 Board（板）属性编辑框，如图 6-24 所示。

其中主要选项组的功能如下。

（1）search（搜索）功能：允许在面板中搜索所需条目。

（2）Selection Filter（选择过滤器）选项组：设置过滤对象。

也可单击 ▼ 中的下拉按钮，弹出如图 6-25 所示的对象选择过滤器。

（3）Snap Options（捕捉选项）选项组：设置图纸是否启用捕获功能。

● Snap To Grid：勾选该复选框，捕捉到栅格。

● Snap To Guides：勾选该复选框，捕捉到向导线。

● Snap To Grid：勾选该复选框，捕捉到对象坐标。

（4）Snap to Object Hotspots（捕捉对象热点）选项组：捕捉的对象热点所在层包括 All Layer（所有层）、Current Layer（当前层）和 Off（关闭）。

● Snap To Board Outline：勾选该复选框，捕捉到电路板外边界。

● Snap Distance（栅格范围）文本框：设置值为半径。

图 6-24　Board（板）属性编辑

（5）Board Information（板信息）选项组：显示 PCB 文件中元件和网络的完整细节信息，图 6-29 显示的部分是未选定对象时。

● 汇总了 PCB 上的各类图元，如导线、过孔、焊盘等的数量，报告了电路板的尺寸信息和 DRC 违例数量。

● 报告了 PCB 上元件的统计信息，包括元件总数、各层元件放置数目和元件标号列表。

● 列出了电路板的网络统计，包括导入网络总数和网络名称列表。

单击 ▢Reports▢ 按钮，系统将弹出如图 6-26 所示的 Board Report（电路板报表）对话框，通过该对话框可以生成 PCB 信息的报表文件，在该对话框的列表框中选择要包含在报表文件中的内容。勾选 Selected objects only（只选择对象）复选框时，单击 All On（全选）按钮，选择所有板信息。

图 6-25　对象选择过滤器

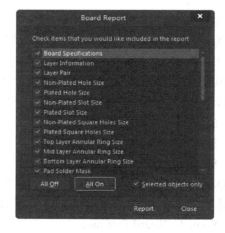

图 6-26　Board Report 对话框

报表列表选项设置完毕后，在 Board Report（电路板报表）对话框中单击  按钮，系统将生成 Board Information Report 报表文件，自动在工作区内打开，PCB 信息报表如图 6-27 所示。

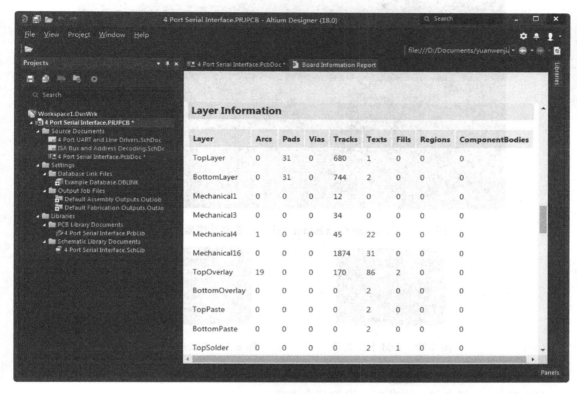

Layer Information

Layer	Arcs	Pads	Vias	Tracks	Texts	Fills	Regions	ComponentBodies
TopLayer	0	31	0	680	1	0	0	0
BottomLayer	0	31	0	744	2	0	0	0
Mechanical1	0	0	0	12	0	0	0	0
Mechanical3	0	0	0	34	0	0	0	0
Mechanical4	1	0	0	45	22	0	0	0
Mechanical16	0	0	0	1874	31	0	0	0
TopOverlay	19	0	0	170	86	2	0	0
BottomOverlay	0	0	0	0	2	0	0	0
TopPaste	0	0	0	0	2	0	0	0
BottomPaste	0	0	0	0	2	0	0	0
TopSolder	0	0	0	0	2	1	0	0

图 6-27　PCB 信息报表

（6）Grid Manager（栅格管理器）选项组：定义捕捉栅格。

● 单击 Add（添加）按钮，在弹出的下拉菜单中选择命令，如图 6-28 所示。添加笛卡尔坐标下与极坐标下的栅格，在未选定对象时进行定义。

Add Cartesian Grid
Add Polar Grid

图 6-28　下拉菜单

● 选择添加的栅格参数，激活 Properties（属性）按钮，单击该按钮，弹出如图 6-29 所示的 Cartesian Grid Editor（笛卡尔栅格编辑器）对话框，设置栅格间距。

● 单击"删除"按钮 🗑，删除选中的参数。

（7）Guide Manager（向导管理器）选项组：定义电路板的向导线，添加或放置横向、竖向、+45°、−45° 和捕捉栅格的相导线，在未选定对象时进行定义。

● 单击 Add（添加）按钮，在弹出的下拉菜单中选择命令，如图 6-30 所示。添加对应的向导线。

● 单击 Place（放置）按钮，在弹出的下拉菜单中选择命令，如图 6-31 所示，放置对应的向导线。

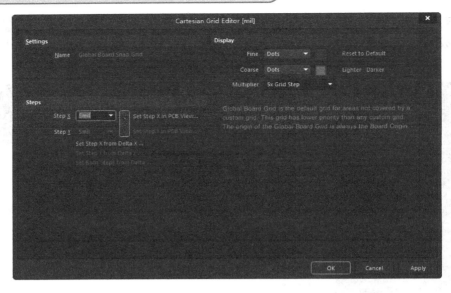

图 6-29　Cartesian Grid Editor（笛卡尔栅格编辑器）对话框

图 6-30　Add 下拉菜单　　　图 6-31　Place 下拉菜单

- 单击"删除"按钮 ，删除选中的参数。

（8）Other（其余的）选项组：设置其余选项。

- Units（单位）选项：设置为公制（mm），也可以设置为英制（mil）。一般在绘制和显示时设为 mil。
- Polygon Naming Scheme 选项：选择多边形命名格式，包括四种，如图 6-32 所示。
- Designator Display 选项：标识符显示方式，包括 Phisical（物理的）、Logic（逻辑的）两种。

图 6-32　下拉列表

- Route Tool Path 选项：选择布线所在层，从 Mechanical 2…Mechanical15 中选择。

6.3.4　PCB 板边界设定

PCB 板边界设定包括 PCB 板物理边界设定和电气边界设定两个方面。物理边界用来界定 PCB 板的外部形状，而电气边界用来界定元器件放置和布线的区域范围。

1．物理边界设定

（1）单击工作窗口下方的 Mechanical 1（机械层）标签，使该层面处于当前的工作窗口中。

（2）执行"放置"→"线条"命令，光标将变成十字形状。将光标移到工作窗口的合适位置，单击鼠标左键即可进行线的放置操作，每单击鼠标左键一次就确定一个固定点。通常将板的形状定义为矩形。但在特殊情况下，为了满足电路的某种特殊要求，也可以将板形定义为圆形、椭圆形或者不规则的多边形。这些都可以通过"放置"菜单来完成。

（3）当绘制的线组成了一个封闭的边框时，即可结束边框的绘制。单击鼠标右键或者按 Esc 键即可退出该操作，绘制 PCB 边框如图 6-33 所示。

（4）设置边框线属性。

双击任一边框线即可打开该线的"Properties（属性）"面板，如图 6-14 所示。

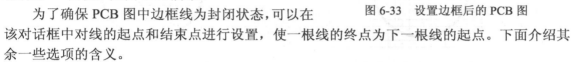

图 6-33　设置边框后的 PCB 图

为了确保 PCB 图中边框线为封闭状态，可以在该对话框中对线的起点和结束点进行设置，使一根线的终点为下一根线的起点。下面介绍其余一些选项的含义。

- Layer（层）下拉列表框：用于设置该线所在的电路板层。用户在开始画线时可以不选择 Mechanical 1（机械层）层，在此处进行工作层的修改也可以实现上述操作所达到的效果，只是这样需要对所有边框线段进行设置，操作起来比较麻烦。
- Net（网络）下拉列表框：用于设置边框线所在的网络。通常边框线不属于任何网络，即不存在任何电气特性。
- "锁定"按钮 🔒：单击 Location（位置）选项组下的按钮，边框线将被锁定，无法对该线进行移动等操作。

按 Enter 键，完成边框线的属性设置。

2. 板形的修改

对边框线进行设置主要是给制板商提供制作板形的依据。用户也可以在设计时直接修改板形，即在工作窗口中直接看到自己所设计板子的外观形状，然后对板形进行修改。

选择菜单栏中的"设计"→"板子形状"命令，系统弹出 PCB 板形设定命令，如图 6-34 所示。

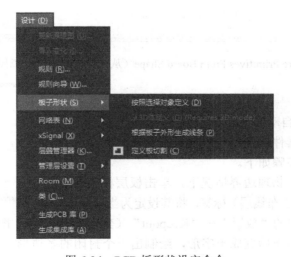

图 6-34　PCB 板形状设定命令

（1）按照选择对象定义。

在机械层或其他层利用线条或圆弧定义一个内嵌的边界，以新建对象为参考重新定义板形，具体操作步骤如下。

① 执行"放置"→"圆弧"命令，在电路板上绘制一个圆，如图 6-35 所示。

② 选中刚才绘制的圆，然后执行"设计"→"板子形状"→"按照选择对象定义"命令，电路板将变成圆形，如图 6-36 所示。

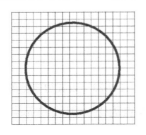

图 6-35　绘制一个圆

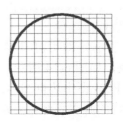

图 6-36　改变后的板形

（2）根据板子外形生成线条。

在机械层或其他层将板子边界转换为线条。具体操作方法为：执行"设计"→"板子形状"→"根据板子外形生成线条"命令，弹出 Line/Arc Primitives From Board Shape（从板外形而来的线/弧原始数据）对话框，如图 6-37 所示。按照需要设置参数，单击 OK 按钮，退出对话框，板边界自动转换为线条，如图 6-38 所示。

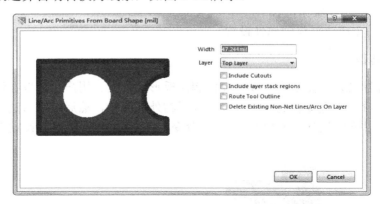

图 6-37　Line/Arc Primitives From Board Shape（从板外形而来的线/弧原始数据）对话框

3．设定电气边界

在 PCB 板元器件自动布局和自动布线时，电气边界是必需的，它界定了元器件放置和布线的范围。

设定电气边界的步骤如下。

（1）在前面设定了物理边界情况下，单击板层标签的"Keep-Out Layer"（禁止布线层）标签，将其设定为当前层。

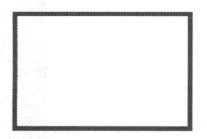

图 6-38　转换边界

（2）选择菜单栏中的"放置"→"Keepout"（禁止布线）→"线径"命令，光标变成十字形，绘制出一个封闭的多边形。

（3）绘制完成后，单击鼠标右键，退出绘制状态。

此时，PCB 板的电气边界设定完成。

6.4　PCB 视图操作管理

为了使 PCB 设计能够快速并顺利地进行下去，就需要对 PCB 视图进行移动、缩放等基本操作，本节将介绍一些视图操作管理方法。

6.4.1　视图移动

在编辑区内移动视图的方法有以下几种。

（1）使用鼠标拖动编辑区边缘的水平滚条或竖直滚条。

（2）使用鼠标滚轮，上下滚动鼠标滚轮，视图将上下移动；若按住 Shift，上下滚动鼠标滚轮，视图将左右移动。

（3）在编辑区内，按住鼠标右键不放，光标变成手形后，可以任意拖动视图。

6.4.2　视图的放大或缩小

1．整张图纸的缩放

在编辑区内，对整张图纸的缩放有以下几种方式。

（1）使用菜单命令"放大"或"缩小"对整张图纸进行缩放操作。

（2）使用快捷键 Page Up（放大）和 Page Down（缩小）。利用快捷键进行缩放时，放大和缩小是以鼠标箭头为中心的，因此最好将鼠标放在合适位置。

（3）使用鼠标滚轮，若要放大视图，则按住 Ctrl 键，上滚滚轮；若要缩小视图，则按住 Ctrl 键，下滚滚轮。

2．区域放大

（1）设定区域的放大

选择菜单栏中的"视图"→"区域"命令，或者单击主工具栏中的 ![按钮]（合适指定的区域）按钮，光标变成十字形。在编辑区需要放大的区域单击鼠标左键，拖动鼠标形成一个矩形区域，如图 6-39 所示。

然后再次单击鼠标左键，则该区域被放大，如图 6-40 所示。

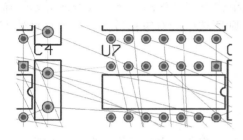

图 6-39　选定放大区域

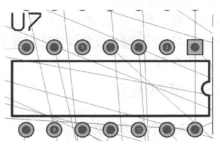

图 6-40　选定区域被放大

（2）以鼠标为中心的区域放大

选择菜单栏中的"视图"→"点周围"命令，光标变成十字形。在编辑区指定区域单击鼠标左键，确定放大区域的中心点，拖动鼠标，形成一个以中心点为中心的矩形，再次单击鼠标左键，选定的区域将被放大。

3．对象放大

对象的放大分两种，一种是选定对象的放大，另一种是过滤对象的放大。

（1）选定对象的放大

在 PCB 板上选中需要放大的对象，选择菜单栏中的"视图"→"被选中的对象"命令或者单击主工具栏中的 按钮，则所选对象被放大，如图 6-41 所示。

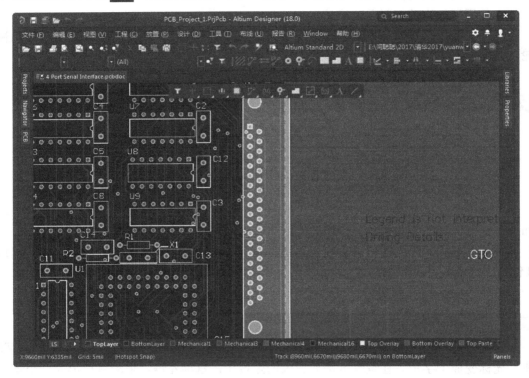

图 6-41　所选对象被放大

（2）过滤对象的放大

在过滤器工具栏中选择一个对象后，选择菜单栏中的"视图"→"过滤的对象"命令或者单击主工具栏中 （适合过滤的对象）按钮，则所选中的对象被放大，且该对象处于高亮状态，如图 6-42 所示。

6.4.3　整体显示

1．显示整个PCB图文件

选择菜单栏中的"视图"→"适合文件"命令，或者在主工具栏中单击 按钮，系统显示整个 PCB 图文件，如图 6-43 所示。

2. 显示整个PCB板

选择菜单栏中的"视图"→"适合板子"命令，系统显示整个 PCB 板，如图 6-44 所示。

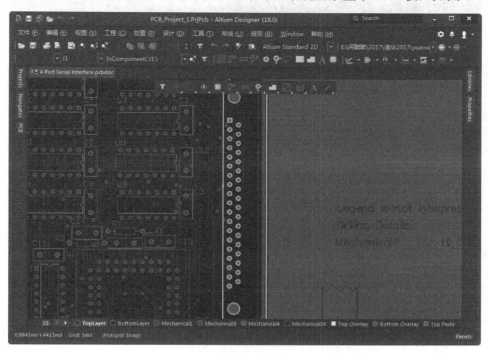

图 6-42　过滤对象被放大

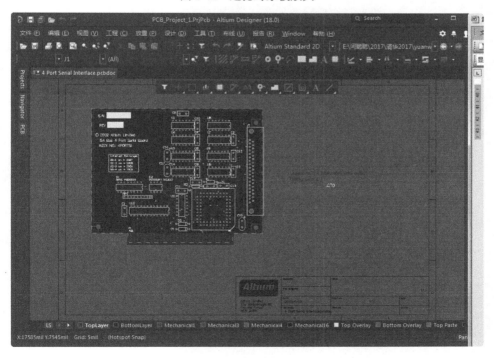

图 6-43　显示整个 PCB 图文件

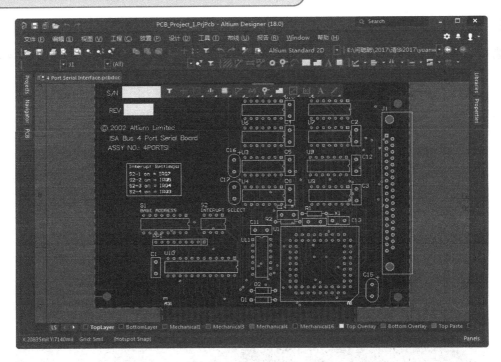

图 6-44　显示整个 PCB 板

Chapter

7

印制电路板的设计

PCB 的设计是电路设计工作中最关键的阶段，只有真正完成了 PCB 的设计才能进行实际电路的设计。因此，PCB 的设计是每一个电路设计者必须掌握的技能。

本章将主要介绍印制电路板设计的一些基本概念，以及印制电路板的设计方法和步骤等。通过本章的学习，读者能够掌握电路板设计的过程。

7.1 PCB 编辑器的编辑功能

PCB 编辑器的编辑功能包括对象的选取、取消选取、移动、删除、复制、粘贴、翻转以及对齐等，利用这些功能，可以方便地对 PCB 图进行修改和调整，下面介绍这些功能。

7.1.1 选取和取消选取对象

1. 对象的选取

（1）用鼠标直接选取单个或多个元器件

对于单个元器件的情况，将光标移到要选取的元器件上单击即可。这时整个元器件变成灰色，表明该元器件已经被选取，如图 7-1 所示。

对于多个元器件的情况，单击鼠标并拖动鼠标，拖出一个矩形框，将要选取的多个元器件包含在该矩形框中，释放鼠标后即可选取多个元器件，或者按住 Shift 键，用鼠标逐一点击要选取的元器件，也可选取多个元器件。

（2）用工具栏的■（选择区域内部）按钮选取

单击"选择区域内部"按钮■，光标变成十字形，在欲选取的区域单击鼠标左键，确定矩形框的一个端点，拖动鼠标将选取的对象包含在矩形框中，再次单击鼠标左键，确定矩形框的另一个端点，此时矩形框内的对象被选中。

（3）用菜单命令选取

选择菜单栏中的"编辑"→"选中"命令，弹出如图 7-2 所示的菜单。

- 区域内部：执行此命令后，光标变成十字形状，用鼠标选取一个区域，则区域内的对象被选取。
- 区域外部：用于选取区域外的对象。
- 全部：执行此命令后，PCB 图纸上的所有对象都被选取。
- 板：该命令用来选取整个 PCB，包括板边界上的对象。而 PCB 外的对象不会被选取。
- 网络：用于选取指定网络中的所有对象。执行该命令后，光标变成十字形，单击指定网络的对象即可选中整个网络。

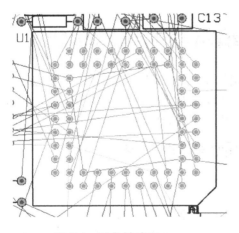

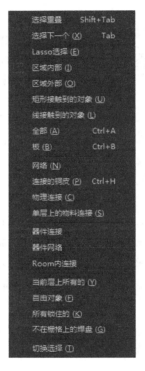

图 7-1　对象被选取　　　　　　　　　图 7-2　"选中"菜单

- 连接的铜皮：用于选取与指定的对象具有铜连接关系的所有对象。
- 物理连接：该命令用于选取指定的物理连接。
- 器件连接：用于选取与指定元器件的焊盘相连接的所有导线、过孔等。
- 器件网络：用于选取当前文件中与指定元器件相连的所有网络。
- Room 内连接：用于选取处于指定 Room 空间中的所有连接导线。
- 当前层上所有的：用于选取当前层面上的所有对象。
- 自由对象：用于选取当前文件中除元器件外的所有自由对象，如导线、焊盘、过孔等。
- 所有锁住的：用于选中所有锁定的对象。
- 不在栅格上的焊盘：用于选中所有不对准网络的焊盘。
- 切换选择：执行该命令后，对象的选取状态将被切换，即若该对象原来处于未选取状态，则被选取；若处于选取状态，则取消选取。

2. 取消选取

取消选取也有多种方法，这里介绍几种常用的方法。

（1）直接用鼠标单击 PCB 图纸上的空白区域，即可取消选取。

（2）单击工具栏中的 ![]（取消所有选定）按钮，可以将图纸上所有被选取的对象取消选取。

（3）选择菜单栏中的"编辑"→"取消选中"命令，弹出如图 7-3 所示菜单。

图 7-3 "取消选中"菜单

- Lasso 区域：用于取消套索区域内的元器件选取。
- 区域内部：用于取消区域内对象的选取。
- 区域外部：用于取消区域外对象的选取。
- 直线接触到对象：用于取消与直线相交区域内的对象选取。
- 矩形接触到对象：用于曲线矩形区域内的元器件选取。
- 全部：用于取消当前 PCB 图中所有处于选取状态对象的选取。
- 当前层上所有的：用于取消当前层面上所有对象的选取。
- 自由对象：用于取消当前文件中除元器件外的所有自由对象的选取，如导线、焊盘、过孔等。
- 切换选择：执行该命令后，对象的选取状态将被切换，即若该对象原来处于未选取状态，则被选取；若处于选取状态，则取消选取。

（4）按住 Shift 键，逐一单击已被选取的对象，可以取消其选取状态。

7.1.2 移动和删除对象

1. 单个对象的移动

（1）单个未选取对象的移动

将光标移到需要移动的对象上（不需要选取），按下鼠标左键不放，拖动鼠标，对象将会随光标一起移动，到达指定位置后松开鼠标左键，即可完成移动；或者选择菜单栏中的"编辑"→"移动"→"移动"命令，光标变成十字形状，用鼠标左键单击需要移动的对象后，对象将随光标一起移动，到达指定位置后再次单击鼠标左键，完成移动。

（2）单个已选取对象的移动

将光标移到需要移动的对象上（该对象已被选取），同样按下鼠标左键不放，拖动至指定位置后松开鼠标左键；或者执行菜单命令"编辑"→"移动"→"拖动"，将对象移动到指定位置；或者单击工具栏中的 ![]（移动选择）按钮，光标变成十字形状，左键单击需要移动的对象后，对象将随光标一起移动，到达指定位置后再次单击鼠标左键，完成移动。

2. 多个对象的移动

需要同时移动多个对象时，首先要将所有要移动的对象选中。然后在其中任意一个对象上按下鼠标左键不放，拖动鼠标，所有选中的对象将随光标整体移动，到达指定位置后松开鼠标左键；或者选择菜单栏中的"编辑"→"移动"→"拖动"命令，将所有对象整体移动到指定位置；或者单击主工具栏中的 ✚（移动选择）按钮，将所有对象整体移动到指定位置，完成移动。

3．菜单命令移动

除了上面介绍的两种菜单移动命令外，系统还提供了其他一些菜单移动命令。选择菜单栏中的"编辑"→"移动"命令，弹出如图 7-4 所示的命令菜单。

（1）移动：用于移动未选取的对象。

（2）拖动：使用该命令移动对象时，与该对象连接的导线也随之移动或拉长，不断开该对象与其他对象的电气连接关系。

（3）器件：执行该命令后，光标变成十字形，单击需要移动的元器件后，元器件将随光标一起移动，再次单击，即可完成移动。或者在 PCB 编辑区的空白区域内单击鼠标左键，将弹出元器件选择对话框，在对话框中可以选择移动的元器件。

（4）重新布线：执行该命令后，光标变成十字形，单击选取要移动的导线，可以在不改变其两端端点位置的情况下改变布线路径。

（5）打断走线：执行该命令后，光标变成十字形，在要移动的导线上单击，确定位置点，可以在不改变其两端端点位置的情况下，以单击点为中心向两侧移动，改变布线路径。

（6）拖动线段头：执行该命令后，光标变成十字形，单击选取要移动的导线，改变布线路径与两端端点。

（7）移动/调整走线：执行该命令后，光标变成十字形，单击选取要移动的导线，以一端端点为基准点，另一端端点断开，可以旋转、移动、拉长或缩短，改变布线路径。

（8）移动选中对象：选取要移动的导线，执行该命令后，光标变成十字形，单击选取要移动的导线，可以在不改变其两端端点位置的情况下改变布线路径。

（9）通过 X,Y 移动选中对象：选取要移动的导线，激活该命令，执行该命令，光标变成十字形，单击选取要移动的导线，弹出如图 7-5 所示的对话框，输入移动前后导线坐标偏差。

图 7-4　"移动"菜单　　　　图 7-5　"Get X/Y Offsets"对话框

（10）旋转选中的：用于将选取的对象按照设定角度旋转。

（11）翻转选择：用于镜像翻转已选取的对象。

4．对象的删除

（1）选择菜单栏中的"编辑"→"删除"命令，鼠标光标变成十字形。将十字形光标移到要删除的对象上，单击即可将其删除。

（2）此时，光标仍处于十字形状态，可以继续单击删除其他对象。若不再需要删除对象，单击鼠标右键或按 ESC 键，即可退出。

（3）也可以单击选取要删除的对象，然后按 Delete 键可以将其删除。

（4）若需要一次性删除多个对象，用鼠标选取要删除的多个对象后，选择菜单栏中的"编辑"→"删除"命令或按 Delete（删除）键，即可以将选取的多个对象删除。

7.1.3 对象的复制、剪切和粘贴

1．对象的复制

对象的复制是指将对象复制到剪贴板中，具体步骤如下。

（1）在 PCB 图上选取需要复制的对象。

（2）执行复制命令有以下 3 种方法。

① 选择菜单栏中的"编辑"→"复制"命令。

② 单击工具栏中的 （复制）按钮。

③ 使用快捷键 Ctrl+C 或 E+C。

（3）执行复制命令后，光标变成十字形，单击已被选取的复制对象，即可将对象复制到剪贴板中，完成复制操作。

2．对象的剪切

具体步骤如下。

（1）在 PCB 图上选取需要剪切的对象。

（2）执行剪切命令的 3 种方法如下。

① 选择菜单栏中的"编辑"→"剪切"命令。

② 单击工具栏中的 （剪切）按钮。

③ 使用快捷键 Ctrl+X 或 E+T。

（3）执行剪切命令后，光标变成十字形，单击要剪切对象，该对象将从 PCB 图上消失，同时被复制到剪贴板中，完成剪切操作。

3．对象的粘贴

对象的粘贴就是把剪贴板中的对象放到编辑区中，有 3 种方法。

（1）选择菜单栏中的"编辑"→"粘贴"命令。

（2）单击工具栏上的 （粘贴）按钮。

（3）使用快捷键 Ctrl+V 或 E+P。

执行粘贴命令后，光标变成十字形状，并带有欲粘贴对象的虚影，在指定位置上单击即可完成粘贴操作。

4．对象的橡皮图章粘贴

使用橡皮图章粘贴时，执行一次操作命令，可以进行多次粘贴，具体操作如下。

（1）选取要进行橡皮图章粘贴的对象。

（2）执行橡皮图章粘贴命令，有 3 种方法

① 选择菜单栏中的"编辑"→"橡皮图章"命令。

② 单击工具栏中的 (橡皮图章)按钮。

③ 使用快捷键 Ctrl+R 或者 E+B。

（3）执行命令后，光标变成十字形，单击被选中的对象后，该对象被复制并随光标移动。在图纸指定位置单击鼠标左键，放置被复制的对象，此时仍处于放置状态，可连续放置。

（4）放置完成后，单击鼠标右键或按 Esc 键退出橡皮图章粘贴命令。

5．对象的特殊粘贴

在前面所讲的粘贴命令中，对象仍然保持其原有的层属性，若要将对象放置到其他层面中，就要使用特殊粘贴命令。

（1）将对象欲放置的层设置为当前层。

（2）执行特殊粘贴命令如下。

① 选择菜单栏中的"编辑"→"特殊粘贴"命令。

② 使用快捷键 E+A。

（3）执行命令后，系统弹出如图 7-6 所示的特殊粘贴对话框。

图 7-6　特殊粘贴对话框

用户根据需要，选择合适的复选框，以实现不同的功能，各复选框的意义如下。

① Paste on current layer（粘贴到当前层）：若选中该复选框，则表示将剪贴板中的对象粘贴到当前的工作层中。

② Keep net name（保持网络名称）：若选中该复选框，则表示保持网络名称。

③ Duplicate designator（复制的制定者）：若选中该复选框，则复制对象的元器件序列号将与原始元器件的序列号相同。

④ Add to component class（添加元件类）：若选中该复选框，则将所粘贴的元器件纳入同一类元器件。

（4）设置完成后，单击 Paste 按钮，进行粘贴操作，或者单击 Paste Array... 按钮，进行阵列粘贴。

6．对象的阵列式粘贴

具体步骤如下。

（1）将对象复制到剪贴板中。

（2）选择菜单栏中的"编辑"→"特殊粘贴"命令，在弹出的对话框中单击 Paste Array... 按钮，或者单击"应用工具"工具栏中的"应用工具"按钮 下拉菜单中的 (阵列式粘贴)项，系统弹出设定粘贴队列对话框，如图 7-7 所示。

图 7-7　Setup Paste Array
（设置粘贴阵列）对话框

在该对话框中，各项设置的意义如下：

（1）Placement Variables（放置变量）选项组：

① Item Count（条目计数）：用于输入需要粘贴的对象个数。

② Text Increase（文本增量）：用于输入粘贴对象序列号的递增数值。

（2）Array Type（循环类型）选项组：

① Circutar（圆形的）：若选中该单选按钮，则阵列式粘贴时圆形布局。

② Linear（线性的）：若选中该单选按钮，则阵列式粘贴时直线布局。

若选中 Circutar（圆形）单选按钮，则 Circutar Array（循环阵列）选项区域被激活。

③ Rotate Item to Match（旋转项目适合）：若选中该复选框，则粘贴对象随角度旋转。

④ Spacing（degrees）（间距）：用于输入旋转的角度。

若选中 Linear（线性的）单选按钮，则 Linear Array（线性阵列）选项区域被激活。

⑤ X- Spacing：用于输入每个对象的水平间距。

⑥ Y- Spacing：用于输入每个对象的垂直间距。

（3）设置完成后，单击 OK（确定)按钮，光标变成十字形，在图纸的指定位置单击鼠标左键，即可完成阵列式粘贴，如图 7-8 所示。

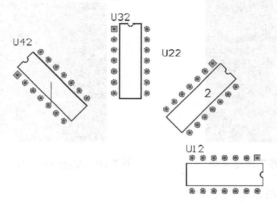

图 7-8　阵列式粘贴

7.1.4　对象的翻转

在 PCB 设计过程中，为了方便布局，往往要对对象进行翻转操作，下面介绍几种常用的翻转方法。

1. 利用空格键

单击需要翻转的对象并按住不放，等到鼠标光标变成十字形后，按空格键可以进行翻转。每按一次空格键，对象逆时针旋转 90°。

2. 用X键实现元器件左右对调

单击需要对调的对象并按住不放，等到鼠标光标变成十字形后，按 X 键可以对对象进行左右对调操作。

3．用Y键实现元器件上下对调

单击需要对调的对象并按住不放，等到鼠标光标变成十字形后，按 Y 键可以对对象进行上下对调操作。

7.1.5 对象的对齐

选择菜单栏中的"编辑"→"对齐"命令，弹出排列和对齐菜单命令，如图 7-9 所示。其各项功能如下。

（1）对齐：执行该命令后，弹出"排列对象"设置对话框，如图 7-10 所示。

图 7-9　"对齐"命令菜单

图 7-10　Align Objects（排列对象）对话框

该对话框中主要包括以下两部分。

① Horizontal Alignment（水平排列）选项组。

用来设置对象在水平方向的排列方式。

● No Change（不改变）单选按钮：单击该单选按钮，水平方向上保持原状，不进行排列。

● Left（左边）单选按钮：水平方向左对齐，等同于"左对齐"命令。

● Centre（居中）单选按钮：水平中心对齐，等同于"水平中心对齐"命令。

● Right（右边）单选按钮：水平方向右对齐，等同于"右对齐"命令。

● Distribute equally（平均分布）单选按钮：水平方向均匀排列，等同于"水平对齐"命令。

② Vertical Alignment（垂直排列）选项组。

用来设置对象在垂直方向的排列方式。

● No Change（不改变）单选按钮：单击该单选按钮，垂直方向上保持原状，不进行排列。

● Top（置顶）单选按钮：顶端对齐，等同于"顶对齐"命令。

● Centre（居中）单选按钮：垂直中心对齐，等同于"垂直中心对齐"命令。

- Bottom（置底）单选按钮：底端对齐，等同于"底对齐"命令。
- Distribute equally（平均分布）单选按钮：垂直方向均匀排列，等同于"垂直分布"命令。

（2）左对齐：将选取的对象向最左端的对象对齐。

（3）右对齐：将选取的对象向最右端的对象对齐。

（4）水平中心对齐：将选取的对象向最左端对象和最右端对象的中间位置对齐。

（5）水平分布：将选取的对象在最左端对象和最右端组对象之间等距离排列。

（6）增加水平间距：将选取的对象水平等距离排列并加大对象组内各对象之间的水平距离。

（7）减少水平间距：将选取的对象水平等距离排列并缩小对象组内各对象之间的水平距离。

（8）顶对齐：将选取的对象向最上端的对象对齐。

（9）底对齐：将选取的对象向最下端的对象对齐。

（10）向上排列：将选取的对象向最上端对象和最下端对象的中间位置对齐。

（11）向下排列：将选取的对象在最上端对象和最下端对象之间等距离排列。

（12）增加垂直间距：将选取的对象垂直等距离排列并加大对象组内各对象之间的垂直距离。

（13）减少水平间距：将选取的对象垂直等距离排列并缩小对象组内各对象之间的垂直距离。

7.1.6　PCB 图纸上的快速跳转

在 PCB 设计过程中，经常需要将光标快速跳转到某个位置或某个元器件上，在这种情况下，可以使用系统提供的快速跳转命令。

选择菜单栏中的"编辑"→"跳转"命令，弹出跳转菜单，如图 7-11 所示。

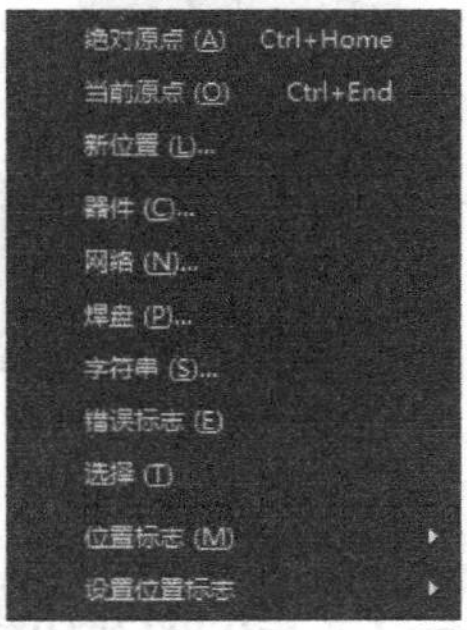

（1）绝对原点：用于将光标快速跳转到 PCB 的绝对原点。

（2）当前原点：用于将光标快速跳转到 PCB 的当前原点。

（3）新位置：执行该命令后，弹出如图 7-12 所示的对话框。

在该对话框中输入坐标值后，单击 OK（确定)按钮，光标将跳转到指定位置。

（4）器件：执行该命令后，系统弹出如图 7-13 所示的对话框。

在对话框中输入元器件标识符后，单击 OK（确定)按钮，光标将跳转到该元器件处。

图 7-11　"跳转"菜单

（5）网络：用于将光标跳转到指定网络处。

（6）焊盘：用于将光标跳转到指定焊盘上。

（7）字符串：用于将光标跳转到指定字符串处。

（8）错误标志：用于将光标跳转到错误标记处。

图 7-12　Jump To Location 对话框

图 7-13　Component Designator（元器件标识符）对话框

（9）选择：用于将光标跳转到选取的对象处。

（10）位置标志：用于将光标跳转到指定的位置标记处。

（11）设置位置标志：用于设置位置标记。

7.2 PCB 图的绘制

本节将介绍一些在 PCB 编辑中经常用到的操作，包括在 PCB 图中绘制和放置各种元素，如走线、焊盘、过孔、文字标注等。在 Altium Designer 18 的 PCB 编辑器菜单命令的"放置"菜单中，系统提供了各种元素的绘制和放置命令，同时这些命令也可以在工具栏中找到，如图 7-14 所示。

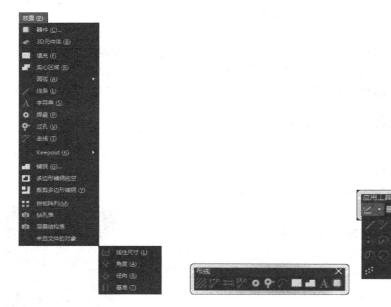

图 7-14 "放置"菜单和工具栏

7.2.1 绘制铜膜导线

在绘制导线之前，单击板层标签，选定导线要放置的层，将其设置为当前层。

1．启动绘制铜膜导线命令

启动绘制铜膜导线命令有以下 4 种方法。

（1）选择菜单栏中的"放置"→"走线"命令。

（2）单击"布线"工具栏中的"交互式布线连接"按钮 。

（3）在 PCB 编辑区内单击鼠标右键，在弹出的右键菜单中选择"放置"→"走线"项。

（4）使用快捷键 P+T。

2．绘制铜膜导线

（1）启动绘制命令后，光标变成十字形，在指定位置单击鼠标左键，确定导线起点。

（2）移动光标绘制导线，在导线拐弯处单击鼠标左键，然后继续绘制导线，在导线终点处再次单击鼠标，结束该导线的绘制。

（3）此时，光标仍处于十字形状态，可以继续绘制导线。绘制完成后，单击鼠标右键或按 Esc 键，退出绘制状态。

3．导线的属性设置

（1）在绘制导线过程中，按 Tab 键，弹出 Interactive Routing（互式布线）属性面板，如图 7-15 所示。

在该面板中，可以设置导线宽度、所在层面及过孔孔径，同时还可以通过按钮重新设置布线宽度规则和过孔布线规则等。此设置将作为绘制下一段导线的默认值。

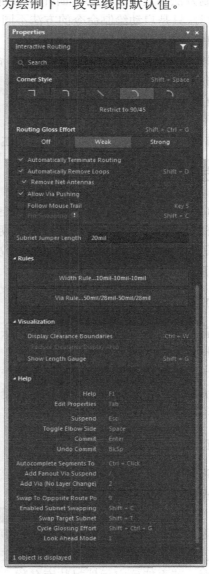

图 7-15　Interactive Routing（互式布线）属性面板

（2）绘制完成后，双击需要修改属性的导线，弹出 Track（轨迹）属性面板，如图 7-16 所示。

在此面板中，可以设置导线的起始和终止坐标、宽度、层面、网络等属性，还可以设置是否锁定，是否具有禁止布线区属性。

7.2.2　绘制直线

我们这里绘制的直线多指与电气属性无关的线，它的绘制方法和属性设置与前面介绍的导线的操作基本相同，只是启动绘制命令的方法不同。

启动绘制直线命令有以下 3 种方法。

（1）选择菜单栏中的"放置"→"线条"命令。

（2）单击"应用工具"工具栏中的"应用工具"按钮 ，下拉菜单中的 （放置线条）项。

（3）使用快捷键 P+L。

对于绘制方法与属性设置，在此不再赘述。

7.2.3　放置元器件封装

在 PCB 设计过程中，有时候会因为在电路原理图中遗漏部分元器件，而使设计达不到预期的目的。若重新设计将耗费大量的时间，在这种情况下，可以直接在 PCB 中添加遗漏的元器件封装。

图 7-16　Track（轨迹）属性面板

1．启动放置元器件封装命令

启动放置元器件封装命令有以下几种方法。

（1）选择菜单栏中的"放置"→"器件"命令。

（2）单击"布线"工具栏中的"放置器件"按钮 。

（3）右键命令：单击右键，在弹出的快捷菜单中选择"放置"→"器件"命令。

（4）使用快捷键 P+C。

2．放置元器件封装

启动放置命令后，系统弹出 Libraries（库）面板，如图 7-17 所示。

在该面板中可以选择要放置的元件封装，方法如下。

（1）在"元件库"下拉列表框右侧单击 ，在弹出的面板中勾选 Footprint（封装）复选框，在面板中只显示封装元件库，如图 7-18 所示。

（2）若已知要放置的元件封装库名称，在"元件库"下拉列表框中选择要放置封装元件所在的元件库；若不能确定元件封装库名称，单击 Search... 按钮，弹出"Libraries Search（搜索库）"对话框，如图 7-19 所示，通过封装元件名称搜索元件库。

（3）若已知要放置的元件封装名称，则将封装名称输入到"元件详情"文本框中；若不能确定封装名称，在该列表中列出了当前库中所有元件的封装，选择要添加的元件封装。

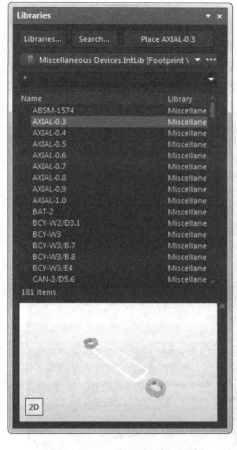

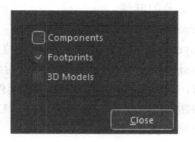

图 7-18 类型选择

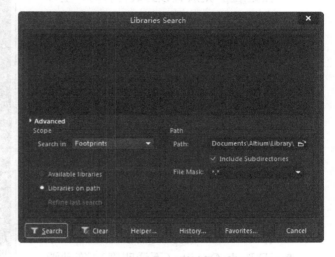

图 7-17 Libraries（库）面板

图 7-19 Libraries Search（搜索库）对话框

（4）选定后，可以在 Designator（标识符）文本框和 Comment（注释）文本框中为该封装输入标识符和注释文字。

（5）完成设置后，选定元件的封装外形将随光标移动，在合适位置单击，放置该封装。完成放置后，右击退出。

3. 设置元器件属性

双击放置的元件封装，或者在放置状态下按 Tab 键，系统弹出 Compenent（元件）属性面板，如图 7-20 所示。

该面板中各参数的意义如下。

（1）Location（位置）选项组

● [X/Y]：设置封装的坐标位置。

● Rotation（定位）：设置封装放置时旋转的角度方向，有 0 Degrees、90 Degrees、180 Degrees 和 270 Degrees 四个选项。

- "锁定管脚"按钮 **a**：单击该按钮，所有的管脚将和放置元件成为一个整体，不能在 PCB 图上单独移动管脚。建议用户不单击该按钮，否则这样对电路板的布局会造成不必要的麻烦。

（2）Properties（属性）选项组

- Layer（层）下拉列表：在该下拉列表中显示封装元件所在层。
- Designator（标识符）文本框：封装元件标号，即把该封装元件放置到 PCB 图文件中时，系统最初默认显示的封装元件标号。这里设置为"U？"，并单击右侧的（可用）按钮 **⊙**，则放置该元件时，序号"U？"会显示在原理图上。
- Comment（元件）文本框：用于说明封装元件型号。单击右侧的（可见）按钮 **◣**，则放置该封装元件时，型号会显示在 PCB 图上。
- Description（描述）文本框：用于描述元件库功能。这里输入"USB MCU"。
- Type（类型）下拉列表框：元件库符号类型，可以选择设置。这里采用系统默认设置 Standard（标准）。
- Design Item ID（设计项目标识）文本框：元件库名称。
- Source（来源）：设置封装元件所在元件库。
- Height（高度）：设置封装元件高度，作为 PCB 3D 仿真时的参考。
- 3D Body Opacity（不透明度）：拖动滑动块，设置 3D 体的不透明度，设置封装元件三维模型显示效果。

（3）Footprint（封装）选项组

该选项组显示当前的封装名称、库文件名等信息。

（4）Swapping Options（交换选项）选项组

- Enable Pin Swapping 复选框：勾选复选框，交换元件的管脚。
- Enable Part Swapping 复选框：勾选复选框，交换元件的部件。

（5）Schematic Reference Information（原理图涉及信息）选项组

该选项组包含了与 PCB 封装对应的原理图元件的相关信息。

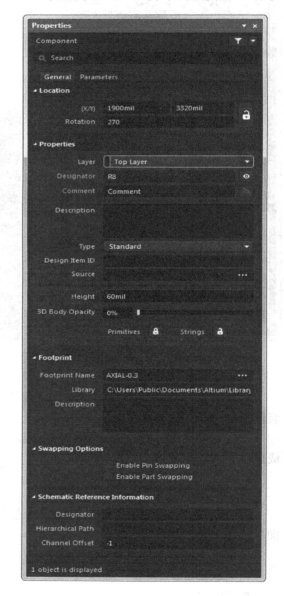

图 7-20 Compenent（元件）属性面板

7.2.4 放置焊盘和过孔

1. 放置焊盘

（1）启动放置焊盘命令

有如下几种方法。

① 选择菜单栏中的"放置"→"焊盘"命令。

② 单击"布线"工具栏中的"放置焊盘"按钮 。

③ 使用快捷键 P+P。

（2）放置焊盘

启动命令后，光标变成十字形并带有一个焊盘图形。移动光标到合适位置，单击鼠标左键即可在图纸上放置焊盘。此时系统仍处于放置焊盘状态，可以继续放置。放置完成后，单击鼠标右键退出。

（3）设置焊盘属性

在焊盘放置状态下按 Tab 键，或者双击放置好的焊盘，打开 Properties（属性）面板中的 Pad（焊盘）属性编辑，如图 7-21 所示。

（4）Net（网络）选项组

Net（网络）下拉列表框：设置焊盘所处的网络，在 Net Class（网络类）、Net Length（网络长度）选项下显示具体网络信息。

（5）Pad Template（焊盘模板）选项组

设置焊盘模板类型。

（6）Location（位置）选项组

设置焊盘中心点的坐标。

- [X/Y]文本框：设置焊盘中心点的 X、Y 坐标。
- Rotation（旋转）文本框：设置焊盘旋转角度。
- "锁定"复选框：设置是否锁定焊盘坐标。

（7）Properties（属性）选项组

- Designator（标识）文本框：设置焊盘标号。

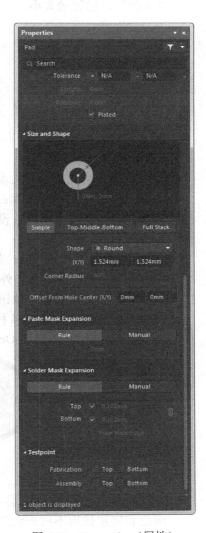

图 7-21　Properties（属性）
面板的 Pad（焊盘）属性编辑

- Layer（层）下拉列表框：设置焊盘所在层面。对于插式焊盘，应选择 Multi-Layer；对于表面贴片式焊盘，应根据焊盘所在层面选择 Top-Layer 或 Bottom-Layer。
- Electrical Type（电气类型）下拉列表框：设置电气类型，有 3 个选项可选，Load（负载点）、Terminator（终止点）和 Source（源点）。
- Pin Package Length（管脚包长度）文本框：设置包装后的管脚长度。
- Jumper（跳线）文本框：设置跳线条数。

（8）Hole information（孔洞信息）选项组

设置焊盘孔的尺寸大小，通孔有如下 3 种类型。

- Round（圆形）单选按钮：通孔形状设置为圆形，如图 7-22 所示。
- Rectange（正方形）单选按钮：通孔形状为正方形，如图 7-23 所示，同时添加参数设置"旋转"，设置正方形放置角度，默认为 0°。
- Slot（槽）单选按钮：通孔形状为槽形，如图 7-24 所示，同时添加参数设置"长度""旋转"，设置槽大小，"长度"为 10，"旋转"角度为 0°。

图 7-22　圆形通孔　　　　　图 7-23　正方形通孔　　　　　图 7-24　槽形通孔

孔洞尺寸等信息设置如下。

- Hole Size（通孔尺寸）文本框：设置焊盘中心通孔尺寸。
- Tolerance（公差）文本框：设置焊盘中心通孔尺寸的上下偏差。
- Length（长度）文本框：设置焊盘正方形通孔边长。
- Rotation（旋转）文本框：设置焊盘通孔旋转角度。
- Plated（镀金的）复选框：若勾选该复选框，则焊盘孔内将涂上铜，将上下焊盘导通。

（9）Size and Shape（尺寸和外形）选项组

- Simple（简单的）单选按钮：若选中该单选按钮，则 PCB 图中所有层面的焊盘都采用同样的形状。焊盘有 4 种形状供选择，即 Rounded Rectangle 圆角矩形、Round 圆形、Rectangle 长方形和 Octangle 八角形，如图 7-25 所示。

图 7-25　焊盘形状

- Top-Muddle-Bottom（顶层-中间层-底层）单选按钮：若选中该单选按钮，则顶层、中间层和底层使用不同形状的焊盘。
- Full Stack（完成堆栈）单选按钮：对焊盘的形状、尺寸逐层设置。

（10）Paste Mask Expansion（阻粘扩张规则）选项组

设置添加阻粘扩张规则方式。

（11）Solder Mask Expansion（阻焊扩张规则）选项组

设置添加阻焊扩张规则方式。

（12）Testpoint（测试点设置）选项组

设置是否添加测试点，并添加到哪一层，通过后面的复选框可以设置 Fabrication（装配）、Assembly（组装）在 Top（顶层）、Bottom（底层），供读者选择。

2．放置过孔

过孔主要用来连接不同板层之间的布线。一般情况下，在布线过程中，换层时系统会自动放置过孔，用户也可以自己放置。

（1）启动放置过孔命令

有以下几种方式。

① 选择菜单栏中的"放置"→"过孔"命令。

② 单击"布线"工具栏中的"放置过孔"按钮。

③ 使用快捷键 P+V。

（2）放置过孔

启动命令后，光标变成十字形并带有一个过孔图形。移动光标到合适位置，单击鼠标左键即可在图纸上放置过孔。此时系统仍处于放置过孔状态，可以继续放置。放置完成后，单击鼠标右键退出。

（3）过孔属性设置

在过孔放置状态下按 Tab 键，或者双击放置好的过孔，打开 Properties（属性）面板中的 Via（过孔）属性编辑，如图 7-26 所示。

Diameter（直径）区域：设置过孔直径外形参数。

其余参数在上面已介绍，这里不再赘述。

7.2.5　放置文字标注

文字标注主要是用于解释说明 PCB 图中的一些元素。

1．启动放置文字标注命令

有如下几种方式。

（1）选择菜单栏中的"放置"→"字符串"命令。

（2）单击"布线"工具栏中的"放置字符串"按钮A。

（3）使用快捷键 P+S。

2．放置文字标注

启动命令后，光标变成十字形并带有一个字符串虚影，移动光标到图纸中需要放置文字标注的位置，单击鼠标左键放置字符串。此时系统仍处于放置状态，可以继续放置字符串。放置完成后，单击鼠标右键退出。

3．字符串属性设置

在放置状态下按 Tab 键，或者双击放置好的字符串，系统弹出 Text（文本）属性编辑面板，如图 7-27 所示。

- **Stroke Width**（笔画宽度）：设置字符串笔画的宽度。
- **[X/Y]**：设置字符串的坐标。

图 7-26　Properties（属性）面板
中的 Via（过孔）属性编辑

- Rotation（旋转）：设置字符串的旋转角度。
- Text（文本）下拉列表框：设置文字标注的内容。可以自定义输入，也可以单击后面的下拉按钮进行选择。
- Text Height（文本高度）文本框：设置字符串长度。
- Layer（层）下拉列表框：设置文字标注所在的层。
- Mirror（镜像）复选框：勾选该复选框，生成对称的镜像文本。
- Font Type（字体类型）选项组：设置字体。后面有 3 个单选按钮，设置字体、字形与条码，选择不同选项后，Font（字体）下拉列表框中会显示与之对应的选项。

图 7-27　Text（文本）属性编辑面板

7.2.6　放置坐标原点

在 PCB 编辑环境中，系统提供了一个坐标系，它以图纸的左下角为坐标原点，用户可以根据需要建立自己的坐标系。

（1）启动放置坐标原点命令

有以下几种方式。

① 选择菜单栏中的"编辑"→"原点"→"设置"命令。

② 单击"应用工具"工具栏中的"应用工具"按钮 下拉菜单的"设置原点" 项。

③ 使用快捷键 E+O+S。

（2）放置坐标原点

启动命令后，光标变成十字形。将光标移到要设置为原点的点处，单击鼠标左键即可。若要恢复到原来的坐标系，选择菜单栏中的"编辑"→"原点"→"复位"命令。

7.2.7　放置尺寸标注

在 PCB 设计过程中，系统提供了多种标注命令，用户可以使用这些命令，在电路板上进行一些尺寸标注。

1．启动尺寸标注命令

（1）选择菜单栏中的"放置"→"尺寸"命令，系统弹出尺寸标注菜单，如图 7-28 所示。选择菜单中的一个命令，执行尺寸标准。

（2）单击"应用工具"工具栏中的"放置尺寸"按钮 下拉菜单，打开尺寸标注按钮菜单，如图 7-29 所示。选择菜单中的一个命令，执行尺寸标注。

2．放置尺寸标注

（1）放置直线尺寸标注 （线性尺寸）

① 启动命令后，移动光标到指定位置，单击鼠标左键确定标注的起始点。

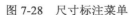

图 7-28　尺寸标注菜单

图 7-29　下拉菜单

② 移动光标到另一个位置，再次单击确定标注的终止点。

③ 继续移动光标，可以调整标注的放置位置，在合适位置单击鼠标完成一次标注。

④ 此时仍可继续放置尺寸标注，也可单击鼠标右键退出。

（2）放置角度尺寸标注 （角度）

① 启动命令后，移动光标到要标注的角的顶点或一条边上，单击左键确定标注第一个点。

② 移动光标，在同一条边上距第一点稍远处，再次单击鼠标确定标注的第二点。

③ 移动光标到另一条边上，单击鼠标确定第三点。

④ 移动光标，在第二条边上距第三点稍远处，再次单击鼠标。

⑤ 此时标注的角度尺寸确定，移动光标可以调整放置位置，在合适位置单击鼠标完成一次标注。

⑥ 可以继续放置尺寸标注，也可单击鼠标右键退出。

（3）放置径向尺寸 （径向）

① 启动命令后，移动光标到圆或圆弧的圆周上，单击鼠标，则半径尺寸被确定。

② 移动光标，调整放置位置，在合适位置单击鼠标完成一次标注。

③ 可以继续放置尺寸标注，也可单击鼠标右键退出。

（4）放置基准尺寸标注 （基准）

① 启动命令后，移动光标到基线位置，单击左键确定标注基准点。

② 移动光标到下一个位置，单击鼠标左键确定第二个参考点，该点的标注被确定，移动光标可以调整标注位置，在合适位置单击左键确定标注位置。

③ 移动光标到下一个位置，按照上面的方法继续标注。标注完所有的参考点后，单击右键退出。

3．设置尺寸标注属性

对于上面所讲的各种尺寸标注，它们的属性设置大体相同。双击放置的线性尺寸标注，系统弹出 Linear Dimension（线尺寸）属性编辑面板，如图 7-30 所示。

图 7-30　标注尺寸属性设置对话框

7.2.8 绘制圆弧

1．中心法绘制圆弧

（1）启动中心法绘制圆弧命令

有以下几种方式。

① 选择菜单栏中的"放置"→"圆弧（中心）"命令。

② 单击"应用工具"工具栏中的"放置尺寸"按钮 [image] 下拉菜单的"从中心放置圆弧"项 [image]。

③使用快捷键 P+A。

（2）绘制圆弧

① 启动命令后，光标变成十字形，移动光标，在合适位置单击左键，确定圆弧中心。

② 移动光标，调整圆弧的半径大小，在合适大小时，单击左键确定。

③ 继续移动光标，在合适位置单击左键确定圆弧起点位置。

④ 此时，光标自动跳到圆弧的另一个端点处，移动光标，调整端点位置，单击左键确定，

⑤ 可以继续绘制下一个圆弧，也可单击右键退出。

（3）设置圆弧属性

在绘制圆弧状态下按 Tab 键，或者单击绘制完成的圆弧，打开 Arc（圆弧）属性编辑面板，如图 7-31 所示。

在该面板中，可以设置圆弧的"居中 X、Y"中心位置坐标、"起始角度"、"终止角度"、"宽度"、"半径"，以及圆弧所在的层面、所属的网络等参数。

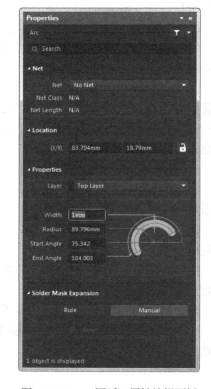

图 7-31　Arc（圆弧）属性编辑面板

2．边缘法绘制圆弧

（1）启动边缘法绘制圆弧命令

① 选择菜单栏中的"放置"→"圆弧（边沿）"命令。

② 单击"布线"工具栏中的"通过边沿放置圆弧"按钮 [image]。

③ 使用快捷键 P+E。

（2）绘制圆弧

启动命令后，光标变成十字形，移动光标到合适位置，单击左键确定圆弧的起点。移动光标，再次单击左键确定圆弧的终点，一段圆弧绘制完成。可以继续绘制圆弧，也可以单击右键退出。采用此方法绘制的圆弧都是 90 度圆弧，用户可以通过设置属性改变其弧度值。

（3）圆弧属性设置

其设置方法同上。

3．绘制任何角度的圆弧

（1）启动绘制命令

① 选择菜单栏中的"放置"→"圆弧（任意角度）"命令。

② 单击"应用工具"工具栏中的"放置尺寸"按钮▆▆下拉菜单的"通过边沿放置圆弧（任意角度）"项▆。

③ 使用快捷键 P+N。

（2）绘制圆弧

① 启动命令后，光标变成十字形，移动光标到合适位置，单击左键确定圆弧起点。

② 拖动光标，调整圆弧半径大小，在合适大小时，再次单击左键确定。

③ 此时，光标会自动跳到圆弧的另一端点处，移动光标，在合适位置单击左键确定圆弧的终止点。

④ 可以继续绘制下一个圆弧，也可单击右键退出。

（3）圆弧属性设置

其设置方法同上。

7.2.9　绘制圆

1．启动绘制圆命令

（1）选择菜单栏中的"放置"→"圆弧"→"圆"命令。

（2）单击"应用工具"工具栏中的"放置尺寸"按钮▆▆下拉菜单的"放置圆"项▆。

（3）使用快捷键 P+U。

2．绘制圆

启动绘制命令后，光标变成十字形，移动光标到合适位置，单击左键确定圆的圆心位置。此时光标自动跳到圆周上，移动光标可以改变半径大小，再次单击确定半径大小，一个圆绘制完成。可以继续绘制，也可单击右键退出。

3．设置圆属性

在绘制圆状态下按 Tab 键，或者单击绘制完成的圆，打开 Arc 属性面板，其设置内容与上一节中的圆弧属性设置相同。

7.2.10　放置填充区域

1．放置矩形填充

（1）启动放置矩形填充命令

① 选择菜单栏中的"放置"→"填充"命令。

② 单击"布线"工具栏中的"放置填充"按钮▆。

③ 使用快捷键 P+F。

（2）放置矩形填充

启动命令后，光标变成十字形，移动光标到合适位置，单击左键确定矩形填充的一角。

移动鼠标，调整矩形的大小，在合适大小时，再次单击左键确定矩形填充的对角，一个矩形填充完成。可以继续放置，也可以单击右键退出。

（3）矩形填充属性设置

在放置状态下按 Tab 键，或者单击放置完成的矩形填充，打开 Fill（填充）属性编辑面板，如图 7-32 所示。

在该面板中，可以设置矩形填充的旋转角度、角 1 X、Y 一角的坐标、角 2 X、Y 另一角的坐标以及填充所在的层面、所属网络等参数。

2．放置多边形填充

（1）启动放置多边形填充命令

① 选择菜单栏中的"放置"→"实心区域"命令。

② 使用快捷键 P+R。

（2）放置多边形填充

① 启动绘制命令后，光标变成十字形，移动光标到合适位置，单击左键确定多边形的第一条边上的起点。

② 移动光标，单击左键确定多边形第一条边的终点，同时也作为第二条边的起点。

③ 依次下去，直到最后一条边，单击右键退出该多边形的放置。

④ 可以继续绘制其他多边形填充，也可以单击右键退出。

（3）设置多边形填充属性

在放置状态下按 Tab 键，或者单击放置完成的多边形填充，打开 Region（区域）属性面板，如图 7-33 所示。

图 7-32　Fill（填充）属性编辑面板　　　　图 7-33　Region（区域）属性面板

在该面板中，可以设置多边形填充所在的层面和所属网络等参数。

7.3　在 PCB 编辑器中导入网络报表

在前面几节中，主要学习了 PCB 设计过程中的一些基础知识。从本节开始，将介绍如何完整的设计一块 PCB。这里以第 2 章中绘制的看门狗电路为例。

7.3.1　准备工作

1．准备电路原理图和网络报表

网络报表是电路原理图的精髓，是原理图和 PCB 连接的桥梁，没有网络报表，就没有电路板的自动布线。对于如何生成网络报表，在第 5 章中已经详细讲过。

2．新建一个PCB文件

在电路原理图所在的项目中，新建一个 PCB 文件。进入 PCB 编辑环境，设置 PCB 设计环境，包括设置网格大小和类型、光标类型、板层参数、布线参数等。大多数参数都可以用系统默认值，而且这些参数经过设置之后，如符合用户个人习惯，以后无须修改。

3．规划电路板

规划电路板主要是确定电路板的边界，包括电路板的物理边界和电气边界。在需要放置固定孔的地方放上适当大小的焊盘。

4．装载元器件库

在导入网络报表之前，要把电路原理图中所有元器件所在的库添加到当前库中，保证原理图中指定的元器件封装形式能够在当前库中找到。

7.3.2　导入网络报表

完成了前面的工作后，即可将网络报表里的信息导入 PCB，为电路板的元器件布局和布线做准备，导入网络报表的具体步骤如下。

（1）在 SCH 原理图编辑环境下，选择菜单栏中的"设计"→"Update ISA Bus and Address Decoding.PcbDoc（更新 PCB 文件）"命令。或者在 PCB 编辑环境下，选择菜单栏中的"设计"→Irnport Changes From ISA Bus and Address Decoding.PRJPCB（从项目文件更新）命令。

（2）执行以上命令后，系统弹出 Engineering Change Order（工程更新操作顺序）对话框，如图 7-34 所示。

该对话框中显示当前对电路进行的修改内容，左边为 Modifications（修改）列表，右边是对应修改的 Status（状态）。主要的修改有 Add Components、Add Nets、Add Components Classes 和 Add Rooms 几类。

（3）单击 Engineering Change Order（工程更新操作顺序）对话框中的 Validate Changes（确认更改）按钮，系统将检查所有的更改是否有效，如果有效，将在右边的 Check（检查）栏对应位置打勾；若有错误，Check（检查）栏中将显示红色错误标识。一般的错误都是因为元器件封装定义不正确，系统找不到给定的封装，或者设计 PCB 板时没有添加对应的集成库。此时需要返回电路原理图编辑环境中，对有错误的元器件进行修改，直到修改完所有的错误，即 Check（检查）栏中全为正确内容为止。

（4）若用户需要输出变化报告，可以单击对话框中的 Execute Changes（执行更改）按钮，系统弹出报告预览对话框，如图 7-35 所示。在该对话框中可以打印输出该报告。

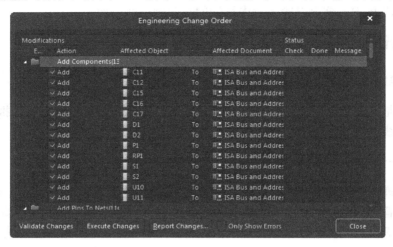

图 7-34　Engineering Change Order（工程更新操作顺序）对话框

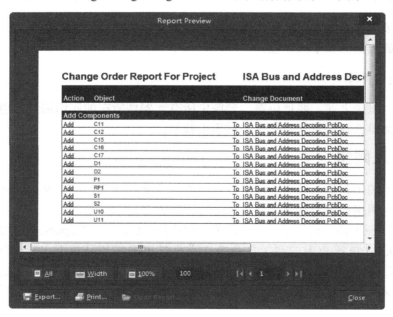

图 7-35　报告预览对话框

（5）单击 Engineering Change Order（工程更新操作顺序）对话框中 Execute Changes（执行更改）按钮，系统执行所有的更改操作，如果执行成功，Status（状态）下的 Done（完成）列表栏将被勾选，执行结果如图 7-36 所示。此时，系统将元器件封装等装载到 PCB 文件中，如图 7-37 所示。

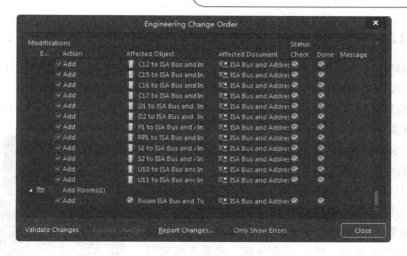

图 7-36　执行更改

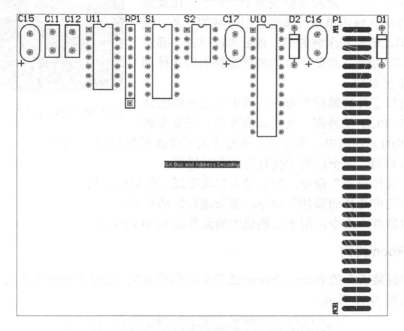

图 7-37　加载网络报表和元器件封装的 PCB 图

7.4　元器件的布局

　　导入网络报表后，所有元器件的封装已经加载到 PCB 上，我们需要对这些封装进行布局。合理的布局是 PCB 布线的关键。若单面板元器件布局不合理，将无法完成布线操作；若双面板元器件布局不合理，布线时将会放置很多过孔，使电路板导线变得非常复杂。

　　Altium Designer 18 提供了两种元器件布局方法，一种是自动布局，另一种是手工布局。这两种方法各有优劣，用户应根据不同的电路设计需要选择合适的布局方法。

7.4.1 自动布局

自动布局适合于元器件比较多的情况。Altium Designer 18 提供了强大的自动布局功能，设置合理的布局规则参数后，采用自动布局将大大提高设计电路板的效率。

在 PCB 编辑环境下，选择菜单栏中的"工具"→"器件摆放"命令，其子菜单中包含了与自动布局有关的命令，如图 7-38 所示。

- "按照 Room 排列"（空间内排列）命令：用于在指定的空间内部排列元件。选择该命令后，光标变为十字形状，在要排列元件的空间区域内单击，元件即自动排列到该空间内部。
- "在矩形区域排列"命令：用于将选中的元件排列到矩形区域内。使用该命令前，需要先将要排列的元件选中。此时光标变为十字形状，在要放置元件的区域内单击，确定矩形区域的一角，拖动光标，至矩形区域的另一角后再次单击。确定该矩形区域后，系统会自动将已选择的元件排列到矩形区域中。

图 7-38 "器件摆放"命令的子菜单

- "排列板子外的器件"命令：用于将选中的元件排列在 PCB 的外部。使用该命令前，需要先将要排列的元件选中，系统自动将选择的元件排列到 PCB 范围以外的右下角区域内。
- "自动布局"命令：用于执行自动布局操作。
- "依据文件放置"命令：用于导入自动布局文件进行布局。
- "重新定位选择的器件"命令：重新进行自动布局。
- "交换器件"命令：用于交换选中的元件在 PCB 的位置。

1. 按照Room排列

单击选中封装所在的 Room，Room 边界显示白色方块，拖动方块将选中边界调整成电气边界大小，如图 7-39 所示。

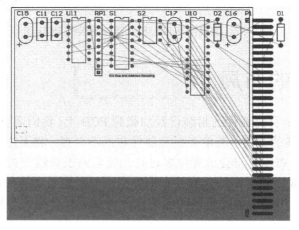

图 7-39 调整 Room 边界

选中要布局的元件，单击菜单栏中的"工具"→"器件摆放"→"在 Room 区域排列"命令，光标变为十字形，在编辑区绘制矩形区域，即可开始在选择的矩形中自动布局。自动布局需要经过大量计算，因此需要耗费一定时间。如图 7-40 所示为最终的自动布局结果。

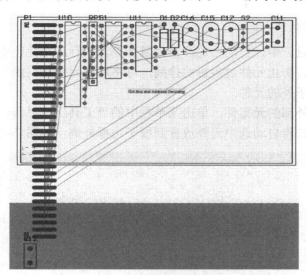

图 7-40　在 Room 区域内自动布局结果

选择菜单栏中的"视图"→"连接"→"隐藏全部"命令，隐藏电路板中的所有飞线，方便显示。

自动布局结果并不是完美的，还存在很多不合理的地方，因此还需要对自动布局进行调整。

2．在矩形区域排列

选中要布局的元件，单击菜单栏中的"工具"→"器件摆放"→"在矩形区域排列"命令，光标变为十字形，在编辑区绘制矩形区域，即可开始在选择的矩形中自动布局。自动布局需要经过大量计算，因此需要耗费一定时间。如图 7-41 所示为最终的自动布局结果。

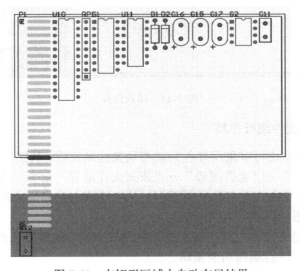

图 7-41　在矩形区域内自动布局结果

从图 7-41 中可以看出，元件在自动布局后不再是按照种类排列在一起。各种元件将按照自动布局的类型选择，初步分成若干组分布在 PCB 中，同一组的元件之间用导线建立连接将更加容易。

3. 排列板子外的器件

在大规模的电路设计中，自动布局涉及大量计算，执行起来往往要花费很长时间，用户可以进行分组布局，为防止元件过多影响排列，可将局部元件排列到板子外，先排列板子内的元件，最后排列板子外的元件。

选中需要排列到外部的元器件，单击菜单栏中的"工具"→"器件摆放"→"排列板子外的器件"命令，系统将自动选中元件放置到板子边框外侧，如图 7-42 所示。

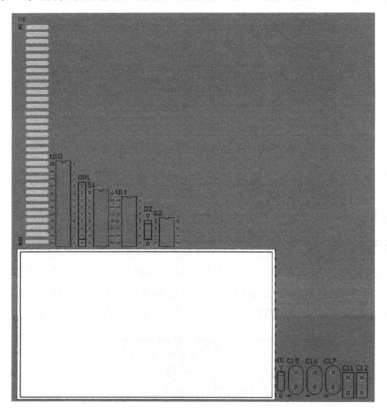

图 7-42　排列元件

4. 导入自动布局文件进行布局

对元件进行布局时，还可以采用导入自动布局文件来完成，其实质是导入自动布局策略。单击菜单栏中的"工具"→"器件摆放"→"依据文件放置"命令，系统将弹出如图 7-43 所示的 Load File Name（导入文件名称）对话框。从中选择自动布局文件（后缀为".PIk"），然后单击"打开"按钮即可导入此文件进行自动布局。

通过导入自动布局文件的方法在常规设计中比较少见，这里导入的并不是每一个元件自动布局的位置，而是一种自动布局的策略。

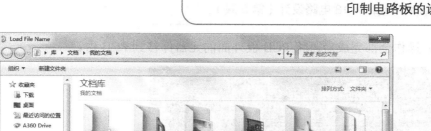

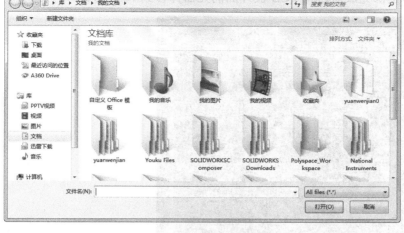

图 7-43 Load File Name 对话框

使用系统的自动布局功能，虽然布局的速度和效率都很高，但是布局的结果并非令人满意。因此，很多情况下必须对布局结果进行调整，即采用手工布局，按用户的要求进一步进行设计。

7.4.2 手工布局

在系统自动布局后，对元器件布局进行手工调整。

1. 调整元器件位置

手工调整元器件的布局时，需要移动元器件，其方法在前面的 PCB 编辑器的编辑功能中讲过。

2. 排列相同元器件

在 PCB 上，经常把相同的元器件排列放置在一起，如电阻、电容等。若 PCB 上这类元器件较多，依次单独调整很麻烦，可以采用以下方法。

（1）查找相似元器件。选择菜单栏中的"编辑"→"查找相似对象"命令，光标变成十字形，在 PCB 图纸上左键单击选取一个电容，系统弹出 Find Similar Objects（查找相似对象）对话框，如图 7-44 所示。

在该对话框中的 Footpoint（封装）栏中选择 Same（相似），单击 Apply 按钮，再单击"OK（确定）"按钮，此时，PCB 图中所有电容都处于选取状态。

（2）选择菜单栏中的"工具"→"器件摆放"→"排列板子外的器件"命令，所有电容自动排列到 PCB 外。

（3）选择菜单栏中的"工具"→"器件摆放"→"在矩形区域排列"命令，光标变成十字形，在 PCB 外单击鼠标绘制出一个长方形，此时所有的电容都自动排列到该矩形区域内。手工稍微调整，如图 7-45 所示。

（4）单击工具栏中的 （清楚当前过滤器）按钮，取消电容的屏蔽选择状态，对其他元器件进行操作。

（5）操作全部完成后，将 PCB 板外面的元器件移到 PCB 内。

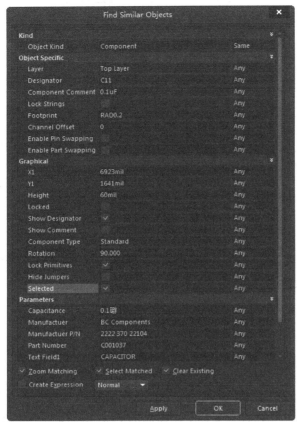

图 7-44　Find Similar Objects 对话框

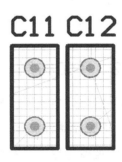

图 7-45　排列电容

3．修改元器件标注

双击要调整的标注，打开 Parameter（参数）属性编辑面板，如图 7-46 所示。

此面板中的设置内容相信用户已经很清楚了，在此不再赘述。

手工调整后，元器件的布局如图 7-47 所示。

4．设置电路板形状。

选中已绘制的物理边界，然后单击菜单栏中的"设计"→"板子形状"→"按照选择对象定义"命令，选择外侧的物理边界，定义电路板。

图 7-46　Parameter（参数）属性编辑面板

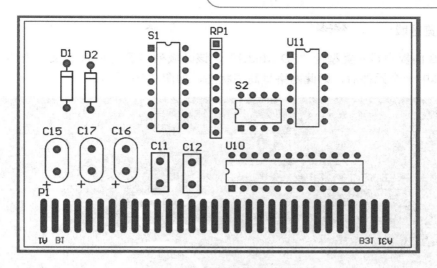

图 7-47　手工调整后元器件的布局

7.5　3D 效果图

手动布局完毕后，可以通过 3D 效果图，直观地察看视觉效果，以检查手动布局是否合理。

7.5.1　三维效果图显示

在 PCB 编辑器内，单击菜单栏中的"视图"→"切换到三维模式"命令，系统显示该 PCB 的 3D 效果图，按住 Shift 键显示旋转图标，在方向箭头上按住鼠标右键，即可旋转电路板，如图 7-48 所示。

在 PCB 编辑器内，单击右下角的 Panels 按钮，在弹出的快捷菜单中选择"PCB"，打开 PCB 面板，如图 7-49 所示。

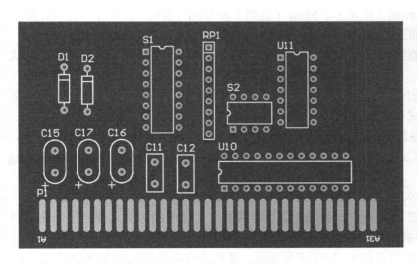

图 7-48　PCB 的 3D 效果图

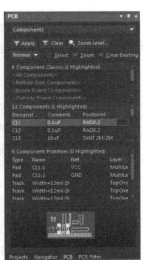

图 7-49　PCB 面板

1．浏览区域

在 PCB 面板中显示类型为"3D Model"，该区域列出了当前 PCB 文件内的所有三维模型。选择其中一个元件后，则此网络呈高亮状态，如图 7-50 所示。

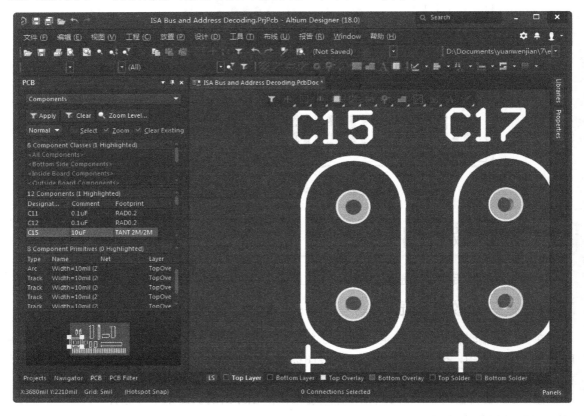

图 7-50　高亮显示元件

对于高亮网络，有 Normal（正常）、Mask（遮挡）和 Dim（变暗）3 种显示方式，用户可通过面板中的下拉列表框进行选择。

- **Normal**（正常）：直接高亮显示用户选择的网络或元件，其他网络及元件的显示方式不变。
- **Mask**（遮挡）：高亮显示用户选择的网络或元件，其他元件和网络以遮挡方式显示（灰色），这种显示方式更为直观。
- **Dim**（变暗）：高亮显示用户选择的网络或元件，其他元件或网络按色阶变暗显示。

对于显示控制，有 3 个控制选项，即 Select（选择）、Zoom（缩放）和 Clear Existing（清除现有的）。

- ○ **Selected**（选择）：勾选该复选框，在高亮显示的同时选中用户选定的网络或元件。
- ○ **Zoom**（缩放）：勾选该复选框，系统会自动将网络或元件所在区域完整地显示在用户可视区域内。如果被选网络或元件在图中所占区域较小，则会放大显示。
- ○ **Clear Existing**（清除现有的）：勾选该复选框，系统会自动清除选定的网络或元件。

2．显示区域

该区域用于控制 3D 效果图中模型材质的显示方式，如图 7-51 所示。

3．预览框区域

将光标移到该区域中，单击左键并按住不放，拖动光标，3D 图将跟着移动，展示不同位置上的效果。

图 7-51　模型材质

7.5.2　View Configuration（视图设置）面板

在 PCB 编辑器内，单击右下角的 Panels 按钮，在弹出的快捷菜单中选择 View Configuration，打开 View Configuration（视图设置）面板，设置电路板基本环境。

在 View Configuration（视图设置）面板的 View Options（视图选项）选项卡中，显示三维面板的基本设置。不同情况下的面板显示略有不同，这里重点讲解三维模式下的面板参数设置，如图 7-52 所示。

1．General Settings（通用设置）选项组

显示配置和 3D 主体。

● Configuration（设置）下拉列表选择三维视图设置模式，包括 11 种，默认选择 Custum Configuration（通用设置）模式如图 7-53 所示。

图 7-52　View Options（视图选项）选项卡

图 7-53　视图模式

- **3D**：控制电路板三维模式开关，作用同菜单命令"视图"→"切换到三维模式"。
- **Signal Layer Mode**：控制三维模型中信号层的显示模式，打开与关闭单层模式，如图 7-54 所示。

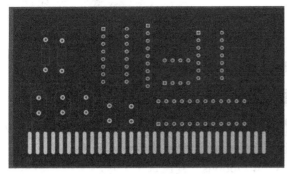 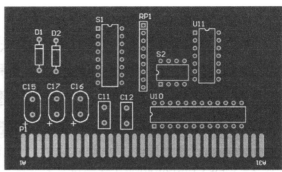

(a)打开单层模式   (b)关闭单层模式

图 7-54　三维视图模式

- **Projection**：投影显示模式，包括 Orthographic（正射投影）和 Perspective（透视投影）。
- **Show 3D Bodies**：控制是否显示元件的三维模型。

2．3D Settings（三维设置）选项组

- **Board thickness（Scale）**：通过拖动滑动块，设置电路板的厚度，按比例显示。
- **Colors**：设置电路板颜色模式，包括 Realistic（逼真）和 By Layer（随层）。
- **Layer**：在列表中设置不同层对应的透明度，通过拖动 Transparency（透明度）栏下的滑动块来设置。

3．Mask and Dim Settings（屏蔽和调光设置）选项组

用于控制对象屏蔽、调光和高亮设置。
- **Dim Objects（屏蔽对象）**：设置对象屏蔽程度。
- **Hihtlighted Objects（高亮对象）**：设置对象高亮程度。
- **Mask Objects（调光对象）**：设置对象调光程度。

4．Additional Options（附加选项）选项组

- 在 Configuration（设置）下拉列表选择 Altum Standard 2D，或执行菜单命令"视图"→"切换到 2 维模式"，切换到 2D 模式，电路板的面板设置如图 7-55 所示。
- 添加 Additional Options（附加选项）选项组，在该区域包括 9 种控件，允许配置各种显示设置，包括 Net Color Override（网路颜色覆盖）。

5．Object Visibility（对象可视化）选项组

2D 模式下添加 Object Visibility（对象可视化）选项组，在该区域设置电路板中不同对象的透明度和是否添加草图。

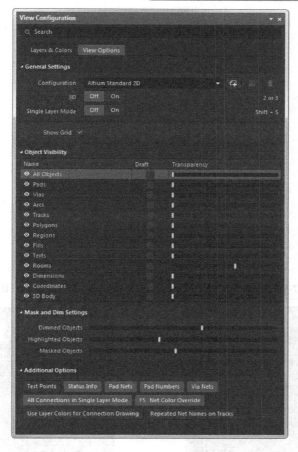

图 7-55　2D 模式下的 View Options（视图选项）选项卡

7.5.3　三维动画制作

使用动画制作，生成电路板中指定零件点到点运动的简单动画。本节介绍通过拖动时间栏并旋转缩放电路板生成基本动画。

在 PCB 编辑器内，单击右下角的 Panels 按钮，在弹出的快捷菜单中选择 PCB 3D Movie Editor（电路板三维动画编辑器）命令，打开 PCB 3D Movie Editor 面板，如图 7-56 所示。

（1）Movie Title（动画标题）区域

在 3D Movie（三维动画）按钮下选择 New（新建）命令或单击 New 按钮，在该区域创建 PCB 文件的三维模型动画，默认动画名称为"PCB 3D Video"。

（2）PCB 3D Video（动画）区域

在该区域创建动画关键帧。在 Key Frame（关键帧）按钮下选择 New（新建）→Add（添加）命令或单击 New（新建）→Add（添加）按钮，创建第一个关键帧，电路板如图 7-57所示。

（3）单击 New（新建）→Add（添加）按钮，继续添加关键帧，将时间设置为 3 秒，按住鼠标中键并拖动，在视图中将视图缩放，如图 7-58 所示。

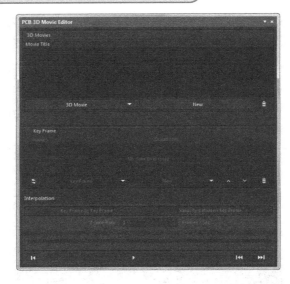

图 7-56　PCB 3D Movie Editor（电路板三维动画编辑器）面板

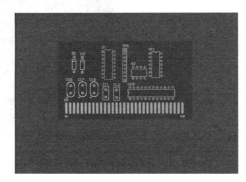

图 7-57　电路板默认位置　　　　　　　　　　图 7-58　缩放后的视图

（4）单击 New（新建）→Add（添加）按钮，继续添加关键帧，将时间设置为 3 秒，按住 Shift 键和鼠标右键，将视图旋转，如图 7-59 所示。

（5）单击工具栏上的▷键，动画设置如图 7-60 所示。

图 7-59　旋转后的视图　　　　　　　　　　图 7-60　动画设置面板

7.5.4 三维动画输出

选择菜单栏中的"文件"→"新的"→"Output Job 文件"命令，在 Project（工程）面板中的 Settings（设置）选项栏下显示输出文件，系统提供的默认名为 Job1.OutJob，保存为 ISA Bus and Address Decoding.OutJob，如图 7-61 所示。

选右侧工作区打开编辑区，如图 7-62 所示。

（1）Variant Choice（变量选择）选项组：设置输出文件中变量的保存模式。

（2）Outputs（输出）选项组：显示不同的输出文件类型。

① 在此介绍加载动画文件，在需要添加的文件类型 Documentation Outputs（文档输出）的 Add New Documentation Output（添加新文档输出）下方单击，弹出快捷菜单，如图 7-63 所示，选择 PCB 3D Video 命令，选择默认的 PCB 文件作为输出文件依据或者重新选择文件，加载的输出文件如图 7-64 所示。

图 7-61　新建输出文件

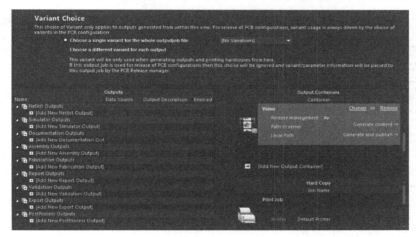

图 7-62　输出文件编辑区

图 7-63　快捷菜单

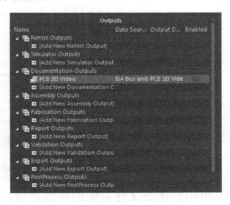

图 7-64　加载动画文件

② 在加载的输出文件上单击鼠标右键，弹出如图 7-65 所示的快捷菜单，选择"配置"命令，弹出如图 7-66 所示的 PCB 3D View 对话框，单击 OK（确定）按钮，关闭对话框，默认输出视频配置。

③ 单击 PCB 3D View 对话框中的 View Configuation（视图设置）按钮 ，弹出如图 7-67 所示的 View Configuation（视图设置）对话框，设置电路板的板层显示与物理材料。

图 7-65　快捷菜单

图 7-66　PCB 3D Video 对话框

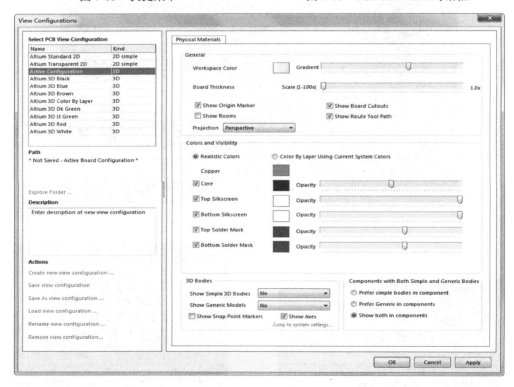

图 7-67　View Configuation（视图设置）对话框

④ 单击添加的文件右侧的单选按钮，建立加载文件与输出文件容器的联系，如图 7-68 所示。

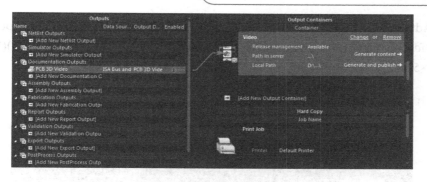

图 7-68　连接加载的文件

（3）Outputs Containers（输出容器）选项组：设置加载的输出文件的保存路径。

① 在 Add New Output Containers（添加新输出）选项下单击，弹出如图 7-69 所示的快捷菜单，选择添加的文件类型。

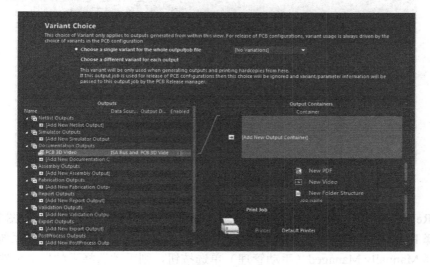

图 7-69　添加输出文件

② 在 Video 选项组中单击 Change（改变）命令，弹出如图 7-70 所示的 Video Setting（视频设置）对话框，显示预览文件的位置。

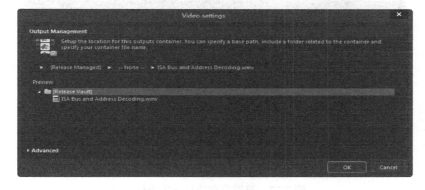

图 7-70　Video Setting（视频设置）对话框

单击 Advanced（高级）按钮，展开对话框，设置动画文件的参数，在 Type（类型）选项中选择 Video(FFmpeg)，在 Format（格式）下拉列表中选择 FLV(Flash Video)(*.flv)，大小设置为 704×576，如图 7-71 所示。

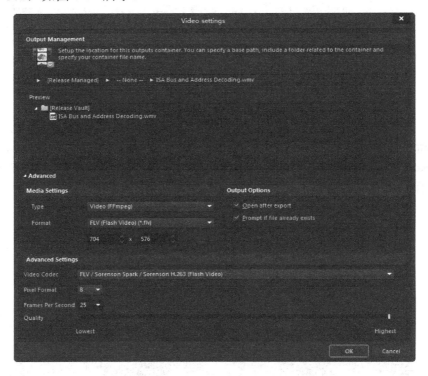

图 7-71　Advanced（高级）设置

③ 在 Release Managed（发布管理）选项组设置发布的视频生成位置，如图 7-72 所示。

● 选择 Release Managed（发布管理）单选按钮，则将发布的视频保存在系统默认路径。

● 选择 Manually Managed（手动管理）单选按钮，则手动选择视频保存位置。

● 勾选 Use relative path（使用相关路径）复选框，则默认发布的视频与 PCB 文件同路径。

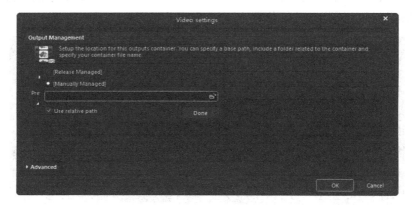

图 7-72　设置发布的视频生成位置

④ 单击 Generate Content（生成目录）按钮，在设置的路径下生成视频，利用播放器打开的视频如图 7-73 所示。

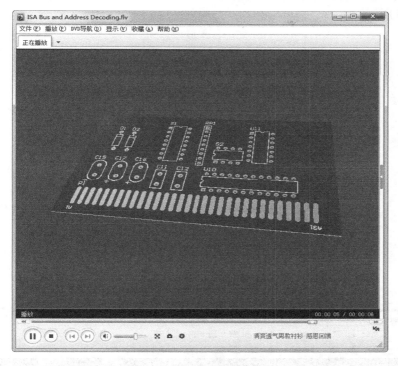

图 7-73 视频文件

7.5.5 三维 PDF 输出

选择菜单栏中的"文件"→"导出"→"PDF 3D"命令，弹出如图 7-74 所示的 Export File（输出文件）对话框，输出电路板的三维模型 PDF 文件，如图 7-74 所示。

图 7-74 Export File（输出文件）对话框

　　单击"保存"按钮，弹出 PDF 3D 对话框。在该对话框中还可以选择 PDF 文件显示的视图，进行页面设置，设置输出文件中的对象，如图 7-75 所示，单击 Export 按钮，输出 PDF 文件，如图 7-76 所示。

图 7-75　PDF 3D 对话框

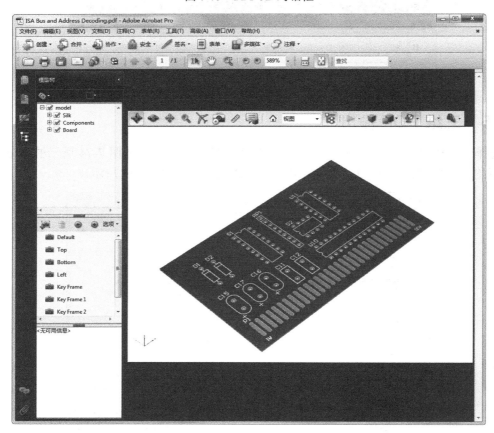

图 7-76　PDF 文件

7.6 PCB 的布线

在 PCB 完成布局后，用户就可以进行 PCB 布线。PCB 布线可以采取两种方式：自动布线和手工布线。

7.6.1 自动布线

Altium Designer 18 提供了强大的自动布线功能，它适合于元器件数目较多的情况。

在自动布线之前，用户首先要设置布线规则，使系统按照规则进行自动布线。对于布线规则的设置，在前面已经详细讲解过，在此不再重复介绍。

1. 自动布线策略设置

在进行自动布线操作之前，先要对自动布线策略进行设置。在 PCB 编辑环境中，选择菜单栏中的"布线"→"自动布线"→"设置"命令，系统弹出如图 7-77 所示的 Situs Routing Strategies（布线位置策略）对话框。

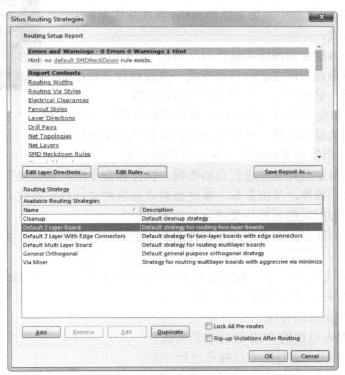

图 7-77　Situs Routing Strategies（布线位置策略）对话框

（1）Routing Setup Report（布线设置报告）区域

对布线规则设置进行汇总报告，并进行规则编辑。该区域列出了详细的布线规则，并以超链接的方式，将列表链接到相应的规则设置栏，可以进行修改。

① 单击 Edit Layer Directions ... 按钮，可以设置各个信号层的走线方向。

② 单击  Edit Rules ... 按钮，可以重新设置布线规则。

③ 单击 Save Report As ... 按钮，可以将规则报告导出保存。

（2）Routing Strategy（布线策略）区域

该区域中，系统提供了 6 种默认的布线策略：Cleanup（优化布线策略）、Default 2 Layer Board（双面板默认布线策略）、Default 2 Layer With Edge Connectors（带边界连接器的双面板默认布线策略）、Default Multi Layer Board（多层板默认布线策略）、General Orthogonal（普通直角布线策略）以及 Via Miser（过孔最少化布线策略）。单击 Add（添加）按钮，可以添加新的布线策略。一般情况下均采用系统默认值。

2．自动布线操作

在自动布线之前，先介绍一下"自动布线"子菜单。执行菜单命令"布线"→"自动布线"，系统弹出自动布线子菜单，如图 7-78 所示。

（1）全部：用于对整个 PCB 所有的网络进行自动布线。

（2）网络：对指定的网络进行自动布线。执行该命令后，鼠标将变成十字形，可以选中需要布线的网络，再次单击鼠标，系统会进行自动布线。

（3）网络类：为指定的网络类进行自动布线

（4）连接：对指定的焊盘进行自动布线。执行该命令后，鼠标将变成十字形，单击鼠标，系统即进行自动布线。

（5）区域：对指定的区域自动布线。执行该命令后，鼠标将变成十字形，拖动鼠标选择一个需要布线的焊盘的矩形区域。

图 7-78　自动布线子菜单

（6）Room：在指定的 Room 空间内进行自动布线。

（7）元件：对指定的元器件进行自动布线。执行该命令后，鼠标将变成十字形，移动鼠标选择需要布线的元器件，单击鼠标，系统会对该元器件进行自动布线。

（8）器件类：为指定的元器件类进行自动布线。

（9）选中对象的连接：为选取的元器件的所有连线进行自动布线。执行该命令前，先选择要布线的元器件。

（10）选择对象之间的连接：为选取的多个元器件之间进行自动布线。

（11）设置：打开自动布线设置对话框。

（12）停止：终止自动布线。

（13）复位：对布过线的 PCB 进行重新布线。

（14）Pause：对正在进行的布线操作进行中断。

在这里我们对已经手工布局好的看门狗电路板采用自动布线。

选择菜单栏中的"布线"→"自动布线"→"全部"命令，系统弹出 Situs Routing Strategies（布线位置策略）对话框，此对话框与前面讲的 Situs Routing Strategies（布线位置策略）对话框基本相同。在 Routing Strategies 区域，选择 Default 2 Layer Board（双面板默认布线策略），然后单击 Route All（布线所有）按钮，系统开始自动布线。

在自动布线过程中，会出现 Message（信息）对话框，显示当前布线信息，如图 7-79 所示。

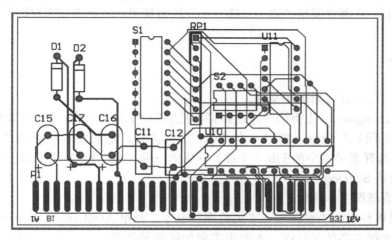

图 7-79　自动布线信息

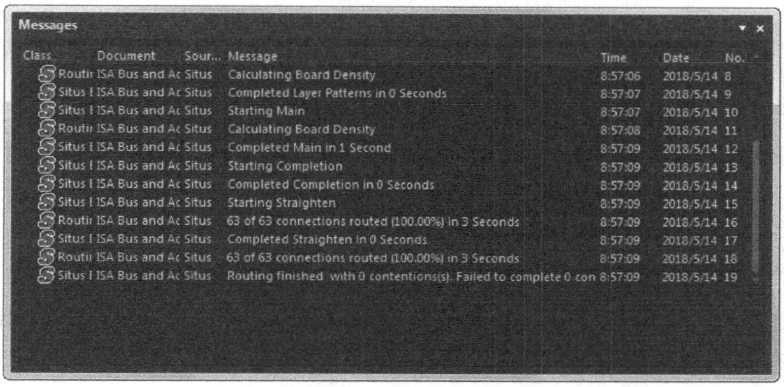

自动布线后的 PCB 如图 7-80 所示。

图 7-80　自动布线结果

除此之外，用户还可以根据前面介绍的命令，对电路板进行局部自动布线操作。

7.6.2　手工布线

在 PCB 上元器件数量不多，连接不复杂的情况下，或者在使用自动布线后需要对元器件布线进行修改时，都可以采用手工布线方式。

在手工布线之前，也要对布线规则进行设置，设置方法与自动布线前的设置方法相同。

在手工调整布线过程中，经常要删除一些不合理的导线，Altium Designer 18 系统提供了用命令方式删除导线的方法。

选择菜单栏中的"布线"→"取消布线"命令，系统弹出取消布线命令菜单，如图 7-81 所示。

图 7-81　取消布线
命令菜单

全部：用于取消所有的布线。

网络：用于取消指定网络的布线。

连接：用于取消指定的连接，一般用于两个焊盘之间。

器件：用于取消指定元器件之间的布线。

Room：用于取消指定 Room 空间内的布线。

将布线取消后，选择菜单栏中的"放置"→"走线"命令，或者单击"布线"工具栏中的 按钮，启动绘制导线命令，重新手工布线。

7.7 综合实例

本节将通过两个简单的实例来介绍 PCB 布局设计。经过本章的学习，相信用户对 PCB 的设计已经基本掌握，能够完成 PCB 设计。

7.7.1 停电报警器电路设计

本例中要设计的是一个无源型停电报警器电路。本报警器不需要备用电池，当 220V 交流电网停电时，它就会发出"嘟——嘟——"的报警声。本例将完成电路的原理图和 PCB 设计。

绘制步骤

（1）创建工程文件与原理图文件。

在 Altium Designer 18 主界面中，选择菜单栏中的"File（文件）"→"新的"→"项目"→"Project（工程）"命令，新建一个 PCB 工程文件，然后将其保存为"停电报警器电路.PrjPCB"。选择菜单栏中的 File（文件）→新的→原理图，新建一个原理图，将其保存为"停电报警器电路.SchDoc"。

（2）设置原理图工作环境。

① 选择菜单栏中的"设计"→"浏览库"命令，弹出 Availiable Libraries（可用库）对话框，在其中加载需要的元件库。本例中需要加载的元件库为安装路径 AD18\Library\Texas Instruments 中的 TI Logic Gate 1.IntLib、Miscellaneous Devices.IntLib 和 Miscellaneous Connectors.Ir 元件库，如图 7-82 所示。

图 7-82　加载需要的元件库

② 打开 Properties（属性）面板，在其中设置绘制原理图时的工作环境。

（3）绘制原理图。

选择 Libraries（库）面板，在其中浏览原理图需要的元件，然后将其放置在图纸上，如图 7-83 所示。

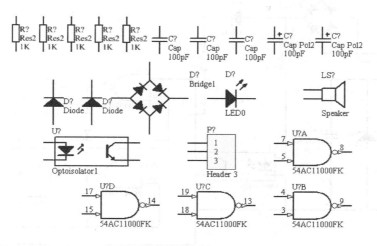

图 7-83　原理图需要的所有元件

按照电路中元件的大概位置摆放元件。用拖动的方法来改变元件的位置，如果需要改变元件的方向，则可以按空格键，布局结果如图 7-84 所示。

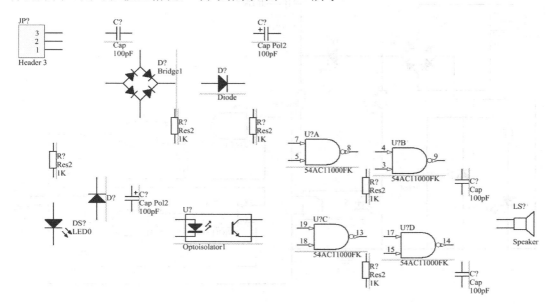

图 7-84　元件布局结果

选择菜单栏中的"放置"→"线"命令，或单击布线工具栏中的▓（放置线）按钮，完成整个原理图布线后的效果如图 7-85 所示。

单击布线工具栏中的▓（GND 端口）按钮，移动光标到需要的位置处单击，放置接地符号，如图 7-86 所示。

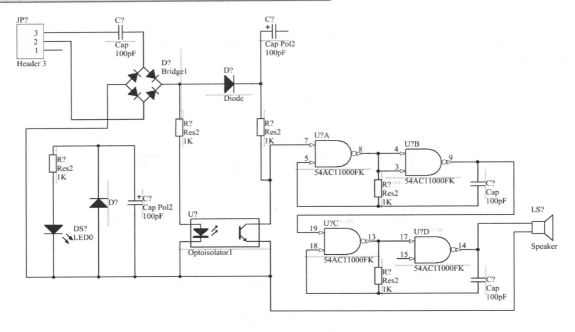

图 7-85　原理图布线后的效果

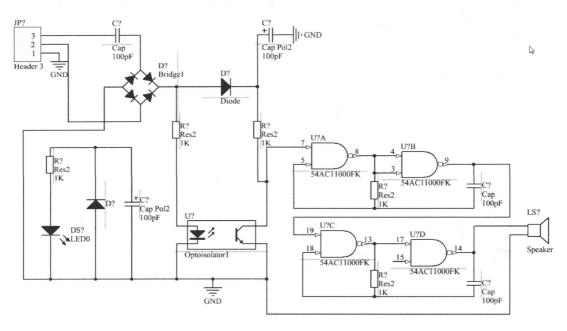

图 7-86　放置接地符号

　　双击元件，编辑所有元件的编号、参数值等属性，完成这一步操作的原理图，如图 7-87 所示。

　　单击布线工具栏中的 Net （放置网络标签）按钮，移动光标到目标位置，单击即可将网络标签放置到图纸上。

　　保存所做的工作，整个停电报警器的原理图便绘制完成，如图 7-88 所示。

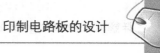
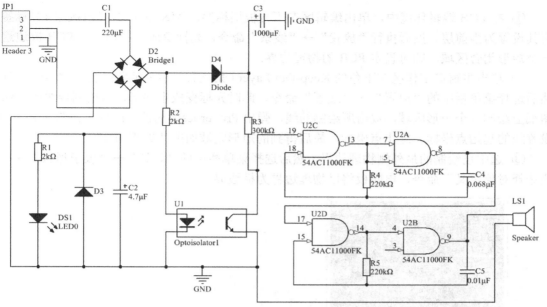

图 7-87　设置元件属性后的原理图

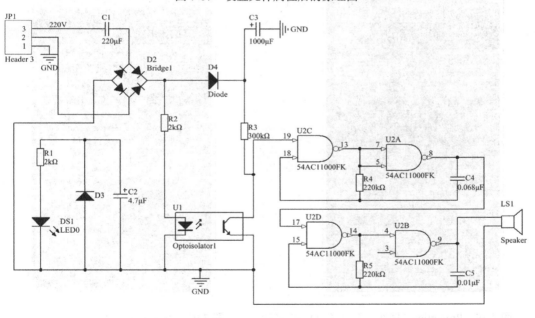

图 7-88　原理图绘制完成

（4）创建 PCB 文件。

选择菜单栏中的"文件"→"新的"→"PCB"命令，新建一个 PCB 文件，然后将其保存为"停电报警器电路.PcbDoc"。

打开 Properties（属性）面板，设置 PCB 设计的工作环境，包括尺寸、各种栅格等，如图 7-89 所示。

（5）绘制 PCB 的物理边界和电气边界。

① 在 PCB 编辑环境中，单击编辑区左下方板层标签的 Mechanical1（机械层 1）标签，将其设置为当前层。然后执行"放置"→"线条"命令，光标变成十字形，沿 PCB 板边绘制一个矩形闭合区域，即可设定 PCB 的物理边界。

② 单击主窗口工作区左下角的 Keep-Out Layer（禁止布线层）标签，切换到禁止布线层。然后选择菜单栏中的"放置"→"线条"命令，此时光标变成十字形，用绘制导线的方法在图纸上绘制一个矩形区域，双击所绘制的线，弹出 Properties（属性）面板，如图 7-90 所示。设置线的起始点坐标、终止点坐标，最后得到的矩形区域如图 7-91 所示。

③ 选中已绘制的最外侧物理边界，然后选择菜单栏中的"设计"→"板子形状"→"按照选择对象定义"命令，电路板将以物理边界为板边界。

图 7-89　Properties（属性）面板（一）

图 7-90　Properties（属性）面板（二）

（6）封装导入与布局。

选择菜单栏中的"设计"→"Import Changes From 停电报警器.PrjPCB（从停电报警器.PrjPCB 输入变化）"命令，弹出 Engineering Change Order（工程更新操作顺序）对话框，如图 7-92 所示。在对话框中单击 Validate Changes（确认更改）按钮对所有的元件封装进行检查，在检查全部通过后，单击 Execute Changes（执行更改）按钮将所有的元件封装加载到 PCB 文件中去，如图 7-93 所示。最后，单击 Close（关闭）按钮退出对话框。

图 7-91　规定好的禁止布线区域

选择菜单栏中的"视图"→"连接"→"隐藏全部"命令，隐藏电路板中的所有飞线，方便显示。

在 PCB 图纸中可以看到，加载到 PCB 文件中的元件封装如图 7-94 所示。

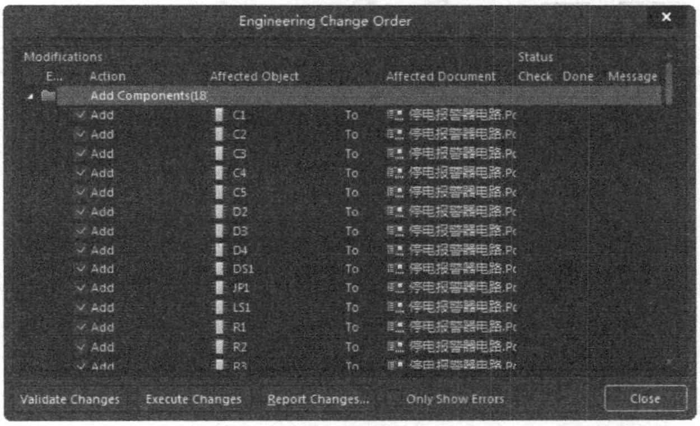

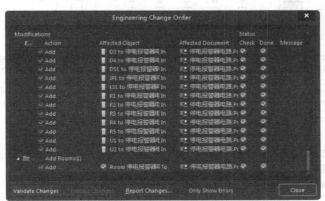

图 7-92　Engineering Change Order（工程更新操作顺序）对话框（一）

图 7-93　Engineering Change Order（工程更新操作顺序）对话框（二）

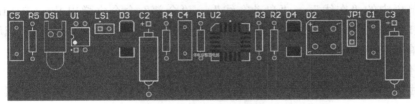

图 7-94　加载到 PCB 文件中的元件封装

对元件先进行手动布局，和原理图中元件的布局一样，用拖动的方法来移动元件的位置。为了使多个电阻摆放整齐，可以将 5 个电阻的封装全部选中，然后单击"应用工具"工具栏中的"排列工具"按钮 下拉菜单中的"以顶对齐器件"按钮 和"使器件水平间距相等"按钮 ，将 5 个电阻元件上对齐，水平间距相等。PCB 布局完成后的效果如图 7-95 所示。

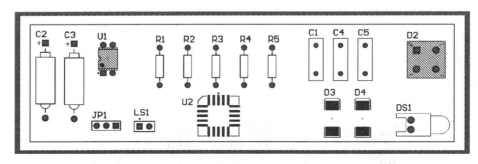

图 7-95　PCB 布局完成后的效果

（7）PCB 布线。

单击主窗口工作区左下角的 Top Layer（顶层）标签，切换到顶层，然后单击"布线"工具栏中的交互式布线连接按钮 ，光标变成十字形，移动光标到 C1 的焊盘 2 上，单击确定导线的起点，拖曳鼠标绘制出一条直线，一直到导线另一端元件 JP1 的焊盘 3 处，先单击确定导线的转折点，再单击确定导线的终点，如图 7-96 所示。

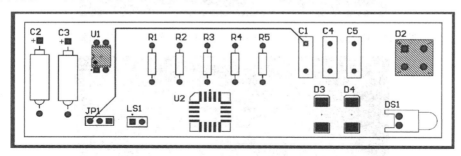

图 7-96　在顶层绘制一条导线

双击绘制的导线，弹出 Track（轨迹）属性编辑面板，将导线的线宽设置为 30mil。另外，单击"锁定"按钮 ，还要确定导线所在的板层为 Top Layer（顶层），如图 7-97 所示。

（8）用同样的操作，手动绘制电源线和地线，并将已经绘制的导线全部锁定。

（9）对其余的导线进行自动布线。

选择菜单栏中的"布线"→"自动布线"→"全部"命令，弹出 Situs Routing Strategies（布线位置策略）对话框，在该对话框中选择 Default 2 Layer Board（双面板默认布线）布线规则，然后单击 Route All（所有线路）按钮进行自动布线，如图 7-98 所示。

（10）布线时，在 Messages（信息）工作面板中会给出布线信息。

完成布线后的 PCB 如图 7-99 所示，Messages（信息）面板中的布线信息如图 7-100 所示。

图 7-97　Track（轨迹）属性编辑面板　　　　图 7-98　Situs Routing Strategies（布线位置策略）对话框

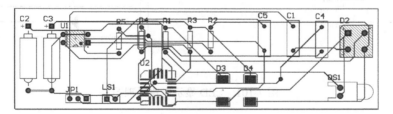

图 7-99　完成布线后的 PCB

图 7-100　Messages（信息）面板

选择菜单栏中的"工程"→Compile PCB Project（编译 PCB 工程）命令，对整个设计工程进行编译。

7.7.2 LED 显示电路的布局设计

完成如图 7-101 所示 LED 显示电路的原理图设计及网络表生成，然后完成电路板外形尺寸设定，实现元件的自动布局及手动调整。

 **绘制步骤**

1. 新建项目并创建原理图文件

（1）启动 Altium Designer 18，选择菜单栏中的 File（文件）→新的→项目→Project（工程）命令，弹出 New Project（新建工程）对话框，在该对话框中显示工程文件类型，默认选择 PCB Project 选项及 Default（默认）选项，在 Name（名称）文本框中输入文件名称"LED 显示电路"，创建一个 PCB 项目文件。

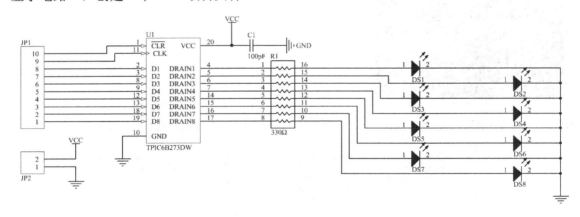

图 7-101　LED 显示电路原理图

（2）选择菜单栏中的 File（文件）→"保存工程为"命令，将项目另存为"LED 显示电路.PrjPcb"。

（3）在 Projects（工程）面板的项目文件上右击，在弹出的右键快捷菜单中单击"添加新的到工程"面板→Schematic（原理图）命令，新建一个原理图文件，并自动切换到原理图编辑环境。

（4）用保存项目文件的方法，将该原理图文件另存为"LED 显示原理图.SchDoc"。

（5）设计完成如图 7-101 所示的原理图。

（6）在原理图编辑环境下，选择菜单栏中的"设计"→"工程的网络表"→Protel（产生 Protel 格式的网络表）命令，生成一个对应于 LED 显示电路原理图的网络表，如图 7-102 所示。

（7）在 Projects（工程）面板的项目文件上右击，在弹出的右键快捷菜单中单击"添加新的到工程"面板→PCB（新建 PCB 文件）命令，新建一个 PCB 电路板文件，并自动切换到 PCB 编辑环境，保存 PCB 文件为"LED 显示电路.PcbDoc"。

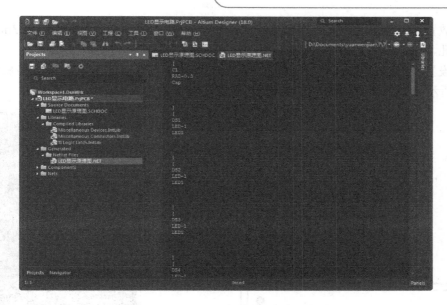

图 7-102　LED 显示电路原理图的网络表

2．规划电路板

（1）在 PCB 编辑器中，选择菜单栏中的"设计"→"层叠管理器"命令，系统将弹出"层叠管理器"对话框。在该对话框中单击 Preset（最佳设置）按钮，在弹出的菜单中单击 Two Layer（两层）命令，如图 7-103 所示，即可将电路板类型设置为双面板。

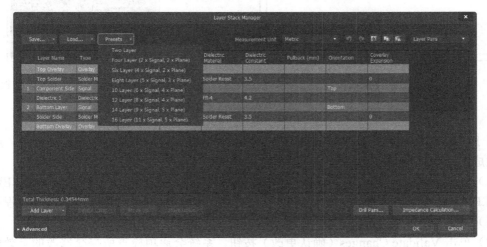

图 7-103　Layer Stack Manager（层堆栈管理器）对话框

（2）在机械层绘制一个 2000mil×1500mil 大小的矩形框作为电路板的物理边界，然后切换到禁止布线层。在物理边界绘制一个 1900mil×1400mil 大小的矩形框作为电路板的电气边界，两边界之间的间距为 50mil。

（3）重新定义电路板的外形。选择菜单栏中的"设计"→"板子形状"→"重新定义板形"命令，然后沿着步骤（2）中定义的物理边界绘制出电路板的边界，即可将电路板的外形定义为物理边界的大小。

（4）放置电路板的安装孔。在电路板四角的适当位置放置 4 个内外径均为 3mm 的焊盘充当安装孔，电路板外形如图 7-104 所示。

（5）设置图纸区域的栅格参数。打开 Properties（属性）面板，在该电路板中，按如图 7-105 所示的参数设置电路板工作窗口中的栅格参数。

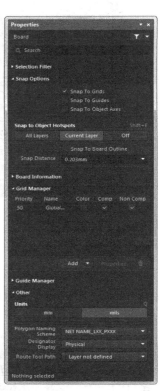

图 7-104 电路板外形　　　　　　　　　图 7-105 Properties（属性）面板

3. 加载网络表与元件

由于 Altium Designer 18 实现了真正的双向同步设计，在 PCB 电路设计过程中，用户可以不生成网络表，而直接将原理图内容传输到 PCB。

（1）在原理图编辑环境下，选择菜单栏中的"设计"→Update PCB Document LED 显示原理图.PcbDoc（更新 PCB 文件）命令，系统将弹出 Engineering Change Order（工程更新操作顺序）对话框。

（2）单击 Validate Changes（确认更改）按钮，系统会逐项检查所提交修改的有效性，并在 Status（状态）栏的 Check（检查）选项中显示装入的元件是否正确，正确的标识为 ✔，错误的标识为 ✘。如果出现错误，一般是找不到元件对应的封装。这时应该打开相应的原理图，检查元件封装名是否正确或添加相应的元件封装库，进行相应处理。

（3）如元件封装和网络都正确，单击 Execute Changes（执行更改）按钮，Engineering Change Order（工程更新操作顺序）对话框刷新为如图 7-106 所示。工作区已经自动切换到 PCB 编辑状态，单击 Close（关闭）按钮，关闭该对话框。电路板加载了网络表与元件封装，如图 7-107 所示。

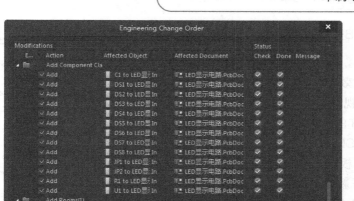

图 7-106　执行更新命令后的 Engineering Change Order（工程更新操作顺序）对话框

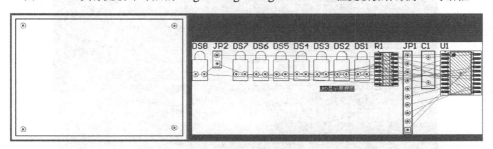

图 7-107　载入网络表与元件封装

4．元件布局

加载网络表及元件封装之后，必须将这些元件按一定规律与次序排列在电路板中，此时可利用元件布局功能。

（1）二极管的预布局。将 8 个二极管移至电路板边缘，如图 7-108 所示。

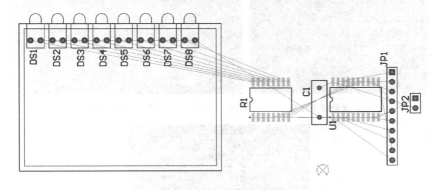

图 7-108　二极管布局

（2）调整元件布局。通过移动元件、旋转元件、排列元件、调整元件标注和剪切复制元件等命令，将滤波电容尽量移至元件 U1 附近，然后将插接件 JP1 和 JP2 移至电路板边缘。

调整后的电路板为方便显示，取消连线网络，选择菜单栏中的"视图"→"连接"→"全部隐藏"命令，取消连线网络显示，手动调整元件布局后的 PCB 布局如图 7-109 所示。

5．查看PCB效果图

布局完毕后，通过系统生成的 3D 效果图可以直观地查看视觉效果。

（1）执行"视图"→"切换到三维模式"命令，系统生成该 PCB 的 3D 效果图，如图 7-110 所示。

（2）打开 PCB 3D Movie Editor（电路板三维动画编辑器）面板，在 3D Movie（三维动画）按钮下选择 New（新建）命令，创建 PCB 文件的三维模型动画 PCB 3D Video，创建关键帧，电路板如图 7-111 所示。

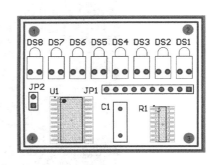

图 7-109　手动调整元件布局后的 PCB 布局

图 7-110　PCB 板 3D 效果图

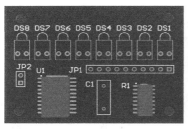

（a）关键帧 1 位置

（b）关键帧 2 位置

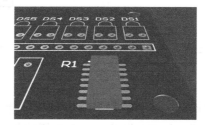

（c）关键帧 3 位置

图 7-111　电路板位置

（3）动画面板设置如图 7-112 所示，单击工具栏上的 ▷ 键，演示动画。

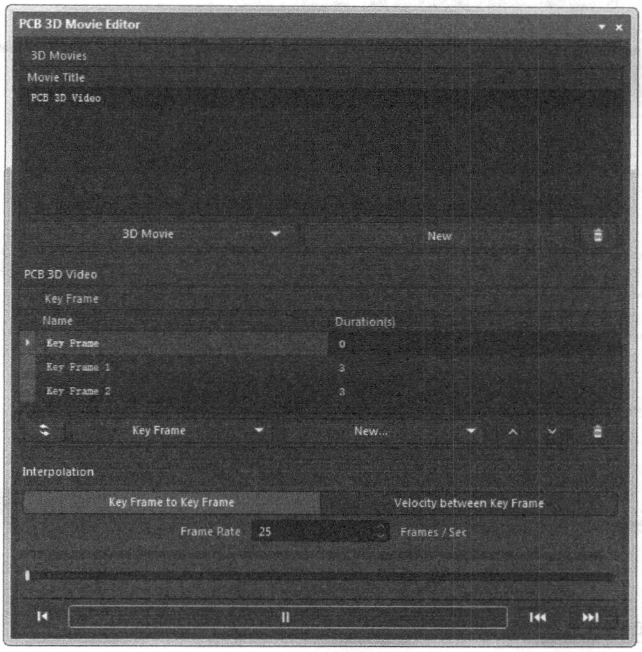

图 7-112　动画设置面板

6．导出PDF图

选择菜单栏中的"文件"→"导出"→PDF 3D 命令，弹出如图 7-113 所示的 Export File（输出文件）对话框，输出电路板的三维模型 PDF 文件，单击"保存"按钮，弹出 PDF 3D 对话框。

在该对话框中还可以选择 PDF 文件中显示的视图，进行页面设置，设置输出文件中的对象如图 7-114 所示，单击 Export 按钮，输出 PDF 文件，如图 7-115 所示。

图 7-113　Export File（输出文件）对话框

图 7-114　PDF 3D 对话框

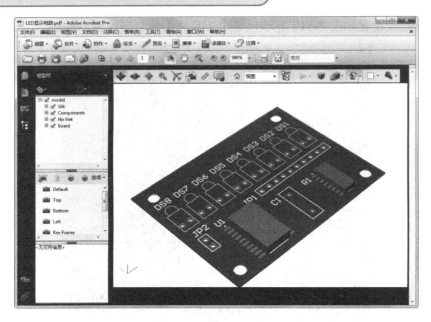

图 7-115　PDF 文件

7. 导出DWG图

选择菜单栏中的"文件"→"导出"→DXF/DWG 命令，弹出如图 7-116 所示的 Export File（输出文件）对话框，输出电路板的三维模型 DXF 文件，单击"保存"按钮，弹出 Export to AutoCAD 对话框。

在该对话框中还可以选择 DXF 文件导出的 AutoCAD 版本、格式、单位、孔、元件、线的输出格式，如图 7-117 所示。

图 7-116　Export File（输出文件）对话框

图 7-117　Export to AutoCAD 对话框

单击 OK（确定)按钮，关闭该对话框，输出"*.DWG"格式的 AutoCAD 文件。

弹出 Information（信息）对话框。单击 Done（完成）按钮，关闭对话框，显示完成输出，在 AutoCAD 中打开导出文件"LED 显示电路.DWG"，如图 7-118 所示。

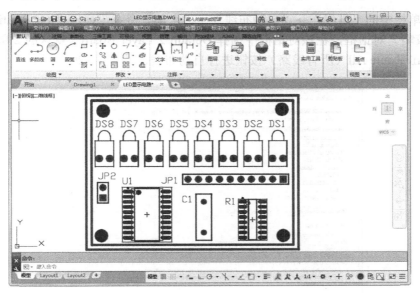

图 7-118　DWG 文件

8．导出视频文件

（1）选择菜单栏中的"文件"→"新的"→"Output Job 文件"命令，在 Project（工程）面板中 Settings（设置）选项栏下保存输出文件"LED 显示电路.OutJob"。

（2）在 Documentation Outputs（文档输出）下加载视频文件，并创建位置连接，单击 Video 选项下的 Generate Content（生成目录）按钮，在文件设置的路径下生成视频文件，利用播放器打开的视频，如图 7-119 所示。

图 7-119 视频文件

9. 自动布线

选择菜单栏中的"布线"→"自动布线"→"全部"命令，弹出"itus Routing Strategies（布线位置策略）对话框，在该对话框中选择 Default 2 Layer Board（默认的 2 层板）布线规则，然后单击 Route All（所有线路）按钮进行自动布线，如图 7-120 所示。

图 7-120 Situs Routing Strategies（布线位置策略）对话框

布线时，在 Messages（信息）工作面板中显示布线信息，如图 7-121 所示。完成布线后的 PCB 如图 7-122 所示。

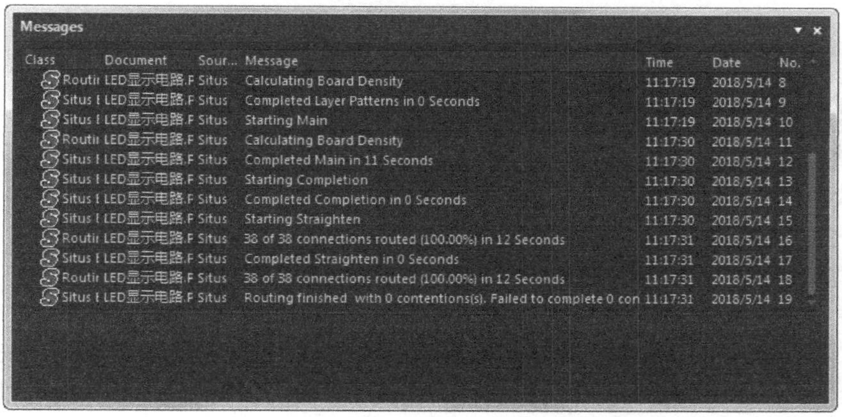

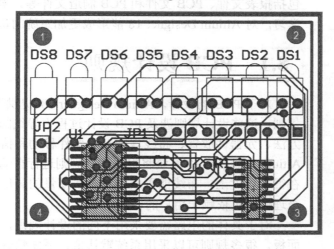

图 7-121　Messages（信息）面板

图 7-122　完成布线后的 PCB

Chapter

电路板高级编辑

8

在 PCB 设计的最后阶段，要通过设计规则检查来进一步确认 PCB 设计的正确性。完成了 PCB 工程的设计后，就可以进行各种文件的整理和汇总。本章将介绍不同类型文件的生成和输出操作方法，包括报表文件、PCB 文件和 PCB 制造文件等。读者通过本章内容的学习，对 Altium Designer 18 能形成更加系统的认识。

8.1　PCB 设计规则

对于 PCB 的设计，Altium Designer 18 提供了 10 种不同的设计规则，这些设计规则涉及 PCB 设计过程中导线的放置、导线的布线方法、元器件放置、布线规则、元器件移动和信号完整性等方面。Altium Designer 18 系统将根据这些规则进行自动布局和自动布线。在很大程度上，布线能否成功和布线质量的高低取决于设计规则的合理性，也依赖于用户的设计经验。

对于具体的电路需要采用不同的设计规则，若用户设计的是双面板，很多规则可以采用系统默认值，系统默认值就是对双面板进行设置的。

8.1.1　设计规则概述

在 PCB 编辑环境中，选择菜单栏中的"设计"→"规则"命令，系统弹出 PCB 设计规则和约束编辑器对话框，如图 8-1 所示。

该对话框左侧显示的是设计规则的类型，共有 10 项设计规则，包括 Electrical（电气设计规则）、Routing（布线设计规则）、SMT（表面贴片元器件设计规则）、Mask（阻焊层设计规则）、Plane（内电层设计规则）、Testpoint（测试点设计规则）、Manufacturing（加工设计规则）、High Speed（高速电路设计规则）、Placement（布局设计规则）及 Signal Integrity（信号完整性分析规则）等，右边则显示对应设计规则的设置属性。

在左侧列表栏内,单击鼠标右键,系统弹出一个右键菜单,如图 8-2 所示。

该菜单中,各项命令的意义如下。

(1) New Rules(新规则):用于建立新的设计规则。

(2) Duplicate Rule(重复的规则):用于建立重复的设计规则。

(3) Delete Rule(删除规则):用于删除所选的设计规则。

(4) Report(报告):用于生成 PCB 规则报表,将当前规则以报表文件的方式给出。

(5) Export Rules(导出报告):用于将当前规则导出,将以".rul"为后缀名导出。

(6) Import Rules(导入报告):用于导入设计规则。

此外,在 PCB 设计规则和约束编辑器对话框的左下角还有两个按钮。

Rule Wizard...:用于启动规则向导,为 PCB 设计添加新的设计规则。

Priorities...:用于设置设计规则的优先级别,单击该按钮,弹出编辑规则优先级对话框,如图 8-3 所示。

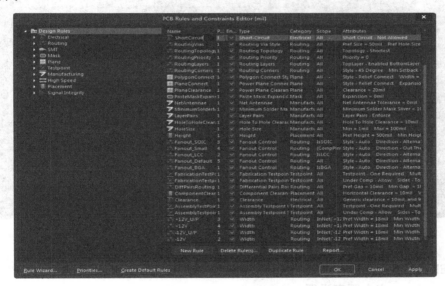

图 8-1 PCB 设计规则和约束编辑器对话框

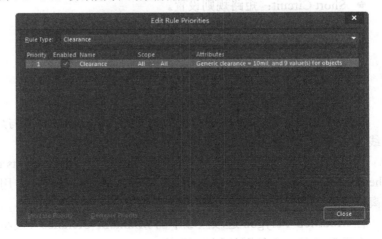

图 8-2 右键菜单　　　　　　　　　　图 8-3 编辑规则优先级对话框

在该对话框中列出了同一类型的所有规则，规则越靠上，说明优先级别越高。选中需要修改优先级别的规则后，在对话框的左下角单击 Increase Priority（增加优先级）按钮，可以提高该项的优先级；单击 Decrease Priority（减少优先级）按钮，可以降低该项的优先级。

8.1.2 电气设计规则

在 PCB 设计规则和约束编辑器对话框的左侧列表框中单击 Electrical，打开电气设计规则列表，如图 8-4 所示。

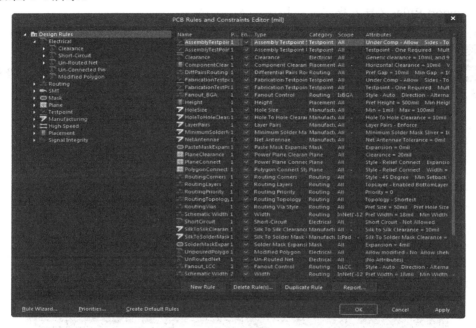

图 8-4　电气设计规则

单击 Electrical 前面的+号将其展开后，可以看到它包括以下 5 个方面。

- Clearance：安全距离设置。
- Short Circuit：短路规则设置。
- Un-Routed Net：未布网络规则设置。
- Un-Connected Pin：未连接管脚规则设置。
- Modified Polygon：修改平面区域规则设置。

1．Clearance安全距离设置

安全距离设置是 PCB 板在布置铜膜导线时，元器件焊盘与焊盘之间、焊盘与导线之间、导线与导线之间的最小距离，如图 8-5 所示。

在该对话框中有两个匹配对象区域：Where the First objects matches（优先应用对象）和 Where the Second objects matches（其次应用对象）选项区域，用户可以设置不同网络间安全距离。

在 Modified Polygon 选项区域中的 Minmum Clerance（最小间隔）文本框中可以输入设置安全距离的值，系统默认值为 10mil。

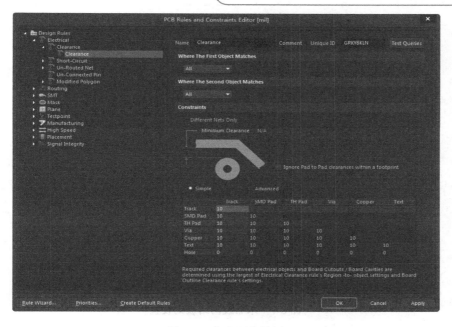

图 8-5　安全距离设置

2. Short Circuit短路规则设置

短路规则设置就是是否允许电路中有导线交叉短路，如图 8-6 所示。系统默认不允许短路，即取消 All Short Circuit（允许短电流）复选项的选定。

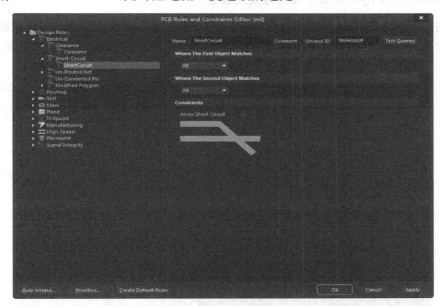

图 8-6　短路规则设置

3. Un-Routed Net未布线网络规则设置

该规则用于检查网络布线是否成功，如果不成功，仍将保持用飞线连接，如图 8-7 所示。

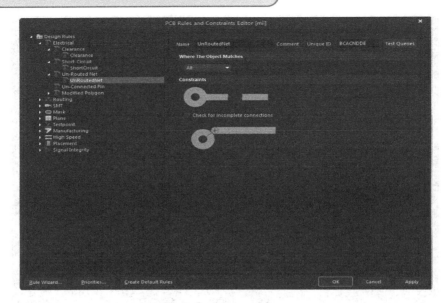

图 8-7　未布线网络规则设置

4．Un-connected Pin未连接管脚规则设置

该规则用于对指定的网络检查是否所有元器件的管脚都连接到网络，对于未连接的管脚，给予提示，显示为高亮状态。系统默认下无此规则，一般不设置。

5．Modified Polygon修改平面区域规则设置

该规则用于对电路板进行铺通操作时平面区域是否可以修改或变形。根据电路板具体情况选择是否勾选 Allow shelved（允许变形）、Allow modidied（允许修改）复选框，如图 8-8 所示。

图 8-8　修改平面区域规则设置

8.1.3　布线设计规则

在 PCB 设计规则和约束编辑器对话框的左侧列表框中单击 Routing（线路），打开布线设计规则列表，如图 8-9 所示。

单击 Rounting 前面的+号将其展开后，可以看到它包括以下几个方面。

● Width：导线宽度规则设置。

● Routing Topology：布线拓扑规则设置。

● Routing Rriority：布线优先级别规则设置。

● Routing Layers：板层布线规则设置。

● Routin Conners：拐角布线规则设置。

● Routing Via Style：过孔布线规则设置。

● Fanout Control：扇出式布线规则设置。

● Diferential Pairs Routing：差分对布线规则设置。

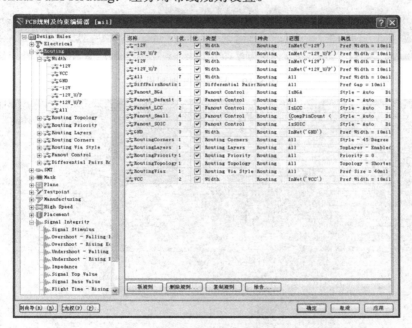

图 8-9　布线设计规则

1．Width导线宽度规则设置

导线的宽度有三个值可以设置，分别是 Max width（最大宽度）、Preferred Size（优选尺寸）、Min width（最小宽度）三处，其中 Preferred Size 是系统在放置导线时默认采用的宽度值，如图 8-10 所示。系统对导线宽度的默认值为 10mil，单击每个项可以直接输入数值进行修改。

2．Routing Topology布线拓扑规则设置

拓扑规则定义是采用的布线的拓扑逻辑约束。Altium Designer 18 中常用的布线约束为统计最短逻辑规则，用户可以根据具体设计选择不同的布线拓扑规则，如图 8-11 所示。

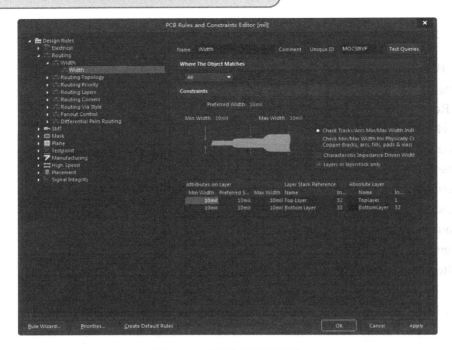

图 8-10　导线宽度规则设置

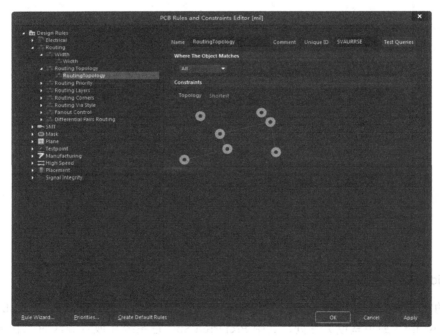

图 8-11　布线拓扑规则设置

单击 Constraints（约束）栏中 Topology（拓扑）后面的下三角按钮，可以看到 Altium Designer 18 提供了以下几种布线拓扑规则。

（1）Shortest 最短规则设置

最短规则设置如图 8-12 所示，该选项表示在布线时连接所有节点连线的总长度最短。

（2）**Horizontal** 水平规则设置

水平规则设置如图 8-13 所示，它表示连接节点的水平连线总长度最短，即尽可能选择水平走线。

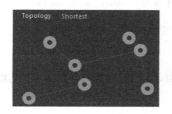
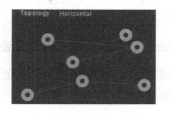

图 8-12　最短拓扑逻辑　　　　　　　　　　　图 8-13　水平拓扑规则

（3）**Vertical** 垂直规则设置

垂直规则设置如图 8-14 所示，它表示连接所有节点的垂直方向连线总长度最短，即尽可能选择垂直走线。

（4）**Daisy Simple** 简单链状规则设置

简单链状规则设置如图 8-15 所示，它表示使用链式连通法则，从一点到另一点连通所有的节点，并使连线总长度最短。

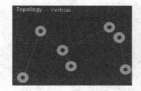
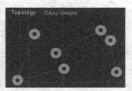

图 8-14　垂直拓扑规则　　　　　　　　　　　图 8-15　简单链状规则

（5）**Daisy-MidDriven** 链状中点规则设置

链状中点规则设置如图 8-16 所示，该规则选择一个中间点为 Source 源点，以它为中心向左右连通所有的节点，并使连线最短。

（6）**Daisy Balanced** 链状平衡规则设置

链状平衡规则设置如图 8-17 所示，它也是先选择一个源点，将所有的中间节点数目平均分组，所有的组都连接在源点上，并使连线最短。

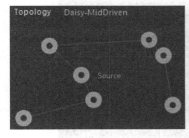

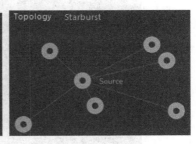

图 8-16　链状中点规则　　　图 8-17　链状平衡规则　　　图 8-18　星形规则

（7）**Star Burst** 星形规则设置

星形规则设置如图 8-18 所示，该规则也是选择一个源点，以星形方式去连接别的节点，并使连线最短。

3．Routing Rriority布线优先级别规则设置

该规则用于设置布线的优先级别。单击 Constraints（约束）栏中 Routing Rriority（布线优先级别）后面的按钮，可以进行设置，设置的范围为 0～100，数值越大，优先级越高，如图 8-19 所示。

4．Routing Layers板层布线规则设置

该规则用于设置自动布线过程中允许布线的层面，如图 8-20 所示。 这里设计的是双面板，允许两面都布线。

图 8-19　布线优先级规则设置

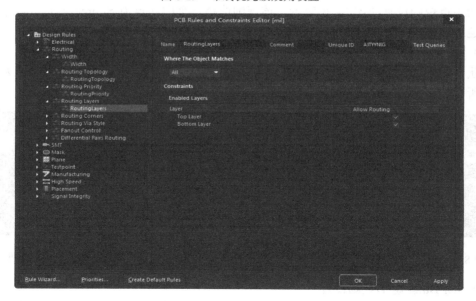

图 8-20　板层布线规则设置

5．Routing Corners拐角布线规则设置

该规则用于设置 PCB 走线采用的拐角方式，如图 8-21 所示。

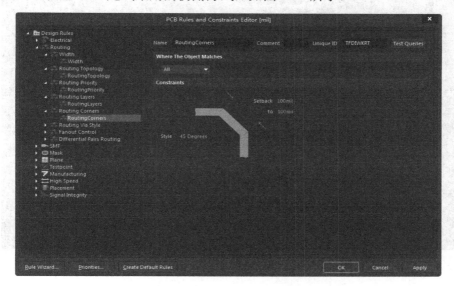

图 8-21　拐角布线规则设置

单击 Constraints（约束）栏中 Style 后面的下三角按钮，可以选择拐角方式。布线的拐角有 45°拐角、90°拐角和圆形拐角三种，如图 8-22 所示。Setback 文本框用于设定拐角的长度，to 文本框用于设置拐角的大小。

图 8-22　拐角设置

6．Routing Via Style过孔布线规则设置

该规则设置用于设置布线中过孔的尺寸，如图 8-23 所示。

在该对话框中可以设置 Via Diameter（过孔直径）和 Via Hole Size（过孔孔径大小），包括 Maximum（最大）、Minimum（最小）和 Preferred（首选）。设置时需注意过孔直径和通孔直径的差值不宜太小，否则将不利于制板加工，合适的差值应该在 10mil 以上。

7．Fanout Control扇出式布线规则设置

扇出式布线规则设置用于设置表面贴片元器件的布线方式，如图 8-24 所示。

该规则中，系统针对不同的贴片元器件提供了 5 种扇出规则：Fanout-BGA、Fanout-LCC、Fanout-SOIC、Fanout-Small（管脚数小于 5 的贴片元器）、Fanout-Default。每种规则中的设置方法相同，在 Constraints 栏中提供了扇出风格、扇出方向、从焊盘扇出的方向，以及过孔放置模式等选择项，用户可以根据具体电路中贴片元器件的特点进行设置。

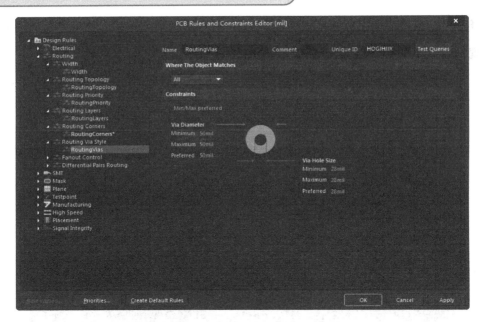

图 8-23　过孔布线规则设置

图 8-24　扇出式布线规则设置

8．Diferential Pairs Routing差分对布线规则设置

该规则设置用于设置差分信号的布线，如图 8-25 所示。

在该对话框中可以设置差分布线时的 Min Gap（最小间隙）、Max Gap（最大间隙）、Preferred Gap（最优间距）及 Max Uncoupled Length（最大分离长度）等参数。一般情况下，差分信号走线要尽量短且平行，长度尽量一致，且间隙尽量小一些，根据这些原则，用户可以设置对话框中的参数值。

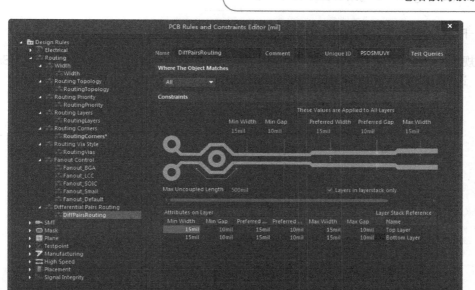

图 8-25　差分对布线规则设置

8.1.4　阻焊层设计规则

Mask 阻焊层设计规则用于设置焊盘到阻焊层的距离，有如下几种规则。

1．Solder Mask Expansion　阻焊层延伸量设置

该规则用于设计从焊盘到阻碍焊层之间的延伸距离。在制作电路板时，阻焊层要预留一部分空间给焊盘。这个延伸量就是防止阻焊层和焊盘相重叠，如图 8-26 所示。用户可以在 Expansion top（扩充）后面设置延伸量的大小，系统默认值为 4mil。

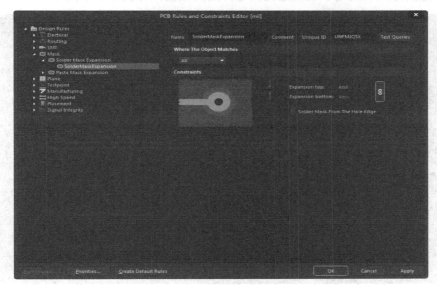

图 8-26　阻焊层延伸量设置

2．Paste Mask Expansion表面贴片元器件延伸量设置

该规则设置表面贴片元器件的焊盘和焊锡层孔之间的距离，如图 8-27 所示。Expansion（扩充）设置项可以设置延伸量的大小。

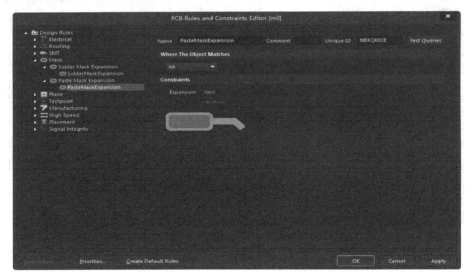

图 8-27　表面贴片元器件延伸量设置

8.1.5　内电层设计规则

Plane 内电层设计规则用于多层板设计中，有如下几种设置规则。

1．Power Plane Connect Style电源层连接方式设置

电源层连接方式规则用于设置过孔到电源层的连接，如图 8-28 所示。

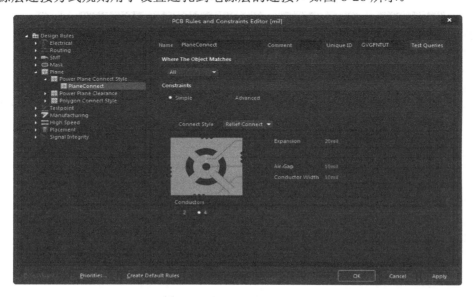

图 8-28　电源层连接方式设置

在 Constraints（约束）栏中有以下 5 项设置项。

（1）Connect Style（连接类型）：用于设置电源层和过孔的连接方式。在下拉列表中有 3 个选项可供选择：Relief Connect（发散状连接）、Direct connect（直接连接）和 No Connect（不连接）。PCB 板中多采用发散状连接方式。

（2）Conductors（导体）：用于设置导通的导线宽度。

（3）Conductor Width（导体宽度）：用于设置散热焊盘组成导体的宽度，默认值为 10mil。

（4）Air-Gap（空气隙）：用于设置空隙的间隔宽度。

（5）Expansion（扩张）：用于设置从过孔到空隙的间隔之间的距离。

2．Power Plane Clearance电源层安全距离设置

该规则用于设置电源层与穿过它的过孔之间的安全距离，即防止导线短路的最小距离，如图 8-29 所示，系统默认值为 20mil。

图 8-29　电源层安全距离设置

3．Polygon Connect style敷铜连接方式设置

该规则用于设置多边形敷铜与焊盘之间的连接方式，如图 8-30 所示。

该对话框中 Connect Style（连接类型）、Conductors（导体）和 Conductor Width（导体宽度）的设置与 Power Plane Connect Style（电源层连接方式）选项设置意义相同。 此外，可以设置敷铜与焊盘之间的连接角度，有 90°和 45°两种可选。

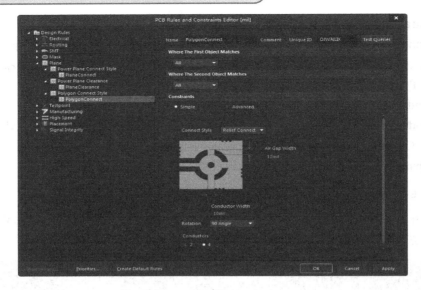

图 8-30　敷铜连接方式设置

8.1.6　测试点设计规则

Testpiont 测试点设计规则用于设置测试点的形状、用法等，有如下几项设置。

1. FabricationTestpoint　装配测试点

用于设置测试点的形式，如图 8-31 所示为该规则的设置界面，在该界面中可以设置测试点的形式和各种参数。为了方便电路板的调试，在 PCB 板上引入了测试点。测试点连接在某个网络上，形式和过孔类似，在调试过程中可以通过测试点引出电路板上的信号，可以设置测试点的尺寸以及是否允许在元件底部生成测试点等。

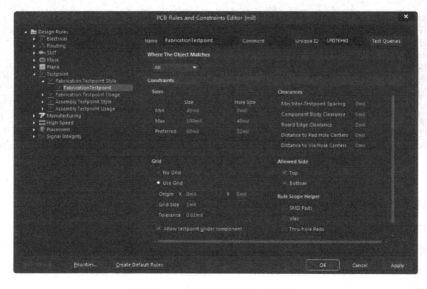

图 8-31　装配测试点风格设置

该对话框的 Constraints（约束）栏中有如下选项。

（1）Sizes（尺寸）：用于设置测试点的大小。可以设置 Maximum（最大）、Minimum（最小）和 Preferred（首选）。

（2）Clearances（间距）：用于设置测试点与元件体、板边沿、过焊盘、孔等的间距。

（3）Grid（栅格）：用于设置测试点的网格大小、位置间距等。栅格大小系统默认为 1mil。

（4）Rule Scope Helper（规则范围助手）：选择焊盘与过孔范围参数。

（5）Allow Side（允许的面）：选择可以将测试点放置在哪些层面上。可选项 Top（顶层）、Bottum（底层）。

（6）Allow testpoint under component（允许元件下测试点）该复选框用于设置测试点的尺寸以及是否允许在元件底部生成测试点。

2．FabricationTestPointUsage 装配测试点使用规则

用于设置测试点的使用参数，如图 8-32 所示为该规则的设置界面，在界面中可以设置是否允许使用测试点和同一网络上是否允许使用多个测试点。

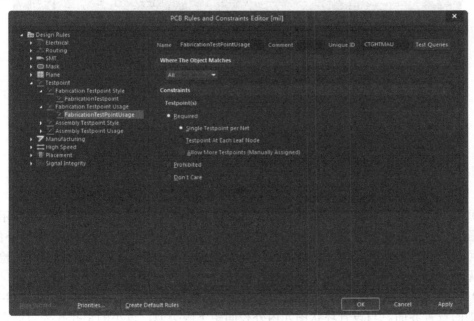

图 8-32　装配测试点使用规则

（1）Required（必需的）单选钮：每一个目标网络都使用一个测试点。该项为默认设置。

（2）Prohibited（阻止）单选钮：所有网络都禁止使用测试点。

（3）Don't Care（不用在意）单选钮：每一个网络可以使用测试点，也可以不使用测试点。

（4）Allow more Testpoints（Manually Assigned）（手动分配网络时允许有多个测试点）复选框：勾选该复选框后，系统将允许在一个网络上使用多个测试点。默认设置为取消对该复选框的勾选。

8.1.7　生产制造规则

Manufacturing 根据 PCB 制作工艺来设置有关参数，主要用于在线 DRC 和批处理 DRC 执行过程中，其中包括 9 种设计规则。

（1）Minimum Annular Ring（最小环孔限制规则）：用于设置环状图元内外径间距下限，如图 8-33 所示为该规则的设置界面。在 PCB 设计时引入的环状图元（如过孔）中，如果内径和外径之间的差很小，在工艺上可能无法制作出来，此时的设计实际上是无效的。通过该项设置可以检查出所有工艺无法达到的环状物，默认值为 10mil。

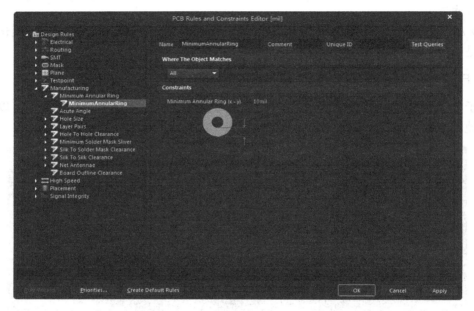

图 8-33　Minimum Annular Ring（最小环孔限制规则）设置界面

（2）Acute Angle（锐角限制规则）：用于设置锐角走线角度限制，如图 8-34 所示为该规则的设置界面。在 PCB 设计时，如果没有规定走线角度最小值，则可能出现拐角很小的走线，工艺上可能无法做到这样的拐角，此时的设计实际上是无效的。通过该项设置可以检查出所有工艺无法达到的锐角走线，默认值为 90°。

（3）Hole Size（钻孔尺寸设计规则）：用于设置钻孔孔径的上限和下限，如图 8-35 所示为该规则的设置界面。与设置环状图元内外径间距下限类似，过小的钻孔孔径可能在工艺上无法制作，从而导致设计无效。通过设置通孔孔径的范围，可以防止 PCB 设计出现类似错误。

① Measurement Method（度量方法）选项：度量孔径尺寸的方法有 Absolute（绝对值）和 Percent（百分数）两种。默认设置为 Absolute（绝对值）。

② Minimum（最小值）选项：设置孔径的最小值。Absolute（绝对值）方式的默认值为 1mil，Percent（百分数）方式的默认值为 20%。

③ Maximum（最大值）选项：设置孔径的最大值。Absolute（绝对值）方式的默认值为 100mil，Percent（百分数）方式的默认值为 80%。

（4）Layer Pairs（工作层对设计规则）：用于检查使用的 Layer-pairs（工作层对）是否与当前的 Drill-pairs（钻孔对）匹配。使用的 Layer-pairs（工作层对）是由板上的过孔和焊盘决定的，Layer-pairs（工作层对）是指一个网络的起始层和终止层。该项规则除了应用于在线 DRC 和批处理 DRC 外，还可以应用在交互式布线过程中。设置界面中的 Enforce layer pairs settings（强制执行工作层对规则检查设置）复选框用于确定是否强制执行此项规则的检查。勾选该复选框时，将始终执行该项规则的检查。

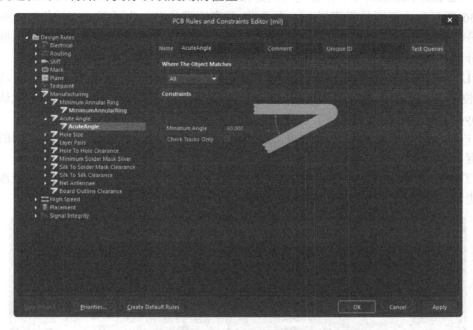

图 8-34　Acute Angle（锐角限制规则）设置界面

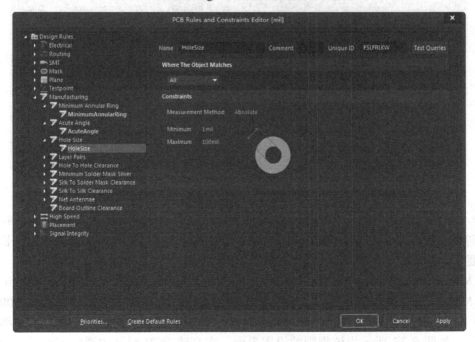

图 8-35　Hole Size（钻孔尺寸设计规则）设置界面

8.1.8　高速信号相关规则

High Speed 用于设置高速信号线布线规则，其中包括以下 7 种设计规则。

（1）Parallel Segment（平行导线段间距限制规则）：用于设置平行走线间距限制规则，如图 8-36 所示为该规则的设置界面。在 PCB 的高速设计中，为了保证信号传输正确，需要采用差分线对来传输信号，与单根线传输信号相比可以得到更好的效果。在该对话框中可以设置差分线对的各项参数，包括差分线对的层、间距和长度等。

① Layer Checking（层检查）选项：用于设置两段平行导线所在的工作层面属性，有 Same Layer（位于同一个工作层）和 Adjacent Layers（位于相邻的工作层）两种选择，默认设置为 Same Layer（位于同一个工作层）。

② For a parallel gap of（平行线间的间隙）选项：用于设置两段平行导线之间的距离，默认设置为 10mil。

③ The parallel limit is（平行线的限制）选项：用于设置平行导线的最大允许长度（在使用平行走线间距规则时），默认设置为 10000mil。

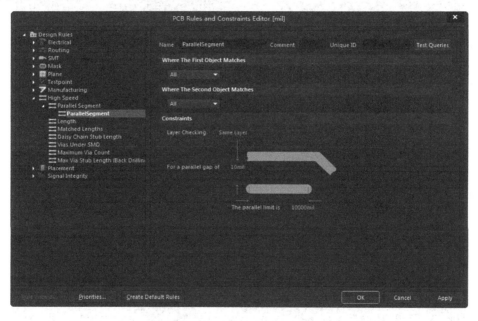

图 8-36　Parallel Segment（平行导线段间距限制规则）设置界面

（2）Length（网络长度限制规则）：用于设置传输高速信号导线的长度，如图 8-37 所示为该规则的设置界面。在高速 PCB 设计中，为了保证阻抗匹配和信号质量，对走线长度也有一定的要求。在该对话框中可以设置走线的下限和上限。

① Minimum（最小值）选项：用于设置网络最小允许长度值，默认设置为 0mil。

② Maximum（最大值）选项：用于设置网络最大允许长度值，默认设置为 100000mil。

（3）Matched Net Lengths（匹配网络传输导线的长度规则）：用于设置匹配网络传输导线的长度，如图 8-38 所示为该规则的设置界面。在高速 PCB 设计中通常需要对部分网络的导线进行匹配布线，在该界面中可以设置匹配走线的各项参数。

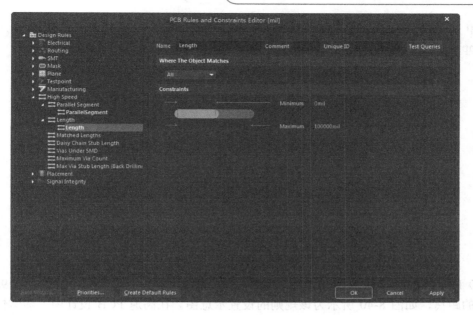

图 8-37 Length（网络长度限制规则）设置界面

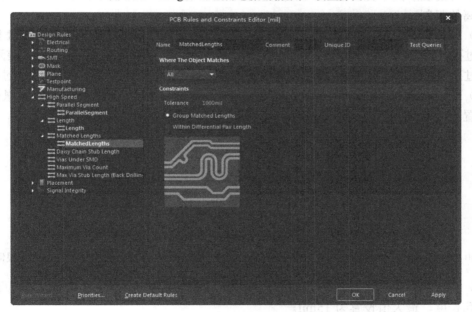

图 8-38 Matched Net Lengths（匹配网络传输导线的长度规则）设置界面

在高频电路设计中要考虑到传输线的长度问题，传输线太短将产生串扰等传输线效应。该项规则定义了一个传输线长度值，将设计中的走线与此长度进行比较，当出现小于此长度的走线时，选择菜单栏中的"工具"→"网络等长"命令，系统将自动延长走线的长度以满足此处的设置需求，默认设置为 1000mil。

Style（类型）选项：可选择的类型有 90 Degrees（90°，为默认设置）、45 Degrees（45°）和 Rounded（圆形）3 种。其中，90 Degrees（90°）类型可添加的走线容量最大，45 Degrees（45°）类型可添加的走线容量最小。

Gap（间隙）选项：如图 8-39 所示，默认值为 20mil。

Amplitude（振幅）选项：用于定义添加走线的摆动幅度值，默认值为 200mil。

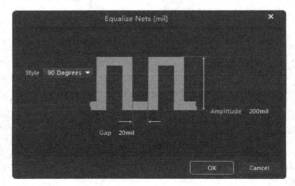

图 8-39　Gap（间隙）选项

（4）Daisy Chain Stub Length（菊花状布线主干导线长度限制规则）：用于设置 90°拐角和焊盘的距离，如图 8-40 所示为该规则的设置示意图。在高速 PCB 设计中，通常情况下为了减少信号的反射是不允许出现 90°拐角的，在必须有 90°拐角的场合中将引入焊盘和拐角之间距离的限制。

（5）Vias Under SMD（SMD 焊盘下过孔限制规则）：用于设置表面安装元件焊盘下是否允许出现过孔，如图 8-41 所示为该规则的设置示意图。在 PCB 中需要尽量减少表面安装元件焊盘中引入过孔，但是在特殊情况下（如中间电源层通过过孔向电源管脚供电）可以引入过孔。

（6）Maximum Via Count（最大过孔数量限制规则）：用于设置布线时过孔数量的上限，默认设置为 1000。

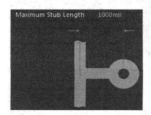

图 8-40　设置菊花状布线主干导线长度限制规则　　　　图 8-41　设置 SMD 焊盘下过孔限制规则

（7）Max Via Stub Length(Back Drilling)（最大过孔长度）：用于设置布线时背面钻孔的最大过孔长度，最大值设置为 15mil。

8.1.9　元件放置规则

Placement 用于设置元件布局的规则。在布线时可以引入元件的布局规则，这些规则一般只在对元件布局有严格要求的场合中使用。

前面章节已经有详细介绍，这里不再赘述。

8.1.10　信号完整性规则

Signal Integrity 用于设置信号完整性所涉及的各项要求，如对信号上升沿、下降沿等的要求。这里的设置会影响到电路的信号完整性仿真，下面对其进行简单介绍。

（1）Signal Stimulus（激励信号规则）：如图 8-42 所示为该规则的设置示意图。激励信号的类型有 Constant Level（直流）、Single Pulse（单脉冲信号）、Periodic Pulse（周期性脉冲信号）3 种。还可以设置激励信号初始电平（低电平或高电平）、开始时间、终止时间和周期等。

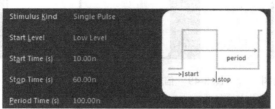

图 8-42   激励信号规则

（2）Overshoot-Falling Edge（信号下降沿的过冲约束规则）：如图 8-43 所示为该项设置示意图。

（3）Overshoot- Rising Edge（信号上升沿的过冲约束规则）：如图 8-44 所示为该项设置示意图。

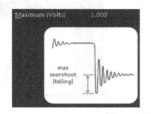

图 8-43   信号下降沿的过冲约束规则   图 8-44   信号上升沿的过冲约束规则

（4）Undershoot-Falling Edge（信号下降沿的反冲约束规则）：如图 8-45 所示为该项设置示意图。

（5）Undershoot-Rising Edge（信号上升沿的反冲约束规则）：如图 8-46 所示为该项设置示意图。

（6）Impedance（阻抗约束规则）：如图 8-47 所示为该规则的设置示意图。

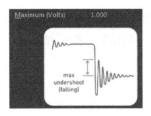
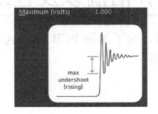

图 8-45   信号下降沿的反冲约束规则   图 8-46   信号上升沿的反冲约束规则   图 8-47   阻抗约束规则

（7）Signal Top Value（信号高电平约束规则）：用于设置高电平的最小值，如图 8-48 所示为该项设置示意图。

（8）Signal Base Value（信号基准约束规则）：用于设置低电平的最大值，如图 8-49 所示为该项设置示意图。

（9）Flight Time-Rising Edge（上升沿的上升时间约束规则）：如图 8-50 所示为该规则设置示意图。

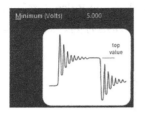 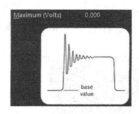 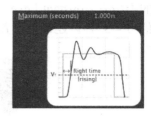

图 8-48　信号高电平约束规则　　图 8-49　信号基准约束规则　　图 8-50　上升沿的上升时间约束规则

（10）Flight Time-Falling Edge（下降沿的下降时间约束规则）：如图 8-51 所示为该规则的设置示意图。

（11）Slope-Rising Edge（上升沿斜率约束规则）：如图 8-52 所示为该规则的设置示意图。

（12）Slope-Falling Edge（下降沿斜率约束规则）：如图 8-53 所示为该规则的设置示意图。

（13）Supply Nets：用于提供网络约束规则。

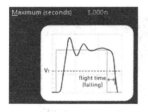 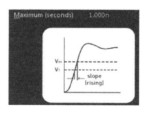 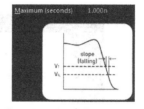

图 8-51　下降沿的下降时间约束规则图　图 8-52　上升沿斜率约束规则　图 8-53　下降沿斜率约束规则

从以上对 PCB 布线规则的说明可知，Altium Designer 18 对 PCB 布线作了全面规定。这些规定只有一部分运用在元件的自动布线中，而所有规则将运用在 PCB 的 DRC 检测中。在对 PCB 手动布线时可能会违反设定的 DRC 规则，在对 PCB 板进行 DRC 检测时将检测出所有违反这些规则的地方。

8.2　建立铺铜、补泪滴以及包地

完成了 PCB 板的布线以后，为了加强 PCB 板的抗干扰能力，还需要一些后续工作，比如建立铺铜、补泪滴以及包地等。

8.2.1　建立铺铜

1．启动建立铺铜命令

（1）选择菜单栏中的"放置"→"铺铜"命令。

（2）单击"布线"工具栏中的■（放置多边形平面）按钮。

（3）使用快捷键 P+G。

2．建立铺铜

启动命令后，系统弹出铺铜属性设置面板，如图 8-54 所示。

该面板中，各项参数的意义如下。

（1）Net（网络 ）选项组

在下拉列表中选择铺铜所要连接到的网络。

● No Net（不连接网络）：不连接到任何网络。

（2）Properties（属性）选项组

● Layer（层）下拉列表框：用于设定铺铜所属的工作层。

（3）Fill Mode（填充模式）区域

该区域有用于选择铺铜的填充模式，有 3 个选项：Solid（Copper Regions）实心填充，即铺铜区域内为全部铜填充；Hatched（Tracks/Arcs）影线化填充，即向铺铜区域填充网格状的铺铜；None（Outlines Only）无填充，即只保留铺铜边界，内部无填充。

① Solid（Copper Regions）：该模式需要设置的参数如图 8-54 所示。需要设置的参数有 Remove Islands Less Than in Area 删除岛的面积限制值、Arc Approximation 围绕焊盘的圆弧近似值和 Remove Necks When Copper Width Less Than 删除凹槽的宽度限制值。

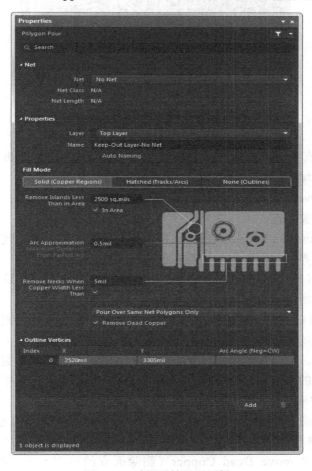

图 8-54　铺铜属性设置面板

② Hatched（Tracks/Arcs）：该模式需要设置的参数如图 8-55 所示。

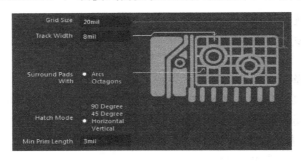

图 8-55　Hatched（Tracks/Arcs）模式参数设置

需要设置的参数有 Track Width 网格线的宽度、Grid Size 网格大小、Sorround Pads With 围绕焊盘的形状以及 Hatch Mode 网格的类型等。

③ None（Outlines Only）：该模式需要设置的参数如图 8-56 所示。

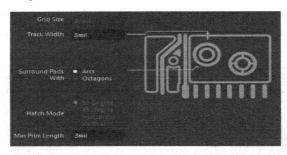

图 8-56　None（Outlines Only）模式参数设置

需要设置的参数有 Track Width 铺铜边界线宽度和 Sorround Pads With 围绕焊盘的形状等。

（4）网络选项区域

① Don't Pour Over Same Net Objects（铺铜不与同网络的图元）：用于设置铺铜的内部填充不与同网络的对象相连。

② Pour Over Same Net Polygons Only（铺铜只与同网络的边界相连）：用于设置铺铜的内部填充只与铺铜边界线及同网络的焊盘相连。

③ Pour Over All Same Net Objects（铺铜与同网络的任何图元相连）：用于设置铺铜的内部填充与同网络的所有对象相连。

④ Remove Dead Copper（删除孤立的覆铜）：若选中该复选框，则可以删除没有连接到指定网络对象上的封闭区域内的铺铜。

设置好参数以后，单击 Enter 键，光标变成十字形，即可放置铺铜的边界线。其放置方法与放置多边形填充的方法相同。在放置铺铜边界时，可以通过按空格键切换拐角模式，有 4 种：直角模式、45°或 90°角模式、90°角模式和任意角模式。

这里我们对完成布线的电路建立铺铜，在铺铜属性设置面板中，选择 Hatched（Tracks/Arcs）（网格状）选项、45°填充模式、连接到网络 GND、Layer（层面）设置为 Top Layer，且勾选 Remove Dead Copper（删除孤立的覆铜）复选框，其设置如图 8-57 所示。

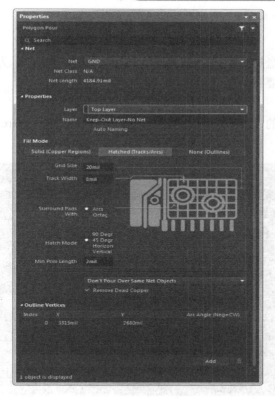

图 8-57　设置参数

设置完成后，单击 Enter 键，光标变成十字形。用光标沿 PCB 板的电气边界线，绘制出一个封闭的矩形，系统将在矩形框中自动建立顶层的铺铜。采用同样的方式，为 PCB 板的 Bottom Layer（底层）层建立铺铜。铺铜后的 PCB 板如图 8-58 所示。

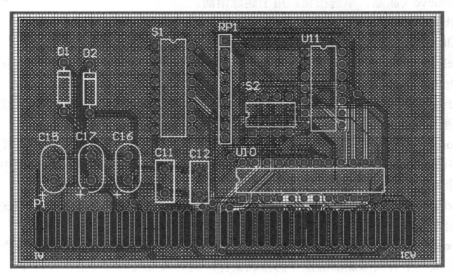

图 8-58　铺铜后的 PCB 板

8.2.2　补泪滴

泪滴就是导线和焊盘连接处的过渡段。在 PCB 板制作过程中，为了加固导线和焊盘之间连接的牢固性，通常需要补泪滴，以加大连接面积。

其具体步骤如下。

（1）选择菜单栏中的"工具"→"滴泪"命令，系统弹出 Teardrop（补泪滴选项）对话框，如图 8-59 所示。

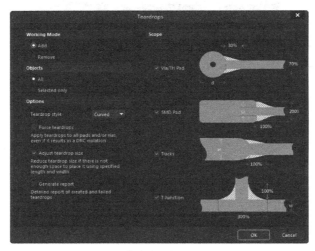

图 8-59　Teardrop（补泪滴选项）对话框

① Working Mode（工作模式）选项组

● Add（添加）单选按钮：用于添加泪滴。

● Remove（删除）单选按钮：用于删除泪滴。

② Objects（对象）选项组

● All（全部）单选按钮：选中该复选框，将对所有的对象添加泪滴。

● Selected only（仅选择对象）单选按钮：选中该复选框，将对选中的对象添加泪滴。

③ Options（选项）选项组

Teardrop style（泪滴类型）：在该下拉列表中选择 Curved（弧形）、Line（线），表示用不同的形式添加滴泪。

● Force teardrops（强迫泪滴）复选框：选中该复选框，将强制对所有焊盘或过孔添加泪滴，这样可能导致在 DRC 检测时出现错误信息。取消对此复选框的选中，则对安全间距太小的焊盘不添加泪滴。

● Adjust teardrop size（调整滴泪大小）复选框：选中该复选框，进行添加泪滴的操作时自动调整滴泪的大小。

● Generate report（创建报告）复选框：选中该复选框，进行添加泪滴的操作后将自动生成一个有关添加泪滴操作的报表文件，同时该报表也将在工作窗口显示出来。

（2）设置完毕后单击 OK（确定）按钮，完成对象的泪滴添加操作。

补泪滴前后焊盘与导线连接的变化如图 8-60 所示。

图 8-60　补泪滴前后

8.3　距离测量

在 PCB 设计过程中，经常需要进行距离的测量，如两点间的距离、两个元素之间的距离等。Altium Designer 18 系统专门提供了一些测量命令，用于测量距离。

8.3.1　两元素间距离测量

两个元素之间，例如两个焊盘之间的距离，测量方法如下。

（1）选择菜单栏中的"报告"→"测量"命令，光标变成十字形，分别单击需要测量距离的两个焊盘，系统弹出一个距离信息对话框，如图 8-61 所示。

图 8-61　距离信息对话框

在该对话框中，显示了两个焊盘之间的距离。

（2）单击 OK（确定）按钮后，系统仍处于测量状态，可继续进行测量，也可单击右键退出。

8.3.2　两点间距的测量

测量方法如下。

（1）选择菜单栏中的"报告"→"测量距离"命令，光标变成十字形。移动鼠标，单击需要测量的两点，系统弹出距离信息对话框，如图 8-62 所示。

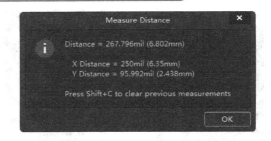

图 8-62　距离信息对话框

在该对话框框中，显示了两点间的距离。

（2）单击 OK（确定）按钮后，系统仍处于测量状态，可继续进行测量，也可单击右键退出。

8.3.3　导线长度测量

测量导线长度的方法如下。

首先选取需要测量长度的导线，然后选择菜单栏中的"报告"→"测量选中对象"命令，系统弹出长度信息对话框，如图 8-63 所示。在该对话框中，显示了所选导线的长度。

图 8-63　长度信息对话框

8.4　PCB 的输出

8.4.1　设计规则检查（DRC）

电路板设计完成之后，为了保证设计工作的正确性，还需要进行设计规则检查，比如元器件的布局、布线等是否符合所定义的设计规则。Altium Designer 18 提供了设计规则检查功能 DRC（Design Rule Check），可以对 PCB 的完整性进行检查。

选择菜单栏中的"工具"→"设计规则检查"命令，弹出"Design Rule Check（设计规则检查器）"对话框，如图 8-64 所示。

该对话框中左侧列表栏是设计项，右侧列表为具体的设计内容。

1．Report Options（报告选项）标签页

用于设置生成的 DRC 报表的具体内容，由 Create Report File（建立报表文件）、Create Violations（建立违规的项）、Sub-Net Details（子网络的细节）、Internal Plane Warmngs（内部平面警告）以及 Verify Shorting Copper（检验短路铜）等选项来决定。选项 Stop when violations found 用于限定违反规则的最高选项数，以便停止报表的生成。一般都保持系统的默认选择状态。

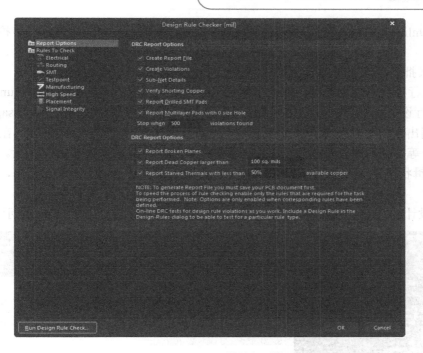

图 8-64　Design Rule Checker（设计规则检查器）对话框

2．Rules To Check（规则检查）标签页

该页中列出了所有可进行检查的设计规则，这些设计规则都是在 PCB 设计规则和约束对话框里定义过的设计规则，如图 8-65 所示。

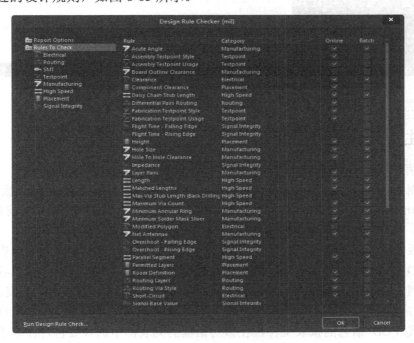

图 8-65　选择设计规则选项

其中 Online（在线）选项表示该规则是否在 PCB 板设计的同时进行同步检查，即在线 DRC 检查。

Batch（批处理）选择项表示在运行 DRC 检查时要进行检查的项目。

对要进行检查的规则设置完成之后，在"设计规则检查"对话框中单击 Run Design Rule Check（运行设计规则检查）按钮，系统进行规则检查。此时系统将弹出 Messages（信息）对话框，列出了所有违反规则的信息项。包括所违反的设计规则的种类、所在文件、错误信息、序号等。同时在 PCB 电路图中以绿色标志标出不符合设计规则的位置。用户可以回到 PCB 编辑状态下相应位置对错误的设计进行修改后，重新运行 DRC 检查，直到没有错误为止。

DRC 设计规则检查完成后，系统将生成设计规则检查报告，如图 8-66 所示。

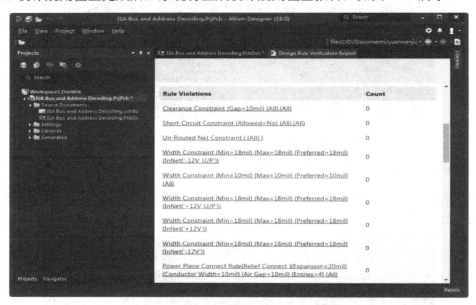

图 8-66　设计规则检查报告

8.4.2　生成电路板信息报表

PCB 板信息报表对 PCB 板的信息进行汇总报告，其生成方法如下。

单击右侧 Properties（属性）按钮，打开 Properties（属性）面板的 Board（板）属性编辑，在 Board Information（板信息）选项组中显示 PCB 文件中元件和网络的完整细节信息，如图 8-67 所示。

在该面板中汇总了 PCB 上的各类图元，如导线、过孔、焊盘等的数量，报告了电路板的尺寸信息和 DRC 违例数量；报告了 PCB 上元件的统计信息，包括元件总数、各层放置数目和元件标号列表；列出了电路板的网络统计，包括导入网络总数和网络名称列表。单击 Report（报告）按钮，系统将弹出如图 8-68 所示的 Board Report（电路板报表）对话框，通过该对话框可以生成 PCB 信息的报表文件，在该对话框的列表框中选择要包含在报表文件中的内容。勾选 Selected objects only（只选择对象）复选框时，报告中只列出当前电路板中已经处于选择状态下的图元信息。

在 Board Report（电路板报表）对话框中单击 Report（报表）按钮，系统将生成 Board Information Report 的报表文件，并自动在工作区内打开，PCB 信息报表如图 8-69 所示。

图 8-67　PCB 信息面板

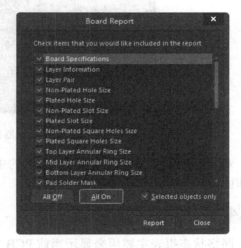

图 8-68　Board Report 对话

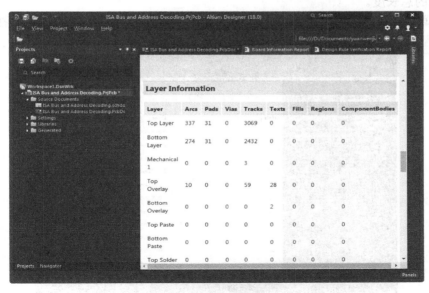

图 8-69　PCB 板信息报表

8.4.3　元器件清单报表

选择菜单栏中的"报告"→Bills of Materials（材料报表）命令，系统弹出元器件清单报表设置对话框，如图 8-70 所示。

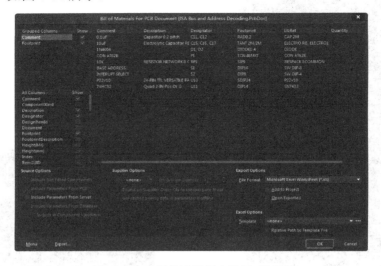

图 8-70　元器件清单报表设置对话框

对于此对话框的设置，与第 5 章中的生成电路原理图的元器件清单报表基本相同，请参考前面所讲，在此不再介绍。

8.4.4　网络状态报表

网络状态报表主要用来显示当前 PCB 文件中的所有网络信息，包括网络所在的层面以及网络中导线的总长度。

选择菜单栏中的"报告"→"网络表状态"命令，系统生成网络状态报表，如图 8-71 所示。

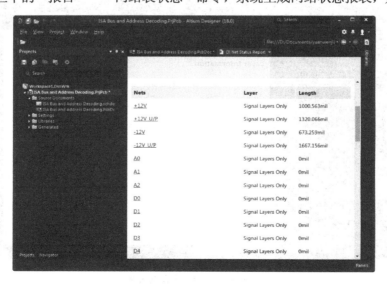

图 8-71　网络状态报表

8.4.5 PCB 图及报表的打印输出

PCB 板设计完成以后，可以打印输出 PCB 图及相关报表文件，以便存档和加工制作等。

1. 打印PCB图文件

在打印之前，首先要进行页面设置。选择菜单栏中的"文件"→"页面设置"命令，打开 Composite Properties（复合页面属性设置）对话框，如图 8-72 所示。

图 8-72　Composite Properties（复合页面属性设置）对话框

设置完成后，单击 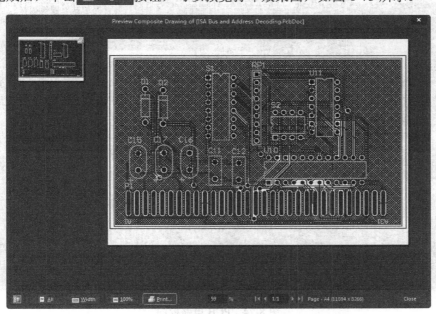 按钮，可以预览打印效果图，如图 8-73 所示。

图 8-73　预览打印

预览满意后，单击 Print... 按钮，即可将 PCB 图打印输出。

2. 打印报表文件

对于报表文件，它们都是".html"格式的文件，保存后可以直接打印输出。

8.5　综合实例

通过电路板信息报表，了解电路板尺寸、电路板上的焊点、导孔的数量及电路板上的元器件标号。而通过网络状态可以了解电路板中每一条网络的长度。

8.5.1　电路板信息及网络状态报表

设计要求：

打开 master.PcbDoc 的 PCB 电路板图，如图 8-74 所示，完成电路板信息报表。电路板信息报表的作用在于给用户提供一个电路板的完整信息。

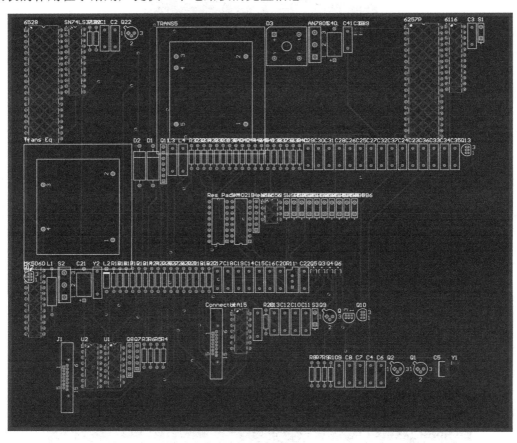

图 8-74　PCB 电路板图

绘制步骤

（1）单击右侧 Properties（属性）按钮，打开 Properties（属性）面板的 Board（板）属性编辑，在 Board Information（板信息）选项组下显示 PCB 文件中元件和网络的完整细节信息，显示电路板的大小、各个元件的数量、导线数、焊点数、导孔数、铺铜数和违反设计规则的数量等，如图 8-75 所示的对话框。

（2）单击 Report（报告）按钮，系统将弹出如图 8-76 所示的 Board Report（电路板报表）对话框，勾选 Selected objects only（只选择对象）复选框时，单击 Report（报表）按钮，系统将生成 Board Information Report 的报表文件，并自动在工作区内打开，PCB 信息报表，如图 8-77 所示。

图 8-75　Board Information（板信息）属性编辑

图 8-76　Board Report（板报告）对话框

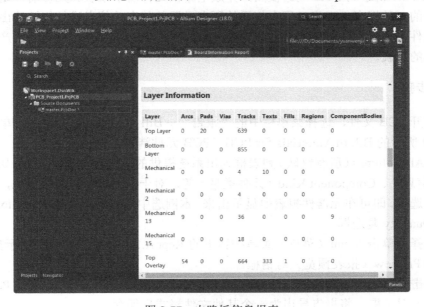

图 8-77　电路板信息报表

（3）选择菜单栏中的"报告"→"网络表状态"命令，生成以".html"为后缀的网络状态报表，如图 8-78 所示。

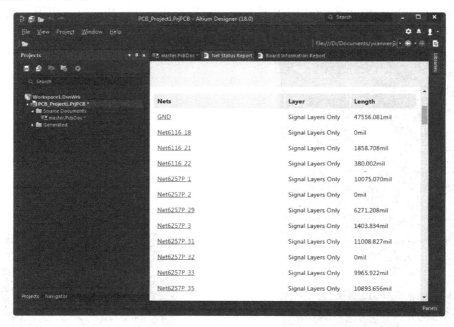

图 8-78　网络状态报表

8.5.2　电路板元件清单报表

设计要求：

利用图 8-74 所示的 PCB 电路板图，完成电路板元件清单报表。元件清单是设计完成后首先要输出的一种报表，它将工程中使用的所有元器件的有关信息进行统计输出，并且可以输出多种文件格式。通过本例的学习，掌握和熟悉根据所设计的 PCB 电路板图产生各种格式的元件清单的报表。

绘制步骤

（1）打开 PCB 文件，选择菜单栏中的"报告"→Bill of Materials（材料清单）命令，弹出如图 8-79 所示的 Bill of Materials for PCB（PCB 元件清单）对话框。

（2）在 All Columns（所有纵队）列表框列出系统提供的所有元件属性信息，如 Description（元件描述信息）、Component Kind（元件类型）等。对于需要查看的有用信息，选中右边与之对应的复选框，即可在元器件报表中显示出来。本例选中 Description、Designator、Footprint、LibRef 和 Quantity 复选框。

（3）选择后单击 Menu（菜单）菜单按钮下的 Report...（报表）命令，显示如图 8-80 所示的 Report Preview（报表预览）对话框。

（4）单击 Export（输出）按钮，显示如图 8-81 所示的 Export Report from Project（从工程输出报告）对话框。将报告导出为一个其他文件格式后保存。

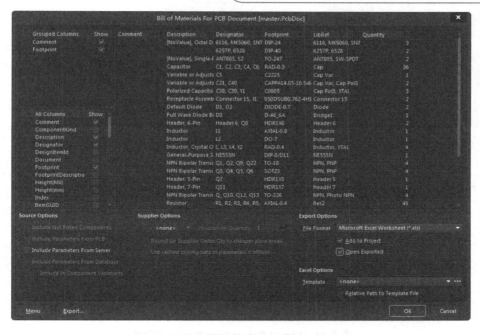

图 8-79　Bill of Materials for PCB Documant（PCB 元件清单）对话框

（5）输入文件名"master"，选择文件保存类型为".xls"，单击"保存"按钮返回到 Report Preview（报表预览）对话框。

（6）单击 Print（打印）按钮，打印元器件清单。

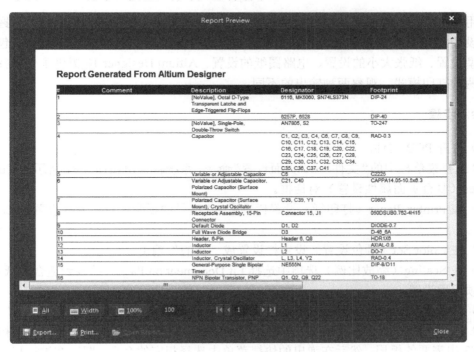

图 8-80　Report Preview（报表预览）对话框

图 8-81　Export Report from Project 对话框

8.5.3　PCB 图纸打印输出

设计要求：

利用图 8-74 所示的 PCB 电路板图，完成图纸打印输出。通过本例的学习，掌握和熟悉根据所设计的 PCB 电路板图纸进行打印输出的方法和步骤。在进行打印机设置时，包括打印机的类型设置、纸张大小的设置、电路图纸的设置。Altium Designer 18 提供了分层打印和叠层打印两种打印模式，观察两种输出的不同。

绘制步骤

（1）打开 PCB 文件。

（2）选择菜单栏中的"文件"→"页面设置"命令，系统将弹出如图 8-82 所示的 Composite Properties（复合页面属性设置）对话框。

（3）在 Printer Paper（打印纸）设置栏设置 A4 型号的纸张，打印方式设置为 Landscape（横放）。

（4）在 Color Set（颜色设置）设置栏设置成"灰的"输出。

（5）在 Scaling（缩放比例）选项中选择 Fit Document on Page（缩放到适合图纸大小），其余各项不用设置。

（6）单击 Advanced（高级）按钮，打开如图 8-83 所示打印层面设置对话框。

（7）在该对话框中，显示如图 8-74 所示的 PCB 电路板图中所用到的板层。鼠标右键单击图 8-83 中需要的板层，然后在弹出的快捷菜单中选择相应的命令，即可在进行打印时添加或者删除一个板层，如图 8-84 所示。

图 8-82　Composite Properties（复合页面属性设置）对话框

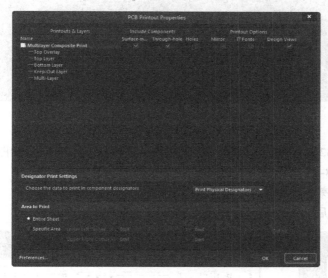

图 8-83　打印层面设置对话框

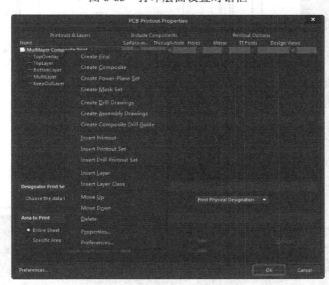

图 8-84　添加或者删除板层

（8）单击图 8-83 中 Preferences（参数）按钮，即可打开如图 8-85 所示的 PCB Print Preferences（打印设置）对话框。在该对话框中设置打印颜色、字体。

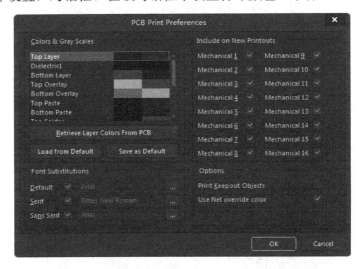

图 8-85　设置打印颜色和字体

（9）单击图 8-82 所示设置对话框中的 Preview（预览）按钮，显示图纸和打印机设置后的打印效果，如图 8-86 所示。

（10）若对打印效果不满意，可以再重新设置纸张和打印机。

（11）设置完成后，单击 Print（打印）按钮，开始打印。

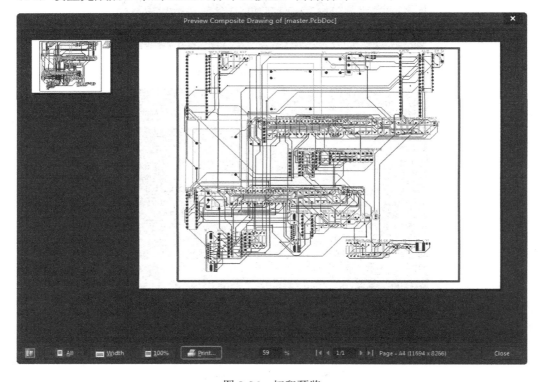

图 8-86　打印预览

8.5.4 生产加工文件输出

设计要求：

PCB 设计的目的就是向 PCB 生产过程提供相关的数据文件，因此，作为 PCB 设计的最后一步就是产生 PCB 加工文件。

利用图 8-74 所示的 PCB 电路板图，完成生产加工文件。需要完成 PCB 加工文件：信号布线层的数据输出，丝印层的数据输出，阻焊层的数据输出，助焊层的数据输出和钻孔数据的输出。通过本例的学习，使读者掌握生产加工文件的输出，为生产部门实现 PCB 的生产加工提供文件。

绘制步骤

（1）打开 PCB 文件。

（2）选择菜单栏中的"文件"→"制造输出"→Gerber Files（Gerber 文件）命令，系统弹出 Gerber Setup（Gerber 设置）对话框，如图 8-87 所示。

（3）在 General（通用）标签页中设置 Units（单位）栏为英制单位 Inches（英寸）单选钮，在 Format（格式）栏为 2:3，如图 8-87 所示。

（4）在对话框中单击 Layer（层）标签，则对话框内容如图 8-88 所示，在该对话框中选择输出的层，一次选中需要输出的所有层。

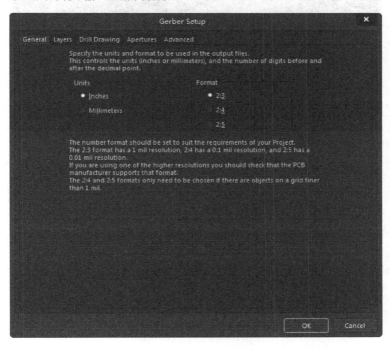

图 8-87　Gerber Setup（Gerber 设置）对话框

（5）在图 8-88 中单击 Plot Layers（画线层）列表框，选择 Include unconnected mid-layer pads（所有使用的）选项，则对话框的显示如图 8-89 所示。

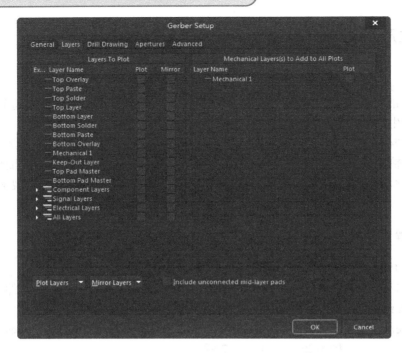

图 8-88　输出层的设置

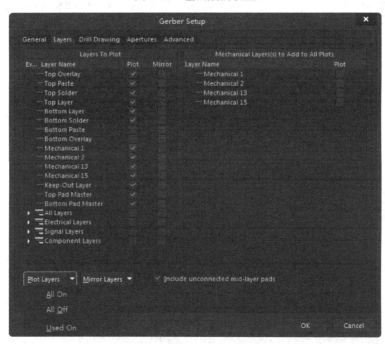

图 8-89　选择输出顶层布线层

（6）单击 Drill Draw（钻孔图层）标签，如图 8-90 所示。在其中的 Drill Drawing Plots（钻孔图打印）选项区域内选择 Bottom Layer-Top Layer（顶层-底层），在该项区域的右边 Configure Drill Symbol（钻孔绘制符号）按钮，弹出的 Drill Symbol（钻孔符号）对话框，将 Symbol Size（孔串大小）设置为 50mil。

图 8-90　产生的所有层的 Gerber 输出文件

（7）单击 Apertures（光圈）标签，然后选择 Embedded apertures（RS274X）（嵌入光圈），这时系统将在输出加工数据时，自动产生 D 码文件，如图 8-91 所示。

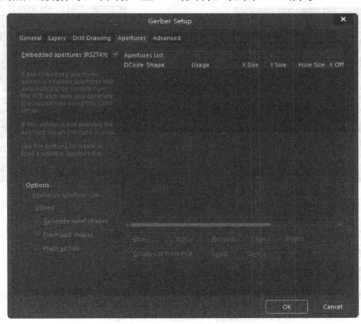

图 8-91　选择孔径 D 码

（8）单击 Advances（高级）标签，采用系统默认设置，如图 8-92 所示。

（9）单击 ▇ OK ▇ 按钮，则得到系统输出的 Gerber 文件。同时系统输出各层的 Gerber 和钻孔文件，总共 14 个文件。

（10）打开生成的 CAM 文件，选择菜单栏中的"文件"→"导出"→Gerber 命令，出现如图 8-93 所示的 Export Gerber（s）对话框。单击"RS-274-X"按钮，再单击 Settings（设置）按钮，出现如图 8-94 所示的对话框。

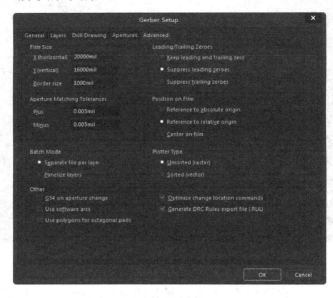

图 8-92　高级选项设置

图 8-93　输出 Gerber 文件

图 8-94　输出 Gerber 文件设置

（11）在该对话框中，采用系统的默认设置，单击 OK 按钮。在弹出的对话框中，可以对需要输出的 Gerber 文件进行选择。

（12）单击 OK 按钮，系统将输出所有选中的 Gerber 文件。

（13）在 PCB 编辑界面，选择菜单栏中的"文件"→"制作输出"→NC Drill Files（NC 钻孔文件）命令，输出 NC 钻孔图形文件，这里不再赘述。

Chapter

电路仿真

9

本章主要讲述 Altium Designer 18 电路原理图的仿真，原理图仿真的基本步骤为：绘制仿真电路原理图、设置元器件的仿真参数、添加激励源和放置仿真测试点、设置仿真模式、输出仿真结果等，并通过实例对具体的电路图仿真过程作了详细讲解。

9.1 电路仿真的基本概念

Altium Designer 18 中内置了一个功能强大的电路仿真器，使用户能方便地进行电路仿真。一般来说，进行电路仿真主要是为了确定电路中某些参数设置是否合理，例如电容、电阻值的大小是否会直接影响波形的上升、下降周期；变压器的匝数比是否会影响输出功率等。所以，在仿真电路原理图的过程中，尤其应该注意元器件的标称值是否准确。

9.2 电路仿真的基本步骤

下面介绍 Altium Designer 18 电路仿真的具体操作步骤。

1. 编辑仿真原理图

绘制仿真原理图时，图中所使用的元器件都必须具有 Simulation 属性。如果某个元器件不具有仿真属性，则在仿真时将出现错误信息。对仿真元件的属性进行修改，需要增加一些具体的参数设置，例如三极管的放大倍数、变压器的原边和副边的匝数比等。

2. 设置仿真激励源

所谓仿真激励源就是输入信号，使电路可以开始工作。仿真常用的激励源有直流源、脉冲信号源及正弦信号源等。

放置好仿真激励源之后，就需要根据实际电路的要求修改其属性参数，例如激励源的电压电流幅度、脉冲宽度、上升沿和下降沿的宽度等。

3．放置节点网络标号

这些网络标号放置在需要测试的电路位置上。

4．设置仿真方式及参数

不同的仿真方式需要设置不同的参数，显示的仿真结果也不同。用户要根据具体电路的仿真要求设置合理的仿真方式。

5．执行仿真命令

将以上设置完成后，选择菜单栏中的"设计"→"仿真"→Mixed Sim（混合仿真）命令，启动仿真命令。若电路仿真原理图中没有错误，系统将给出仿真结果，并将结果保存在*.sdf 的文件中；若仿真原理图中有错误，系统自动中断仿真，同时弹出 Messages（信息）面板，显示电路仿真原理图中的错误信息。

6．分析仿真结果

用户可以在*.sdf 的文件中查看、分析仿真的波形和数据。若对仿真结果不满意，可以修改电路仿真原理图中的参数，再次进行仿真，直到满意为止。

9.3 常用电路仿真元器件

Altium Designer 18 的主要仿真电路元器件有分离元器件、特殊元器件等。下面分别介绍这些仿真元器件。

1．分离元器件

Altium Designer 18 系统为用户提供了一个常用分离元器集成库 Miscellaneous Devices.IntLib，该库中包含了常用的元器件，如电阻、电容、电感、三极管等，它们大部分都具有仿真属性，可以用于仿真。

（1）电阻

Altium Designer 18 系统在元器件集成库中为用户提供了 3 种具有仿真属性的电阻，分别为固定电阻、可变电阻以及 Res Semi 半导体电阻，它们的仿真参数都可以手动设置。对于固定电阻只需设置一个电阻值仿真参数；对于可变电阻，需要设置的参数有电阻的总阻值、仿真使用的阻值占总阻值的比例；而对于 Res Semi 半导体电阻，阻值与其长度、宽度以及环境温度有关，仿真时需要设置这些参数。

下面以 Res Semi 半导体电阻为例，介绍其仿真参数的设置。

双击原理图上的半导体电阻，打开电阻属性设置面板，如图 9-1 所示。

在 Models（模型）选项组中的 Simulation 属性，双击弹出 Sim Model-General/Generic Editor 对话框，选中 Resistor(Semiconductor)如图 9-2 所示。

单击 Parameters（参数）标签页，切换到 Parameters（参数）选项卡，如图 9-3 所示。

在该选项卡中，各参数的意义如下。

① Value（值）：用于设置 Res Semi 半导体电阻的阻值。

② Length（长度）：用于设置 Res Semi 半导体电阻的长度。

③ Width（宽度）：用于设置 Res Semi 半导体电阻的宽度。

④ Temperature（温度）：用于设置 Res Semi 半导体电阻的温度系数。

图 9-1　电阻属性设置面板

提示：电阻单位为Ω，在原理图进行仿真分析过程中，不识别Ω符号，添加该符号后进行仿真弹出错误报告，因此原理图需要进行仿真操作时绘制过程中电阻参数值不添加Ω符号，其余原理图添加Ω符号。

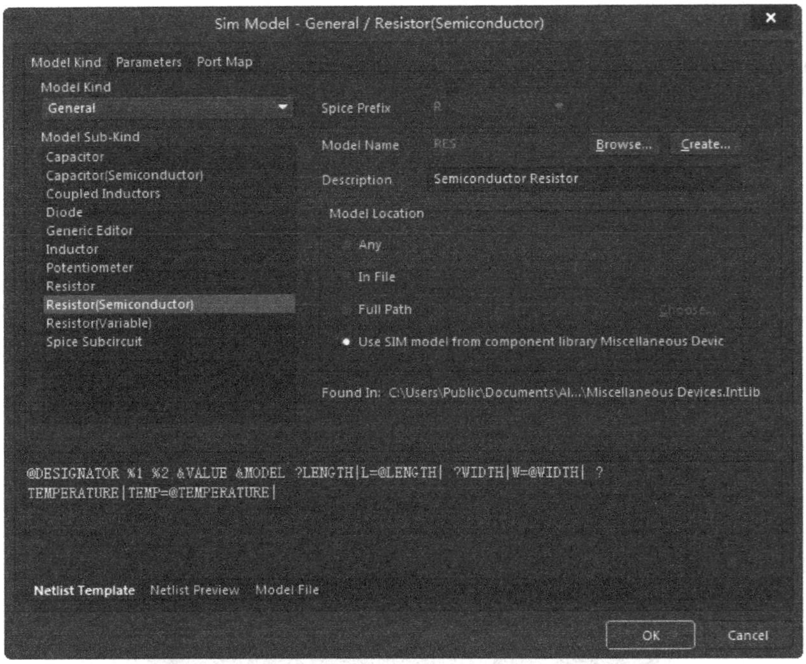

图 9-2　Sim Model-General/Resistor(Semiconductor)

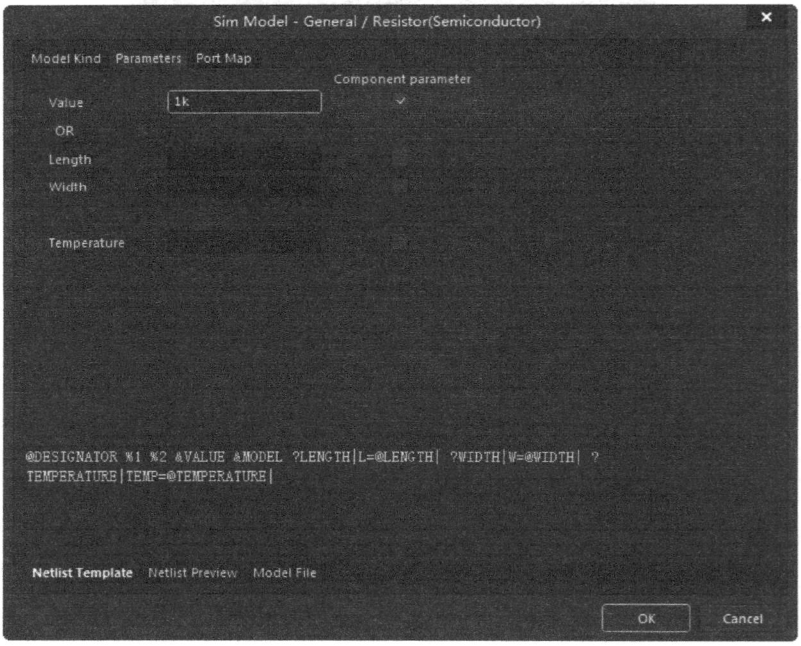

图 9-3　电阻仿真参数设置对话框

（2）电容

元器件集成库中提供了两种类型的电容，Cap 无极性电容和 Cap Pol2 有极性电容，这两种电容的仿真参数设置是一样的，打开的仿真属性面板 Component（元件）如图 9-4 所示。

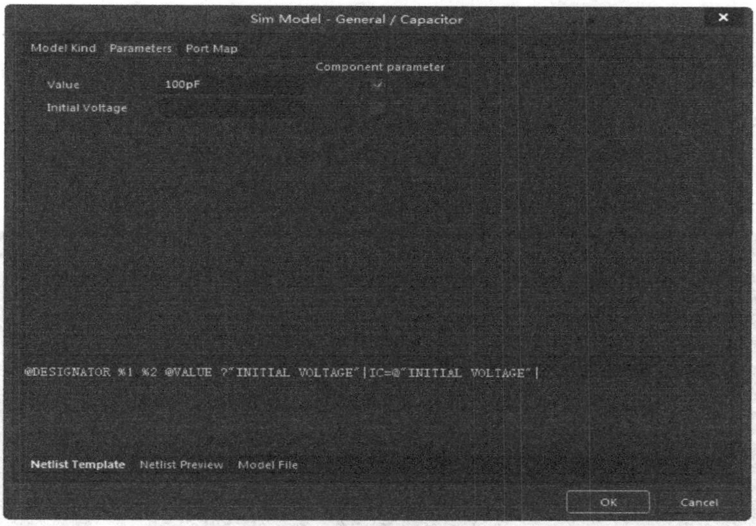

图 9-4　电容仿真参数设置对话框

① Value（值）：用于设置电容的电容值。

提示：电容单位中的 μF，在原理图进行仿真分析过程中，不识别 μ 符号，添加该符号后进行仿真弹出错误报告，因此原理图需要进行仿真操作时绘制过程中电容参数值替换为 uF 符号，其余原理图为 μF 符号。

② Initial Voltage（初始电压）：用于设置电路初始工作时刻电容两端的电压，缺省时系统默认值为 0V。

（3）电感

在元器件集成库中系统提供了多种具有仿真属性的电感 Inductor，它们的仿真参数设置是一样的，有两个基本参数，如图 9-5 所示。

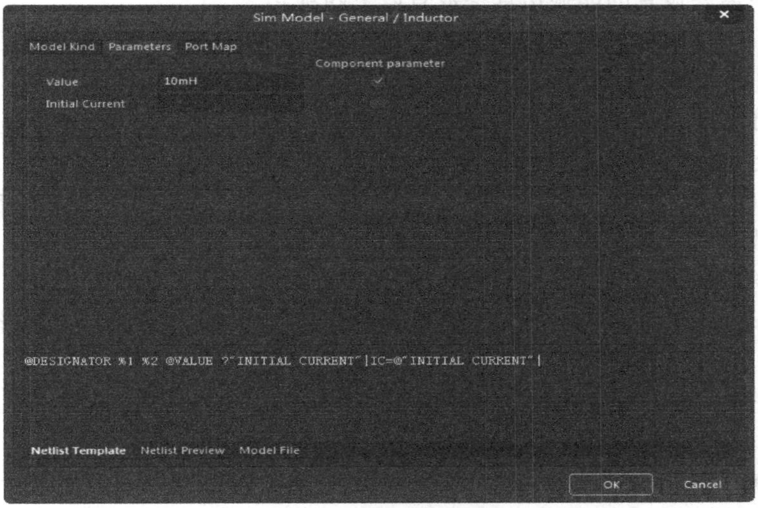

图 9-5　电感仿真参数设置对话框

① Value（值）：用于设置电感值。

② Initial Current（初始电流）：用于设置电路初始工作时刻流入电感的电流，缺省时电流值默认设定为 0A。

（4）晶振

晶振 XTAL 的仿真参数设置对话框如图 9-6 所示。

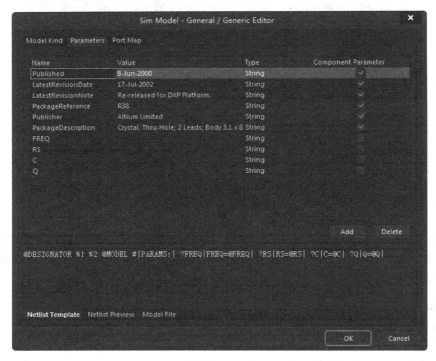

图 9-6　晶振仿真参数设置对话框

该对话框中需要设置的晶振仿真参数有以下四项。

① FREQ：用于设置晶振的振荡频率，可以在 Value（值）列内修改设定值。

② RS：用于设置晶振的串联电阻值。

③ C：用于设置晶振的等效电容值。

④ Q：用于设置晶振的品质因数。

单击 Add（添加）按钮，可以自己设定晶振参数；单击 Delete（删除）按钮，可以删除选中的晶振参数。

（5）保险丝

保险丝 Fuse 1 可以防止芯片以及其他器件在过流工作时受到损坏。保险丝仿真参数设置对话框如图 9-7 所示。

① Resistance：用于设置保险丝的内阻值。

② Current：用于设置保险丝的熔断电流。

（6）变压器

集成库中提供了多种具有仿真属性的变压器，它们的仿真参数设置基本相同，这里以 Trans 普通变压器为例，如图 9-8 所示。

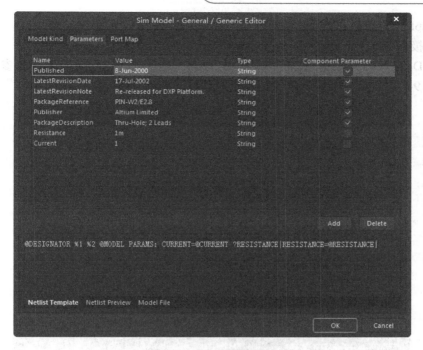

图 9-7　保险丝仿真参数设置对话框

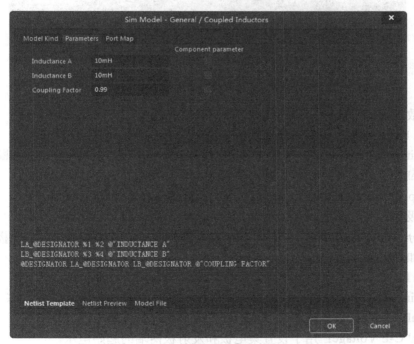

图 9-8　变压器仿真参数设置对话框

其元器件仿真参数如下。

① Inductance A：用于设置感应线圈 A 的电感值。

② Inductance B：用于设置感应线圈 B 的电感值。

③ Coupling Factor：用于设置变压器的耦合系数。

（7）二极管

Altium Designer 18 系统在集成库中为用户提供了多种二极管，它们的仿真参数设置基本相同，如图 9-9 所示为二极管仿真参数设置对话框。

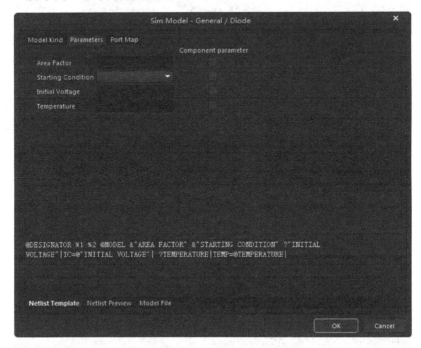

图 9-9　二极管仿真参数设置对话框

仿真参数设置如下。

① Area Factor：用于设置二极管的面积因子。

② Starting Condition：用于设置二极管的起始状态，一般选择为 OFF（关断）状态。

③ Initial Voltage：用于设置二极管两端的起始电压值。

④ Temperature：用于设置二极管的工作温度。

（8）三极管

三极管分为两种：NPN 型和 PNP 型，它们的仿真参数设置基本相同。三极管仿真参数设置对话框如图 9-10 所示。

① Area Factor：用于设置三极管的面积因子。

② Starting Condition：用于设置三极管的起始状态，一般选择为 OFF 状态。

③ Initial B-E Voltage：用于设置基极和发射极两端的起始电压。

④ Initial C-E Voltage：用于设置集电极和发射极两端的起始电压。

⑤ Temperature：用于设置三极管的工作温度。

2．特殊元器件

（1）节点电压初始值元件

节点电压初值 ".IC" 是存放在 Simulation Sources.IntLib 元件库内的特殊元件。将该元件放置在电路中相当于为电路设置了一个初始值，便于进行电路的瞬态特性分析。如图 9-11 所示为.IC 元器件仿真参数设置对话框。

.IC 只有一个元件参数，即电压初始值 Initial Voltage。

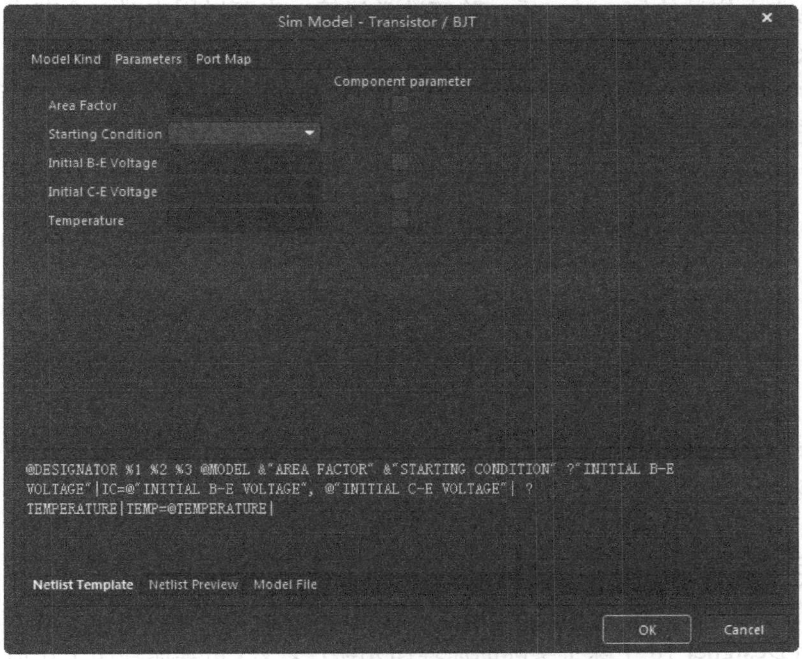

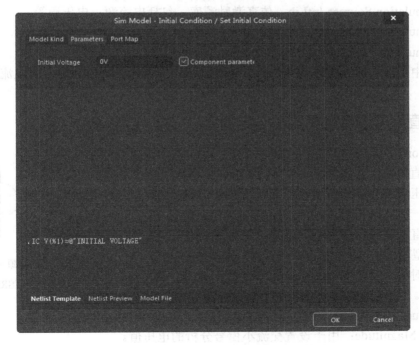

图 9-10　三极管仿真参数设置对话框

图 9-11　.IC 元器件仿真参数设置对话框

（2）仿真数学函数元器件

在 Altium Designer 18 仿真器中，系统还提供了若干仿真数学函数。它们作为一种特殊的仿真元器件，主要用来将两路信号进行合成，以达到一定的仿真目的。这就需要数学函数元器件来完成电路中信号的加、减、乘、除等数学运算，也可以用来对一个节点信号进行各种变换，如正弦变换、余弦变换等。

仿真数学函数元器件存放在 Simulation Math Function.IntLib 集成库中。如图 9-12 所示为对两路信号进行相加和相减的仿真数学函数元器件 ADDV 和 SUBV。

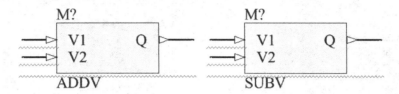

图 9-12   仿真数学函数元器件 ADDV 和 SUBV

仿真数学函数元器件的使用方法很简单，只需把相应的仿真数学函数元器件放置到仿真原理图中需要进行信号处理的地方即可，仿真参数不需要用户设置。

9.4   电源和仿真激励源

在 Altium Designer 18 中除了实际的原理图元器件之外，仿真原理图中还需要用到激励源等元器件。这些元器件存放在安装路径 Altium\Library\Simulation 文件中，其中：

（1）Simulation Sources.IntLib：仿真激励源库，包括电流源、电压源等。

（2）Simulation Transmission Line.IntLib：特殊传输线库。

（3）Simulation Voltage Sources.IntLib：电压激励源库。

在仿真中，默认激励源是理想电源。也就是说，电压源的内阻为零，而电流源的内阻为无穷大。

9.4.1   直流电压源和直流电流源

Simulation Sources.IntLib 集成库中提供的直流电压源 VSRC 和直流电流源 ISRC 如图 9-13 所示。

直流电压源和直流电流源在仿真原理图中分别为仿真电路提供一个不变的直流电压信号和直流电流信号。双击放置的直流电源，打开 Properties（属性）面板，在 Models（模型）栏中，双击 Simulation（仿真）属性，然后在打开的对话框中单击 Parameters（参数）标签，如图 9-14 所示。

图 9-13   直流电压源 VSRC 和
直流电流源 ISRC

（1）Value：用于设置直流电源值。

（2）AC Magnitude：用于设置交流小信号分析的电压值。

（3）AC Phase：用于设置交流小信号分析的初始相位值。

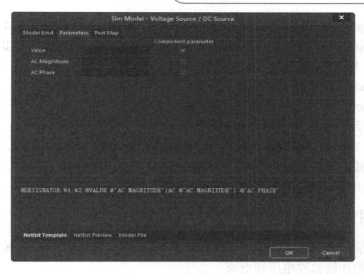

图 9-14　直流电源的仿真参数设置

9.4.2　正弦信号激励源

正弦信号激励源包括正弦电压源 VSIN 和正弦电流源 ISIN，如图 9-15 所示。它们主要用来产生正弦电压和正弦电流，用以交流小信号分析和瞬态分析。

如图 9-16 所示为正弦信号激励源的仿真参数设置对话框。

在该对话框中，需要设置的参数比较多，各项参数的具体意义如下。

（1）DC Magnitude：用于设置正弦信号的直流参数，它表示正弦信号的直流偏置，通常设置为 0。

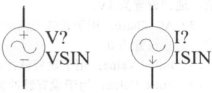

图 9-15　正弦电压源 VSIN 和正弦电流源 ISIN

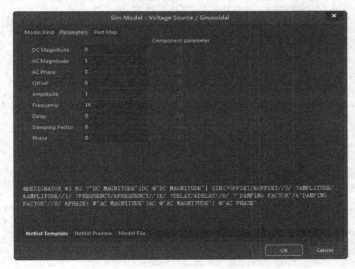

图 9-16　正弦信号激励源的仿真参数设置对话框

（2）AC Magnitude：用于设置交流小信号分析的电压值，通常设置为 1V。

（3）AC Phase：用于设置交流小信号分析的初始相位值，通常设置为 0。

（4）Offset：用于设置正弦信号波上叠加的直流分量。

（5）Amplitude：用于设置正弦信号的振幅。

（6）Frequency：用于设置正弦信号的频率。

（7）Delay：用于设置正弦信号的初始延时时间。

（8）Daming Factor：用于设置正弦信号的阻尼因子，当设置为正值时，正弦波的幅值随时间的变化而衰减；当设置为负值时，正弦波的幅值随时间的变化而递增。

（9）Phase：用于设置正弦波的初始相位。

9.4.3 周期性脉冲信号源

周期性脉冲信号源包括脉冲电压源 VPULSE 和脉冲电流源 IPULSE 两种，如图 9-17 所示，用来产生周期性的连续脉冲电压和电流。

周期性脉冲信号源的仿真参数设置对话框如图 9-18 所示。

（1）DC Magnitude：用于设置脉冲信号的直流参数，通常设置为 0。

（2）AC Magnitude：用于设置交流小信号分析的电压值，通常设置为 1V。

（3）AC Phase：用于设置交流小信号分析的初始相位值，通常设置为 0。

图 9-17　脉冲电压源 VPULSE
和脉冲电流源 IPULSE

（4）Initial Value：用于设置脉冲信号的初始电压值或电流值。

（5）Pulse Value：用于设置脉冲信号的电压或电流幅值。

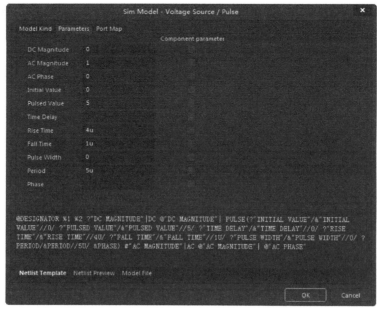

图 9-18　周期性脉冲信号源的仿真参数设置对话框

（6）Time Delay：用于设置脉冲信号从初始值变化到脉冲值的延迟时间。

（7）Rise Time：用于设置脉冲信号的上升时间。

（8）Fall Time：用于设置脉冲信号的下降时间。

（9）Pulse Width：用于设置脉冲信号的高电平宽度。

（10）Period：用于设置脉冲信号的周期。

（11）Phase：用于设置脉冲信号的初始相位。

9.4.4　随机信号激励源

随机信号激励源用来提供随机信号，此信号是由若干条相连的直线组成的不规则的信号，包括两种：随机信号电压源 VPWL 和随机信号电流源 IPWL，如图 9-19 所示。

随机信号激励源的仿真参数设置对话框如图 9-20 所示。

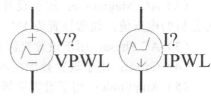

（1）DC Magnitude：用于设置随机信号激励源的直流参数，通常设置为 0。

（2）AC Magnitude：用于设置交流小信号分析的电压值，通常设置为 1V。

图 9-19　随机信号电压源 VPWL
和随机信号电流源 IPWL

（3）AC Phase：用于设置交流小信号分析的初始相位值，通常设置为 0。

（4）Time/Value Pairs：用于设置在分段点处的时间值和电压值。单击 Add... 按钮，可以增加一个分段点；单击 Delete... 按钮，可以删除一个所选的分段点。

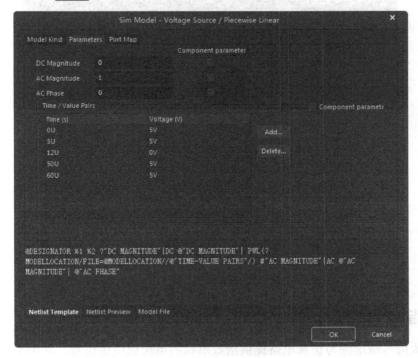

图 9-20　随机信号激励源的仿真参数设置对话框

9.4.5　调频波激励源

调频波激励源用来为仿真电路提供一个频率可变化的仿真信号，一般在高频电路仿真时使用。包括两种：调频电压源 VSFFM 和调频电流源 ISFFM，如图 9-21 所示。

调频波激励源的仿真参数设置对话框如图 9-22 所示。

（1）DC Magnitude：用于设置调频波激励源的直流参数，通常设置为 0。

（2）AC Magnitude：用于设置交流小信号分析的电压值，通常设置为 1V。

图 9-21　调频电压源 VSFFM 和调频电流源 ISFFM

（3）AC Phase：用于设置交流小信号分析的初始相位值，通常设置为 0。

（4）Offset：用于设置叠加在调频信号上的直流分量。

（5）Amplitude：用于设置调频信号的载波幅值。

（6）Carrier Frequency：用于设置调频信号载波频率。

（7）Modulation Index：用于设置调制系数。

（8）Signal Frequency：用于设置调制信号的频率。

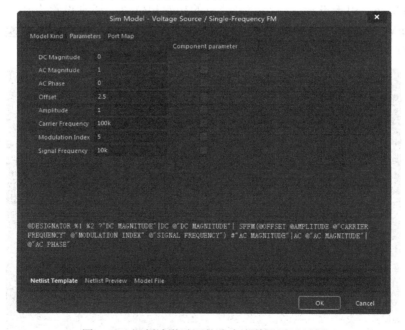

图 9-22　调频波激励源的仿真参数设置对话框

9.4.6　指数函数信号激励源

指数函数信号激励源为仿真电路提供指数形状的电流或电压信号，常用于高频电路仿真中，包括两种：指数电压源 VEXP 和指数电流源 IEXP，如图 9-23 所示。

指数函数信号激励源的仿真参数设置对话框如图 9-24 所示。

（1）DC Magnitude：用于设置指数函数信号激励源的直流参数，通常设置为 0。

（2）AC Magnitude：用于设置交流小信号分析的电压值，通常设置为 1V。

（3）AC Phase：用于设置交流小信号分析的初始相位值，通常设置为 0。

（4）Initial Value：用于设置指数函数信号的初始幅值。

（5）Pulsed Value：用于设置指数函数信号的跳变值。

（6）Rise Delay Time：用于设置信号上升延迟时间。

（7）Rise Time Constant：用于设置信号上升时间。

（8）Fall Delay Time：用于设置信号下降延迟时间。

（9）Fall Time Constant：用于设置信号下降时间。

图 9-23　指数电压源 VEXP 和指数电流源 IEXP

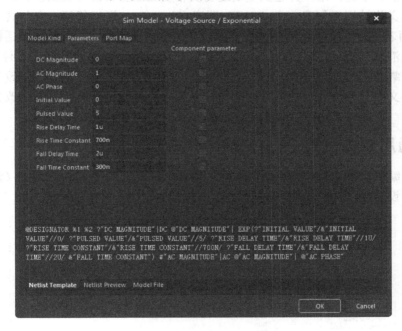

图 9-24　指数函数信号激励源的仿真参数设置对话框

9.5　仿真模式设置

Altium Designer 18 的仿真器可以完成各种形式的信号分析，如图 9-25 所示。在仿真器的分析设置对话框中，通过通用参数设置页面，允许用户指定仿真的范围和自动显示仿真的信号，每一项分析类型可以在独立的设置页面内完成。

Altium Designer 18 中允许的分析类型如下：

（1）静态工作点分析（Operating Point Analysis）。

（2）瞬态分析和傅里叶分析（Transient Analysis）。

（3）直流扫描分析（DC Sweep Analysis）。

（4）交流小信号分析（AC Small Signal Analysis）。

（5）噪声分析（Noise Analysis）。

（6）零-极点分析（Pole-Zero Analysis）。

（7）传递函数分析（Transfer Function Analysis）。

（8）蒙特卡罗分析（Monte Carlo Analysis）。

（9）参数扫描（Parameter Sweep）。

（10）温度扫描（Temperature Sweep）。

（11）全局参数分析（Global Parameters）。

（12）高级选项（Advanced Options）。

在 Analyses/Options（分析/选项）高级参数选项页面内，用户可以定义高级的仿真属性，包括 SPICE 变量值、仿真器和仿真参考网络的综合方法。通常，如果没有深入了解 SPICE 仿真参数的功能，不建议用户为达到更高的仿真精度而改变高级参数属性。所有在仿真设置对话框中的定义将被用于创建一个 SPICE 网表（*.nsx），运行任何一个仿真，均需要创建一个 SPICE 网表。如果在创建网表过程中出现任何错误或警告，分析设置对话框将不会被打开，而是通过消息栏提示用户修改错误。仿真可以直接在一个 SPICE 网表文件窗口下运行，同时，在完全掌握了 SPICE 知识，*.nsx 文件允许用户编辑。如果，用户修改了仿真网表内容，则需要将文件另存为其他的名称，因为，系统将在运行仿真时，自动修改并覆盖原仿真网表文件。

9.5.1　通用参数设置

在原理图编辑环境中，选择菜单栏中的"设计"→"仿真"→Mixed Sim（混合仿真）命令，弹出分析设置对话框，如图 9-25 所示。

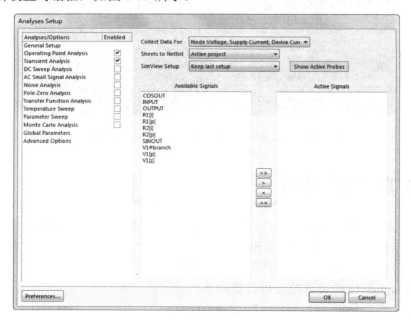

图 9-25　分析设置对话框

在该对话框左侧 Analyses/Options（分析/选项）栏中列出了需要设置的仿真参数和模型，右侧显示了与当前所选项目对应的仿真模型的参数设置。系统打开对话框后，默认的选项为 General Setup（通用设置），即通用参数设置页面。

（1）仿真数据结果可以通过 Collect Data For（为了收集数据）下拉选择栏中指定。

① Node Voltage and Supply Current：将保存每个节点电压和每个电源电流的数据。

② Node Voltage, Supply and Device Current：将保存每一个节点电压、每个电源和器件电流的数据。

③ Node Voltage, Supply Current, Device Current and Power：将保存每个节点电压、每个电源电流以及每个器件的电源和电流的数据。

④ Node Voltage, Supply Current and Subcircuit VARs：将保存每个节点电压、来自每个电源的电流源以及子电路变量中匹配的电压/电流的数据。

⑤ Active Signals：仅保存在 Active Signals 中列出的信号分析结果。

一般来说，应设置为 Active Signals，这样可以灵活选择所要观测的信号，也可以减少仿真的计算量，提高效率。

（2）在 Sheets to Netlist（原理图网络表）下拉选择栏中，可以指定仿真分析的是当前原理图还是整个项目工程。

① Active sheet：当前的电路仿真原理图。

② Active project：当前的整个项目工程。

（3）在 SimView Setup 下拉选择栏中，用户可以设置仿真结果的显示。

① Keep Last Setup：按上一次仿真的设置来保存和显示数据。

② Show Active Signals：按照 Active Signals 栏中列出的信号，在仿真结果图中显示。

（4）在 Available Signals（有用的信号）栏中列出了所有可供选择的观测信号。通过改变 Collect Data for 列表框的设置，该栏中的内容将随之变化。

（5）在 Active Signals（积极的信号）列表框中列出了仿真结束后，能立即在仿真结果中显示的信号。在 Available Signals（有用的信号）栏中选择某一信号后，可以单击 ⊡ 按钮，为 Active Signals（积极的信号）栏添加显示信号；单击 ⊡ 按钮，可以将不需要显示的信号移回 Available Signals（有用的信号）栏中；单击 ⊡⊡ 按钮，可以将所有信号添加到 Active Signals（积极的信号）栏；单击 ⊡⊡ 按钮，可以将所有信号移回 Available Signals（有用的信号）栏。

9.5.2　静态工作点分析

静态工作点分析（Operating Point Analysis）用于测定带有短路电感和开路电容电路的静态工作点。使用该方式时，用户不需要进行特定参数的设置，选中即可运行，如图 9-26 所示。

在测定瞬态初始化条件时，除了在 Transient/Fourier Analysis Setup 中使用 Use Initial Conditions 参数的情况外，静态工作点分析将优先于瞬态分析和傅里叶分析。同时，静态工作点分析优先于交流小信号、噪声和 Pole-Zero 分析。为了保证测定的线性化，电路中所有非线性的小信号模型，在静态工作点分析中将不考虑任何交流源的干扰因素。

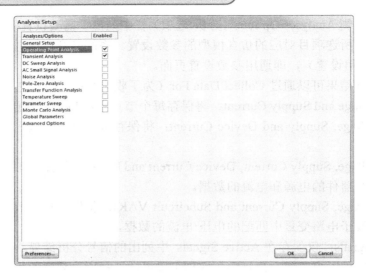

图 9-26　静态工作点分析

9.5.3　瞬态分析和傅里叶分析

瞬态分析（Transient Analysis）是电路仿真中经常用到的仿真方式，在分析设置对话框中选中 Transient Analysis 项，即可在右面显示瞬态分析和傅里叶分析参数设置，如图 9-27 所示。

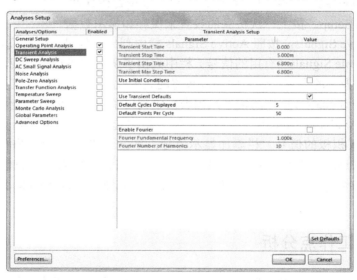

图 9-27　瞬态分析和傅里叶分析参数设置

1．瞬态分析

瞬态分析在时域中描述瞬态输出变量的值。在未使能 Use Initial Conditions 参数时，对于固定偏置点，电路节点的初始值对计算偏置点和非线性元件的小信号参数时节点初始值也应考虑在内，因此有初始值的电容和电感也被看作是电路的一部分而保留下来。

（1）Transient Start Time：瞬态分析时设定的时间间隔的起始值，通称设置为 0。

（2）Transient Stop Time：瞬态分析时设定的时间间隔的结束值，需要根据具体的电路来调整设置。

（3）Transient Step Time：瞬态分析时时间增量（步长）值。

（4）Transient Max Step Time：时间增量值的最大变化量。缺省状态下，其值可以是 Transient Step Time 或（Transient Stop Time－Transient Start Time）/50。

（5）Use Initial Conditions：当选中此项后，瞬态分析将自原理图定义的初始化条件开始。该项通常用在由静态工作点开始一个瞬态分析中。

（6）Use Transient Default：选中此项后，将调用系统默认的时间参数。

（7）Default Cycles Displayed：电路仿真时显示的波形的周期数量。该值将由 Transient Step Time 决定。

（8）Default Points Per Cycle：每个周期内显示数据点的数量。

如果用户未确定具体输入的参数值，建议使用默认设置；当使用原理图定义的初始化条件时，需要确定在电路设计内的每一个适当的元器件上已经定义了初始化条件，或在电路中放置 IC 元件。

2．傅里叶分析

一个电路设计的傅里叶分析是基于瞬态分析中最后一个周期的数据完成的。

（1）Enable Fourier：若选中该复选框，则在仿真中执行傅里叶分析。

（2）Fourier Fundamental Frequency：用于设置傅里叶分析中的基波频率。

（3）Fourier Number of Harmonics：傅里叶分析中的谐波数。每一个谐波均为基频的整数倍。

（4）Set Defaults：单击该按钮，可以将参数恢复为默认值。

在执行傅里叶分析后，系统将自动创建一个.sim 数据文件，文件中包含了关于每一个谐波的幅度和相位详细的信息。

9.5.4　直流扫描分析

直流扫描分析（DC Sweep Analysis）就是直流转移特性，当输入在一定范围内变化时，输出一个曲线轨迹。通过执行一系列静态工作点分析，修改选定的源信号电压，从而得到一个直流传输曲线。用户也可以同时指定两个工作源。

在分析设置对话框中选中 DC Sweep Analysis 项，即可在右面显示直流扫描分析仿真参数设置，如图 9-28 所示。

（1）Primary Source：电路中独立电源的名称。

（2）Primary Start：主电源的起始电压值。

（3）Primary Stop：主电源的停止电压值。

（4）Primary Step：在扫描范围内指定的步长值。

（5）Enable Secondary：在主电源基础上，执行对从电源值的扫描分析。

（6）Secondary Name：在电路中独立的第二个电源的名称。

（7）Secondary Start：从电源的起始电压值。

（8）Secondary Stop：从电源的停止电压值。

（9）Secondary Step：在扫描范围内指定的步长值。

在直流扫描分析中必须设定一个主源，而第二个源为可选源。通常第一个扫描变量（主独立源）所覆盖的区间是内循环，第二个（从独立源）扫描区间是外循环。

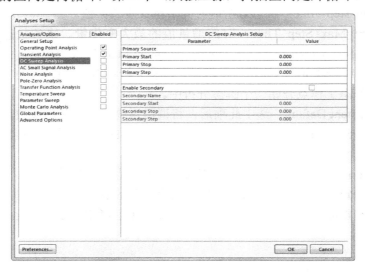

图 9-28　直流扫描分析仿真参数设置

9.5.5　交流小信号分析

交流小信号分析（AC Small Signal Analysis）是在一定的频率范围内计算电路的频率响应。如果电路中包含非线性器件，在计算频率响应之前就应该得到此元器件的交流小信号参数。在进行交流小信号分析之前，必须保证电路中至少有一个交流电源，即在激励源中的 AC 属性域中设置一个大于零的值。

在分析设置对话框中选中 AC Small Signal Analysis 项，即可在右面显示交流小信号分析仿真参数设置，如图 9-29 所示。

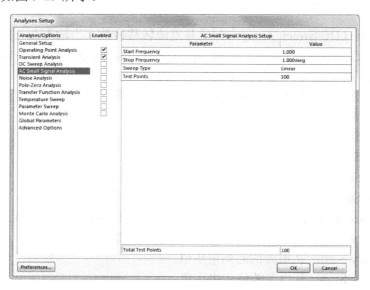

图 9-29　交流小信号分析仿真参数设置

（1）Start Frequency：用于设置交流小信号分析的初始频率。

（2）Stop Frequency：用于设置交流小信号分析的终止频率。

（3）Sweep Type：用于设置扫描方式，有 3 种选择。

● Linear：全部测试点均匀分布在线性化的测试范围内，是从起始频率开始到终止频率的线性扫描，Linear 类型适用于带宽较窄情况。

● Decade：测试点以 10 的对数形式排列， Decade 用于带宽特别宽的情况。

● Octave：测试点以 2 的对数形式排列，频率以倍频程进行对数扫描，Octave 用于带宽较宽的情形。

（4）Test Points：在扫描范围内，交流小信号分析的测试点数目设置。

（5）Total Test Point：显示全部测试点的数量。

在执行交流小信号分析前，电路原理图中必须包含至少一个信号源器件并且在 AC Magnitude 参数中应输入一个值。用这个信号源去替代仿真期间的正弦波发生器。用于扫描的正弦波的幅度和相位需要在 SIM 模型中指定。

9.6　综合实例——使用仿真数学函数

本例使用相关的仿真数学函数，对某一输入信号进行正弦变换和余弦变换，然后叠加输出。

绘制步骤

（1）在 Altium Designer 18 主界面中，选择菜单栏中的"File（文件）"→"新的"→"项目"→"PCB 工程"命令，新建工程文件。

（2）选择菜单栏中的"File（文件）"→"新的"→"原理图"命令，然后点击右键选择"另存为"菜单命令将新建的原理图文件保存为"仿真数学函数.SchDoc"。

（3）在系统提供的集成库中，选择 Simulation Sourees.IntLib 和 Simulation Math Function. IntLib，进行加载。

（4）在 Library（库）面板中，打开集成库 Simulation Math Function.IntLib，选择正弦变换函数 SINV、余弦变换函数 COSV 及电压相加函数 ADDV，将其分别放到原理图中，如图 9-30 所示。

（5）在 Library（库）面板中，打开集成库 Miscellaneous Devices.IntLib，选择元件 Res3，在原理图中放置两个接地电阻，并完成相应的电气连接，如图 9-31 所示。

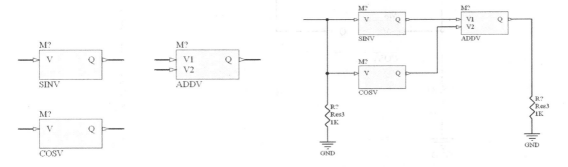

图 9-30　放置数学函数　　　　图 9-31　放置接地电阻并连接

（6）双击电阻，系统弹出属性设置面板，相应的电阻值设置为 1k 。

（7）双击每一个仿真数学函数，进行参数设置，在弹出的 Component（元件）属性面板中，只需设置标识符，如图 9-32 所示，设置好的原理图如图 9-33 所示。

图 9-32　"Component（元件）"属性面板

（8）在 Library（库）面板中，打开集成库 Simulation Sources.IntLib，找到正弦电压源 VSIN，将其放置在仿真原理图中，并进行接地连接，如图 9-34 所示。

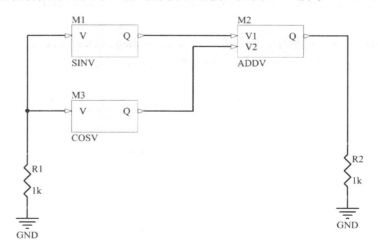

图 9-33　设置好的原理图

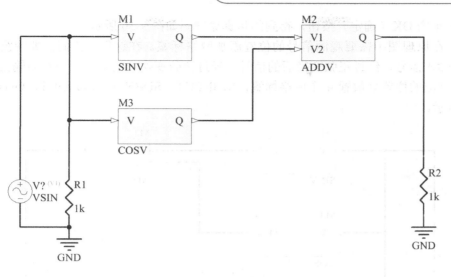

图 9-34　放置正弦电压源并连接

（9）双击正弦电压源，弹出相应的属性面板，设置其基本参数及仿真参数，如图 9-35 所示。标识符输入为 V1，其他各项仿真参数均采用系统的默认值。

图 9-35　设置正弦电压源的参数

（10）单击 OK（确定）按钮，得到的仿真原理图如图 9-36 所示。

（11）在原理图中需要观测信号的位置添加网络标签。在这里，我们需要观测的信号有 4 个，即输入信号、经过正弦变换后的信号、经过余弦变换后的信号及叠加后输出的信号。因此，在相应的位置处放置 4 个网络标签，即 INPUT、SINOUT、COSOUT、OUTPUT，如图 9-37 所示。

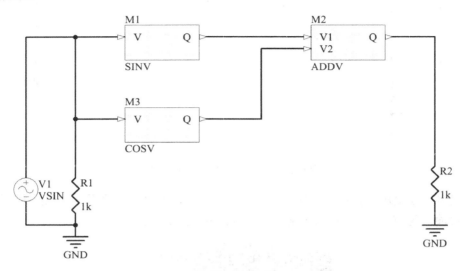

图 9-36　仿真原理图

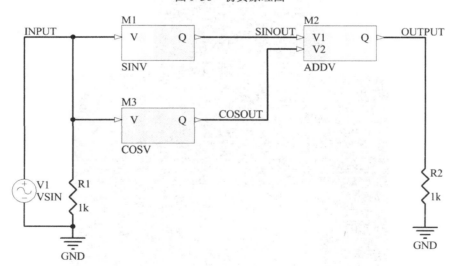

图 9-37　添加网络标签

（12）选择菜单栏中的"设计"→"仿真"→Mixed Sim（混合仿真）命令，在系统弹出的 Analyses Setup（分析设置）对话框中设置常规参数，详细设置如图 9-38 所示。

（13）完成通用参数的设置后，在 Analyses/Options（分析/选项）列表框中，勾选 Operating Point Analysis（工作点分析）和 Transient Analysis（瞬态特性分析）复选框。Transient Analysis（瞬态特性分析）选项中各项参数的设置如图 9-39 所示。

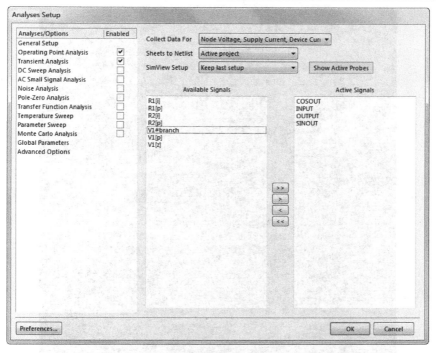

图 9-38 Analyses Setup（分析设置）对话框

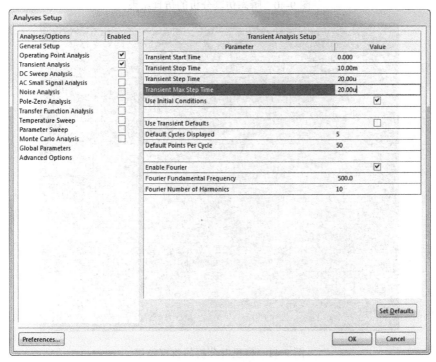

图 9-39 Transient Analysis（瞬态特性分析）选项的参数设置

（14）设置完毕后，单击 OK（确定）按钮，系统进行电路仿真。瞬态仿真分析和傅里叶分析的仿真结果分别如图 9-40 和图 9-41 所示。

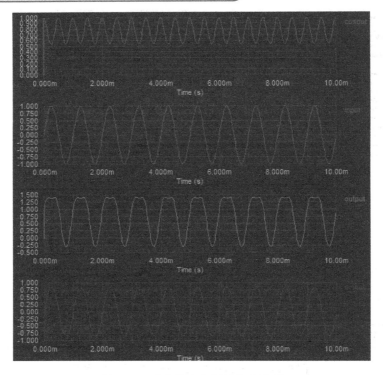

图 9-40　瞬态仿真分析的仿真结果

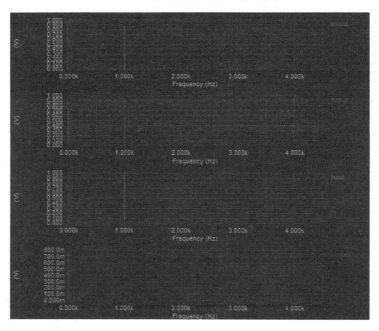

图 9-41　傅里叶分析的仿真结果

　　图 9-40 和图 9-41 中分别显示了所要观测的 4 个信号的时域波形及频谱组成。在给出波形的同时，系统还为所观测的节点生成了傅里叶分析的相关数据，保存在后缀名为 ".sim" 的文件中，如图 9-42 所示是该文件中与输出信号 OUTPUT 有关的数据。

```
Circuit: PCB_Project1
Date:    周三五月2 15:39:15 2018

Fourier analysis for @v1[p]:
  No. Harmonics: 10, THD: 5.12059E006 %, Gridsize: 200, Interpolation Degree: 1

Harmonic  Frequency    Magnitude     Phase         Norm. Mag     Norm. Pha
--------  ---------    ---------     -----         ---------     ---------
0         0.00000E+000 4.99995E-004  0.00000E+000  0.00000E+000  0.00000E+
1         5.00000E+002 9.70727E-009  -8.82000E+001 1.00000E+000  0.00000E+
2         1.00000E+003 9.70727E-009  -8.64000E+001 1.00000E+000  1.80000E+
3         1.50000E+003 9.70727E-009  -8.46000E+001 1.00000E+000  3.60000E+
4         2.00000E+003 4.97070E-004  -9.00004E+001 5.12059E+004  -1.80042E
5         2.50000E+003 9.70727E-009  -8.10000E+001 1.00000E+000  7.20000E+
6         3.00000E+003 9.70727E-009  -7.92000E+001 1.00000E+000  9.00000E+
7         3.50000E+003 9.70727E-009  -7.74000E+001 1.00000E+000  1.08000E+
8         4.00000E+003 9.70727E-009  -7.56000E+001 1.00000E+000  1.26000E+
9         4.50000E+003 9.70727E-009  -7.38000E+001 1.00000E+000  1.44000E+
```

图 9-42　输出信号的傅里叶分析数据

图 9-42 表明了直流分量为 0V，同时给出了基波和 2～9 次谐波的幅度、相位值，以及归一化的幅度、相位值等。

傅里叶变换分析是以基频为步长进行的，因此基频越小，得到的频谱信息就越多。但是基频的设定是有下限限制的，并不能无限小，其所对应的周期一定要小于或等于仿真的终止时间。

信号完整性分析

随着新工艺、新器件的迅猛发展，高速器件在电路设计中的应用已日趋广泛。在这种高速电路系统中，数据的传送速率、时钟操作频率都相当高，而且由于功能的复杂多样，电路密集度也相当大。因此，设计的重点将与低速电路设计时截然不同，不再仅仅是元器件的合理放置与导线的正确连接，还应该对信号的完整性（Signal Integrity，简称 SI）问题给予充分考虑，否则，即使原理正确，系统可能也无法正常工作。

10.1 信号完整性分析概述

我们知道，一个数字系统能否正确工作，其关键在于信号时序是否准确，而信号时序与信号在传输线上的传输延迟，以及信号波形的失真程度等有着密切的关系。信号完整性差不是由单一因素导致的，而是由多种因素共同引起的。

10.1.1 信号完整性分析的概念

所谓信号完整性，就是指信号通过信号线传输后仍能保持完整，即仍能保持其正确的功能而未失真的一种特性。具体来说，是指信号在电路中以正确的时序和电压做出响应的能力。当电路中的信号能够以正确的时序、要求的持续时间和电压幅度进行传送，并到达输出端时，说明该电路具有良好的信号完整性；而当信号不能正常响应时，就出现了信号完整性问题。

通过仿真可以证明，集成电路的切换速度过高、端接元件的位置不正确、电路的互联不合理等都会引发信号完整性问题，常见的信号完整性问题主要有以下几种。

1. 传输延迟（Transmission Delay）

传输延迟表明数据或时钟信号没有在规定的时间内以一定的持续时间和幅度到达接收端。信号延迟是由驱动过载、走线过长的传输线效应引起的，传输线上的等效电容、电感会对信号的数字切换产生延时，影响集成电路的建立时间和保持时间。集成电路只能按照规定的时序来接收数据，延时过长会导致集成电路无法正确判断数据，从而使电路的工作不正常甚至完全不能工作。

在高频电路设计过程中，信号的传输延迟是一个无法完全避免的问题，为此引入了延迟容限的概念，即在保证电路能够正常工作的前提下，所允许的信号最大时序变化量。

2．串扰（Crosstalk）

串扰是没有电气连接的信号线之间感应电压和感应电流所导致的电磁耦合。这种耦合会使信号线起着天线的作用，其容性耦合会引发耦合电流，感性耦合会引发耦合电压，并且耦合程度会随着时钟速率的升高和设计尺寸的缩小而加大。这是由于信号线上有交变的信号电流通过时，会产生交变磁场，处于该磁场中的其他信号线会感应出信号电压。

印制电路板工作层的参数、信号线的间距、驱动端和接收端的电气特性及信号线的端接方式等都对串扰有一定的影响。

3．反射（Reflection）

反射就是传输线上的回波，信号功率的一部分经传输线传递给负载，另一部分则向源端反射。在进行高速电路设计时可把导线等效为传输线，而不再是集总参数电路中的导线。如果阻抗匹配（源端阻抗、传输线阻抗与负载阻抗相等），则反射不会发生；反之，若负载阻抗与传输线阻抗失配，就会导致接收端的反射。

布线的某些几何形状、不适当的端接、经过连接器的传输及中间电源层不连续等因素均会导致信号的反射。反射会导致传送信号出现严重的过冲（Overshoot）或反冲（Undershoot）现象，致使波形变形、逻辑混乱。

4．接地反弹（Ground Bounce）

接地反弹是指由于电路中存在较大的电流，而在电源与中间接地层之间产生大量噪声的现象。例如，大量芯片同步切换时，会产生一个较大的瞬态电流从芯片与中间电源层间流过，芯片封装与电源间的寄生电感、电容和电阻会引发电源噪声，使得零电位层面上产生较大的电压波动（可能高达 2V），足以造成其他元件的误动作。

由于接地层的分割（分为数字接地、模拟接地、屏蔽接地等），可能引起数字信号传到模拟接地区域时，产生接地层回流反弹。同样，电源层分割也可能出现类似的危害。负载容性的增大、阻性的减小、寄生参数的增大、切换速度增高，以及同步切换数量的增加，均可能导致接地反弹增加。

除此之外，在高频电路的设计中还存在其他与电路功能本身无关的信号完整性问题，如电路板上的网络阻抗、电磁兼容性等。

因此，在实际制作 PCB 印制板之前应进行信号完整性分析，以提高设计的可靠性，降低设计成本。应该说，这是非常重要和必要的。

10.1.2　信号完整性分析工具

Altium Designer 18 包含一个高级信号完整性仿真器，能分析 PCB 设计并检查设计参数，测试过冲、下冲、线路阻抗和信号斜率。如果 PCB 上任何一个设计要求（由 DRC 指定的）

有问题，即可对 PCB 进行反射或串扰分析，以确定问题所在。

Altium Designer 18 的信号完整性分析和 PCB 设计过程是无缝连接的，该模块提供了极其精确的板级分析，能检查整板的串扰、过冲、下冲、上升时间、下降时间和线路阻抗等问题。在印制电路板交付制造前，用最小的代价来解决高速电路设计带来的问题和 EMC/EMI（电磁兼容性/电磁抗干扰）等问题。

Altium Designer 18 信号完整性分析模块的功能特性如下。

（1）设置简单，可以像在 PCB 编辑器中定义设计规则一样定义设计参数。

（2）通过运行 DRC，可以快速定位不符合设计需求的网络。

（3）无须特殊的经验，可以从 PCB 中直接进行信号完整性分析。

（4）提供快速的反射和串扰分析。

（5）利用 I/O 缓冲器宏模型，无须额外的 SPICE 或模拟仿真知识。

（6）信号完整性分析的结果采用示波器形式显示。

（7）采用成熟的传输线特性计算和并发仿真算法。

（8）用电阻和电容参数值对不同的终止策略进行假设分析，并可对逻辑块进行快速替换。

（9）提供 IC 模型库，包括校验模型。

（10）宏模型逼近使仿真更快、更精确。

（11）自动模型连接。

（12）支持 I/O 缓冲器模型的 IBIS2 工业标准子集。

（13）利用信号完整性宏模型可以快速自定义模型。

10.2　信号完整性分析规则设置

Altium Designer 18 中包含了许多信号完整性分析的规则，这些规则用于在 PCB 设计中检测一些潜在的信号完整性问题。

在 Altium Designer 18 的 PCB 编辑环境中，选择菜单栏中的"设计"→"规则"命令，系统将弹出 PCB Rules and Constraints Editor（PCB 规则及约束编辑器）对话框。在该对话框中单击 Design Rules（设计规则）前面的⊞按钮，选择其中的 Signal Integrity（信号完整性）选项，即可看到如图 10-1 所示的各种信号完整性分析选项，可以根据设计工作的要求选择所需的规则进行设置。

PCB Rules and Constraints Editor（PCB 规则及约束编辑器）对话框中列出了 Altium Designer 18 提供的所有设计规则，但仅列出了可以使用的规则，要想在 DRC 校验时真正使用这些规则，还需要在第一次使用时，把该规则作为新规则添加到实际使用的规则库中。在需要使用的规则上右击，然后在弹出的右键快捷菜单中单击 New Rule（新规则）命令，即可把该规则添加到实际使用的规则库中。如果需要多次使用该规则，可以为其建立多个新的规则，并用不同的名称加以区别。要想在实际使用的规则库中删除某个规则，可以右击该规则，在弹出的右键快捷菜单中单击 Delete Rule（删除规则）命令，即可从实际使用的规则库中删除该规则。在右键快捷菜单中单击 Export Rules（输出规则）命令，可以把选中的规则从实际使用的规则库中导出。在右键快捷菜单中单击 Import Rules（输入规则）命令，系统将弹出如图 10-2 所示的 Choose Design Rule Type（选择设计规则类型）对话框，可以从设计规则

库中导入所需的规则。在右键快捷菜单中单击 Report（报表）命令，则为该规则建立相应的
报表文件，并可以打印输出。

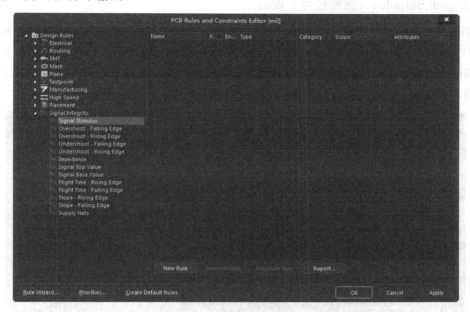

图 10-1　PCB Rules and Constraints Editor（PCB 规则及约束编辑器）对话框

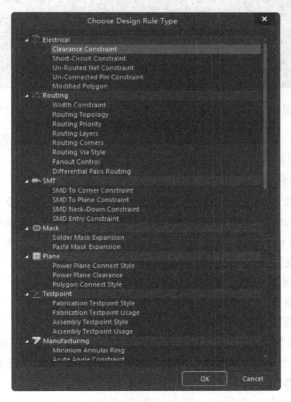

图 10-2　Choose Design Rule Type（选择设计规则类型）对话框

Altium Designer 18 中包含 13 条信号完整性分析的规则，下面分别进行介绍。

1. Signal Stimulus（激励信号）规则

在 Signal Integrity（信号完整性）选项上右击，在弹出的右键快捷菜单中单击 New Rule（新规则）命令，生成 Signal Stimulus（激励信号）规则选项，单击该规则，弹出如图 10-3 所示的 Signal Stimulus（激励信号）规则的设置对话框，在该对话框中可以设置激励信号的各项参数。

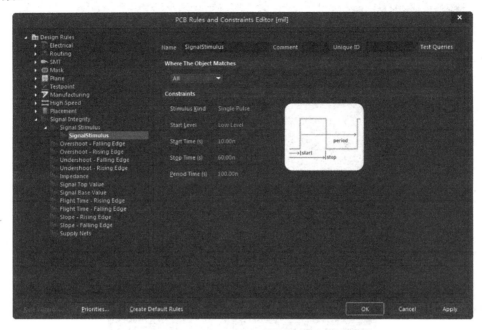

图 10-3 Signal Stimulus（激励信号）规则的设置对话框

（1）Name（名称）文本框：用于为该规则设立一个便于理解的名字，在 DRC 校验中，当电路板布线违反该规则时，就将以该参数名称显示此错误。

（2）Comment（注释）文本框：用于设置该规则的注释说明。

（3）Unique ID（唯一 ID）文本框：为该参数提供一个随机的 ID 号。

（4）Where the First object Matches（优先匹配对象的位置）选项组：用于设置激励信号规则优先匹配对象的所属范围。其中共有 6 个选项，各选项的含义如下。

- All（所有）：规则在指定的 PCB 印制电路板上都有效。
- Net（网络）：规则在指定的电气网格中有效。
- Net Class（网络类）：规则在指定的网络类中有效。
- Layer（层）：规则在指定的某一电路板层上有效。
- Net and Layer（网络和层）：规则在指定的网络和指定的电路板层上有效。
- Custom Query（高级的查询）：高级设置选项，选中该单选按钮后，可以单击其右边的"查询构建器"按钮，自行设计规则使用范围。

（5）Constraints（约束）选项组：用于设置激励信号规则。共有 5 个选项，其含义如下。

- Simulus（激励类型）：设置激励信号的种类，包括 3 种选项，即 Constant Level（固定电平）表示激励信号为某个常数电平；Single Pulse（单脉冲）表示激励信号为单脉冲信号；Periodic Pulse（周期脉冲）表示激励信号为周期性脉冲信号。

● Start Level（开始级别）：设置激励信号的初始电平，仅对 Single Pulse（单脉冲）和 Periodic Pulse（周期脉冲）有效，设置初始电平为低电平选择 Low Level，设置初始电平为高电平选择 High Level。

● Start Time（开始时间）：设置激励信号高电平脉宽的起始时间。

● Stop Time（停止时间）：设置激励信号高电平脉宽的终止时间。

● Period Time（时间周期）：设置激励信号的周期。

在设置激励信号的时间参数时，要注意添加单位，以免设置出错。

2．Overshoot-Falling Edge（信号下降沿的过冲）规则

信号下降沿的过冲定义了信号下降边沿允许的最大过冲量，即信号下降沿低于信号基准值的最大阻尼振荡，系统默认的单位是伏特。Overshoot-Falling Edge（信号下降沿的过冲）规则的设置对话框如图 10-4 所示。

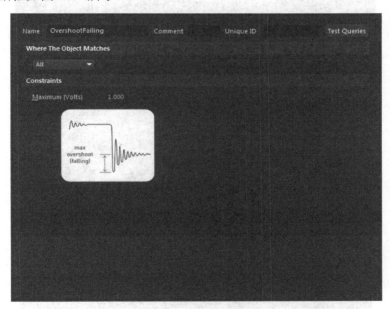

图 10-4　Overshoot-Falling Edge（信号下降沿的过冲）规则设置对话框

3．Overshoot-Rising Edge（信号上升沿的过冲）规则

信号上升沿的过冲与信号下降沿的过冲是相对应的，它定义了信号上升沿允许的最大过冲量，即信号上升沿高于信号高电平值的最大阻尼振荡，系统默认的单位是伏特。Overshoot-Rising Edge（信号上升沿的过冲）规则设置对话框如图 10-5 所示。

4．Undershoot-Falling Edge（信号下降沿的反冲）规则

信号反冲与信号过冲略有区别。信号下降沿的反冲定义了信号下降边沿允许的最大反冲量，即信号下降沿高于信号基准值（低电平）的阻尼振荡，系统默认的单位是伏特。Undershoot-Falling Edge（信号下降沿的反冲）规则设置对话框如图 10-6 所示。

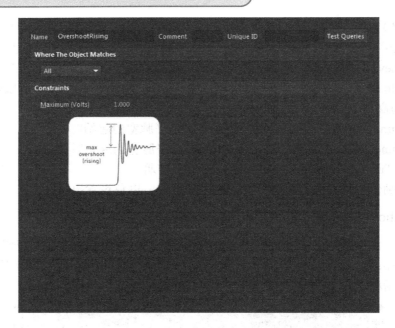

图 10-5　Overshoot-Rising Edge（信号上升沿的过冲）规则设置对话框

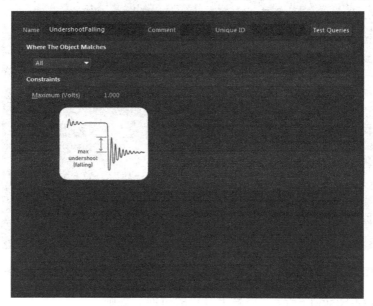

图 10-6　Undershoot-Falling Edge（信号下降沿的反冲）规则设置对话框

5．Undershoot-Rising Edge（信号上升沿的反冲）规则

信号上升沿的反冲与信号下降沿的反冲是相对应的，它定义了信号上升沿允许的最大反冲值，即信号上升沿低于信号高电平值的阻尼振荡，系统默认的单位是伏特。Undershoot-Rising Edge（信号上升沿的反冲）规则设置对话框如图 10-7 所示。

6．Impedance（阻抗约束）规则

阻抗约束定义了电路板上所允许的电阻的最大和最小值，系统默认的单位是欧姆。电阻

值与阻抗和导体的几何外观及电导率、导体外的绝缘层材料及电路板的几何物理分布，以及导体间在 Z 平面域的距离相关。其中绝缘层材料包括电路板的基本材料、工作层间的绝缘层及焊接材料等。

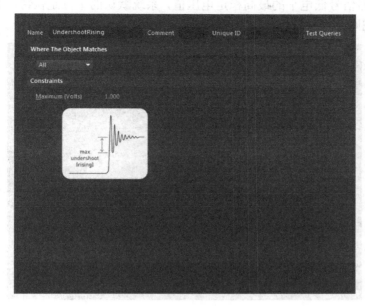

图 10-7　Undershoot-Rising Edge（信号上升沿的反冲）规则设置对话框

7．Signal Top Value（信号高电平）规则

信号高电平定义了线路上信号在高电平状态下所允许的最低稳定电压值，即信号高电平的最低稳定电压，系统默认的单位是伏特。Signal Top Value（信号高电平）规则设置对话框如图 10-8 所示。

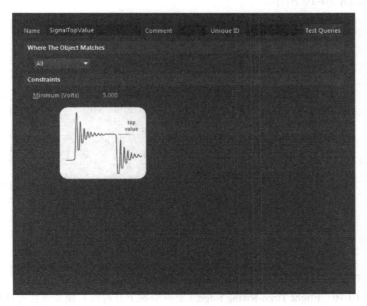

图 10-8　Signal Top Value（信号高电平）规则设置对话框

8．Signal Base Value（信号基准值）规则

信号基准值与信号高电平是相对应的，它定义了线路上信号在低电平状态下所允许的最高稳定电压值，即信号低电平的最高稳定电压值，系统默认的单位是伏特。Signal Base Value（信号基准值）规则设置对话框如图 10-9 所示。

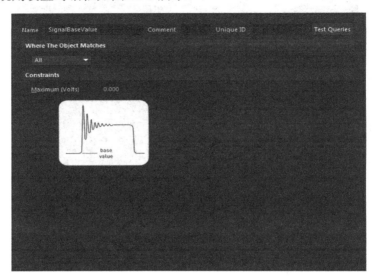

图 10-9　Signal Base Value（信号基准值）规则设置对话框

9．Flight Time-Rising Edge（上升沿的上升时间）规则

上升沿的上升时间定义了信号上升沿允许的最大上升时间，即信号上升沿到达信号幅度值的 50% 时所需的时间，系统默认的单位是秒。Flight Time-Rising Edge（上升沿的上升时间）规则设置对话框如图 10-10 所示。

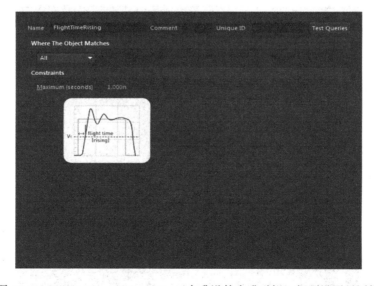

图 10-10　Flight Time-Rising Edge（上升沿的上升时间）规则设置对话框

10. Flight Time-Falling Edge（下降沿的下降时间）规则

下降沿的下降时间是由相互连接电路单元引起的时间延迟，它实际是信号电压降低到门限电压（由高电平变为低电平的过程中）所需要的时间。该时间远小于在该网络的输出端直接连接一个参考负载时信号电平降低到门限电压所需要的时间。

下降沿的下降时间与上升沿的上升时间是相对应的，它定义了信号下降边沿允许的最大下降时间，即信号下降边沿到达信号幅度值的 50%时所需的时间，系统默认的单位是秒。Flight Time-Falling Edge（下降沿的下降时间）规则设置对话框如图 10-11 所示。

11. Slope-Rising Edge（上升沿斜率）规则

上升沿斜率定义了信号从门限电压上升到一个有效的高电平时所允许的最大时间，系统默认的单位是秒。Slope-Rising Edge（上升沿斜率）规则设置对话框如图 10-12 所示。

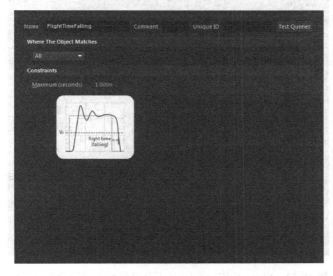

图 10-11　Flight Time-Falling Edge（下降沿的下降时间）规则设置对话框

图 10-12　Slope-Rising Edge（上升沿斜率）规则设置对话框

12．Slope-Falling Edge（下降沿斜率）规则

下降沿斜率与上升沿斜率是相对应的，它定义了信号从门限电压下降到一个有效的低电平时所允许的最大时间，系统默认的单位是秒。Slope-Falling Edge（下降沿斜率）规则设置对话框如图 10-13 所示。

13．Supply Nets（电源网络）规则

电源网络定义了电路板上的电源网络标号。信号完整性分析器需要了解电源网络标号的名称和电压值。

设置好完整性分析的各项规则后，在工程文件中打开某个 PCB 设计文件，系统即可根据信号完整性的规则设置对印制电路板进行板级信号完整性分析。

图 10-13　Slope-Falling Edge（下降沿斜率）规则设置对话框

10.3　设定元件的信号完整性模型

与第 9 章中的电路原理图仿真过程类似，Altium Designer 18 的信号完整性分析也是建立在模型基础之上的，这种模型就称为信号完整性模型，简称 SI 模型。

与封装模型、仿真模型一样，SI 模型也是元件的一种外在表现形式。很多元件的 SI 模型与相应的原理图符号、封装模型、仿真模型一起，由系统存放在集成库文件中。因此，与设定仿真模型类似，也需要对元件的 SI 模型进行设定。

元件的 SI 模型可以在信号完整性分析之前设定，也可以在信号完整性分析的过程中进行设定。

10.3.1　在信号完整性分析之前设定元件的 SI 模型

Altium Designer 18 中提供了若干种可以设定 SI 模型的元件类型，如 IC（集成电路）、Resistor（电阻元件）、Capacitor（电容元件）、Connector（连接器类元件）、Diode（二极

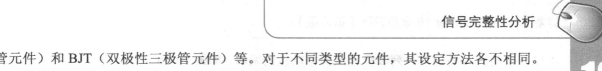

管元件）和 BJT（双极性三极管元件）等。对于不同类型的元件，其设定方法各不相同。

单个的无源元件，如电阻、电容等，设定比较简单。

1. 无源元件的SI模型设定

（1）在电路原理图中，双击所放置的某一无源元件，打开相应的元件属性面板，这里打开前面章节的原理图文件，双击一个电阻。

（2）在元件属性面板 General（通用）选项卡中，双击 Models（模型）栏下方的 Add（添加）按钮，选择 Signal Integrity（信号完整性）选项，如图 10-14 所示。

（3）系统弹出如图 10-15 所示的 Signal Integrity Model（信号完整性模型）对话框，在 Type（类型）下拉列表框中选择相应的类型。此时选择 Resistor（电阻器）选项，然后在 Value（值）文本框中输入适当的电阻值。

图 10-14　添加模型

若在元件属性对话框 Models（模型）选项组的 Type（类型）栏中，元件的 Signal Integrity（信号完整性）模型已经存在，则双击后，系统同样弹出如图 10-15 所示的 Signal Integrity Model（信号完整性模型）对话框。

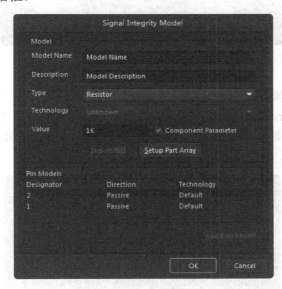

图 10-15　Signal Integrity Model（信号完整性模型）对话框

（4）单击 OK（确定）按钮，即可完成该无源元件的 SI 模型设定。

对于 IC 类的元件，其 SI 模型的设定同样是在 Signal Integrity Model（信号完整性模型）对话框中完成的。一般来说，只需要设定其内部结构特性就够了，如 CMOS、TTL 等。但是在一些特殊的应用中，为了更准确地描述管脚的电气特性，还需要进行一些额外的设定。

2. 新建管脚模型

Signal Integrity Model（信号完整性模型）对话框的 Pin Models（管脚模型）列表框中列出了元件的所有管脚，在这些管脚中，电源性质的管脚是不可编辑的。而对于其他管脚，则可以直接用其右侧的下拉列表框完成简单功能的编辑。如图 10-16 所示，将某一 IC 类元件的某一输入管脚的技术特性，即工艺类型设定为 "AS" （Advanced Schottky Logic，高级肖特基逻辑晶体管）。

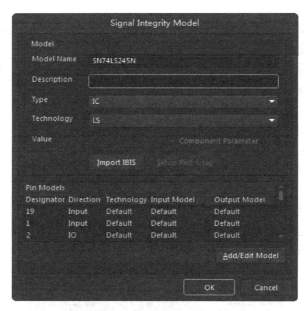

图 10-16　IC 元件的管脚编辑

如果需要进一步编辑，可以进行如下的操作。

（1）在 Signal Integrity Model（信号完整性模型）对话框中，单击 Add/Edit Model（添加/编辑模型）按钮，系统将弹出相应的 Pin Model Editor（管脚模型编辑器）对话框，如图 10-17 所示。

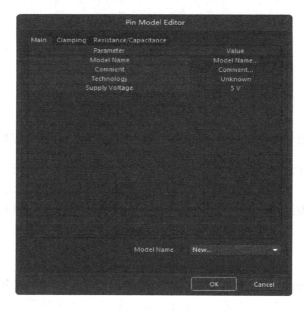

图 10-17　管脚模型编辑器对话框

（2）单击 OK（确定）按钮，返回 Signal Integrity Model（信号完整性模型）对话框，可以看到添加了一个新的输入管脚模型供用户选择。

另外，为了简化设定 SI 模型的操作，以及保证输入的正确性，对于 IC 类元件，一些公司提供了现成的管脚模型供用户选择使用，这就是 IBIS（Input/Output Buffer Information Specification，输入、输出缓冲器信息规范）文件，扩展名为 ".ibs"。

使用 IBIS 文件的方法很简单，在 Signal Integrity Model（信号完整性模型）对话框中单击 Import IBIS（输入 IBIS）按钮，打开已下载的 IBIS 文件就可以。

（3）对元件的 SI 模型设定之后，单击菜单栏中的 "设计" →Update PCB Document（更新 PCB 文件）命令，即可完成相应 PCB 文件的同步更新。

10.3.2 在信号完整性分析过程中设定元件的 SI 模型

在信号完整性分析过程中设定元件 SI 模型的具体操作步骤如下。

（1）打开执行信号完整性分析的工程，这里打开配套资源目录文件夹下 "X:\yuanwenjian\ch10\example" 一个简单的设计工程 SY.PrjPCB，打开的 SY.PcbDoc 工程文件如图 10-18 所示。

（2）选择菜单栏中的 "工具" →Signal Integrity（信号完整性）命令，系统开始运行信号完整性分析器，弹出如图 10-19 所示的信号完整性分析器，其具体设置将在 10.4 节中详细介绍。

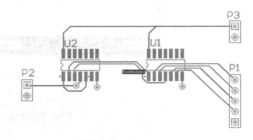

图 10-18　SY.PcbDoc 工程文件

（3）单击 Model Assignments... 按钮，系统将弹出 SI 模型参数设定对话框，显示所有元件的 SI 模型设定情况，供用户参考或修改，如图 10-20 所示。

SI 模型参数设定对话框的列表框中左侧第 1 列显示的是已经为元件选定的 SI 模型，用户可以根据实际情况，对不合适的模型类型直接单击进行更改。

对于 IC（集成电路）类型的元件，在对应的 "值/类型" 列中显示了其制造工艺类型，该项参数对信号完整性分析的结果有着较大的影响。

在 Status（状态）列中，显示了当前模型的状态。实际上，选择菜单栏中的 "工具" →Signal Integrity（信号完整性）命令，开始运行信号完整性分析器的时候，系统已经为一些没有设定 SI 模型的元件添加了模型，这里的状态信息就表示了这些自动加入的模型的可信程度，供用户参考。状态信息一般有以下几种。

① Model Found（找到模型）：已经找到元件的 SI 模型。

② High Confidence（高可信度）：自动加入的模型是高度可信的。

③ Medium Confidence（中等可信度）：自动加入的模型可信度为中等。

④ Low Confidence（低可信度）：自动加入的模型可信度较低。

⑤ No Match（不匹配）：没有合适的 SI 模型类型。

⑥ User Modified（用户修改的）：用户已修改元件的 SI 模型。

⑦ Model Saved（保存模型）：原理图中的对应元件已经保存了与 SI 模型相关的信息。

在列表框中完成需要的设定以后，这个结果应该保存到原理图源文件中，以便下次使用。勾选要保存元件右侧的复选框后，单击 Update Models in Schematic（更新模型到原理图中）

按钮，即可完成 PCB 与原理图中 SI 模型的同步更新保存。保存后的模型状态信息均显示为 Model Saved（保存模型）。

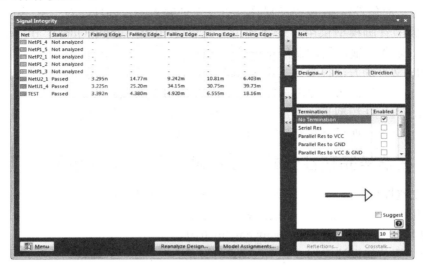

图 10-19   信号完整性分析器

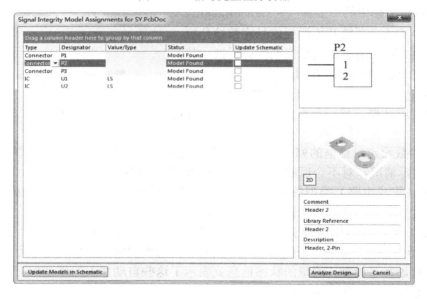

图 10-20   元件的 SI 模型设定对话框

10.4   信号完整性分析器设置

在对信号完整性分析的有关规则及元件的 SI 模型设定有了初步了解以后，下面来看一下如何进行基本的信号完整性分析。在这种分析中，所涉及的一种重要工具就是信号完整性分析器。

信号完整性分析可以分为两步进行，第一步是对所有可能需要进行分析的网络进行一次初步的分析，从中可以了解到哪些网络的信号完整性最差；第二步是筛选出一些信号进行进一步的分析。这两步的具体实现都是在信号完整性分析器中进行的。

Altium Designer 18 提供了一个高级的信号完整性分析器，能精确地模拟分析已布线的PCB，可以测试网络阻抗、反冲、过冲、信号斜率等。其设置方式与 PCB 设计规则一样，首先启动信号完整性分析器，再打开某一工程的某一 PCB 文件，选择菜单栏中的"工具"→Signal Integrity（信号完整性）命令，系统开始运行信号完整性分析器。

信号完整性分析器界面如图 10-21 所示，主要由以下几部分组成。

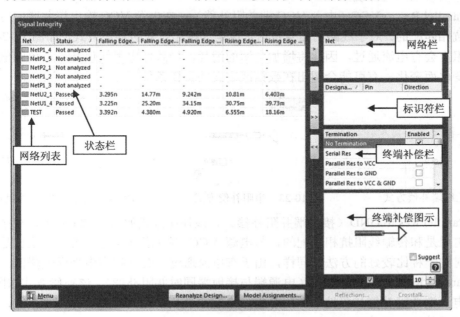

图 10-21　信号完整性分析器界面

1. Net（网络列表）栏

网络列表中列出了 PCB 文件中所有可能需要进行分析的网络。在分析之前，可以选中需要进一步分析的网络，单击 > 按钮添加到右侧的网络栏中。

2. Status（状态）栏

用于显示对某个网络进行信号完整性分析后的状态，包括以下 3 种状态。

（1）Passed（通过）：表示通过，没有问题。

（2）Not analyzed（无法分析）：表明由于某种原因导致对该信号的分析无法进行。

（3）Failed（失败）：分析失败。

3. Designator（标识符）栏

标示符栏用于显示在网络栏中选定的网络所连接元件的管脚及信号的方向。

4. Termination（终端补偿）栏

在 Altium Designer 18 中对 PCB 进行信号完整性分析时，还需要对线路上的信号进行终端补偿测试，其目的是测试传输线中信号的反射与串扰，以便使 PCB 中的线路信号达到最优。

在终端补偿栏中，系统提供了 8 种信号终端补偿方式，相应的图示显示在下面的图示栏中。

（1）No Termination（无终端补偿）。该补偿方式如图 10-22 所示，即直接进行信号传输，对终端不进行补偿，是系统的默认方式。

（2）Serial Res（串阻补偿）。该补偿方式如图 10-23 所示，即在点对点的连接方式中，直接串入一个电阻，以降低外部电压信号的幅值，合适的串阻补偿将会使信号正确传输到接收端，消除接收端的过冲现象。

（3）Parallel Res to VCC（电源 VCC 端并阻补偿）。在电源 VCC 输出端并联的电阻是和传输线阻抗相匹配的，对于线路的信号反射，这是一种比较好的补偿方式，如图 10-24 所示。由于该电阻上会有电流通过，因此将增加电源的消耗，导致低电平阀值升高。该阀值会根据电阻值的变化而变化，有可能会超出在数据区定义的操作条件。

图 10-22　无终端补偿方式　　　　图 10-23　串阻补偿方式　　　　图 10-24　电源 VCC 端并阻补偿方式

（4）Parallel Res to GND（接地端并阻补偿）。该补偿方式如图 10-25 所示，在接地输入端并联的电阻是和传输线阻抗相匹配的，与电源 VCC 端并阻补偿方式类似，这也是补偿线路信号反射的一种比较好的方法。同样，由于有电流通过，会导致高电平阀值降低。

（5）Parallel Res to VCC & GND（电源端与接地端同时并阻补偿）。该补偿方式如图 10-26 所示，将电源端并阻补偿与接地端并阻补偿结合起来使用，适用于 TTL 总线系统，而对于 CMOS 总线系统则一般不建议使用。

由于该补偿方式相当于在电源与地之间直接接入了一个电阻，通过的电流将比较大，因此对于两电阻的阻值应折中分配，以防电流过大。

（6）Parallel Cap to GND（接地端并联电容补偿）。该补偿方式如图 10-27 所示，即在信号接收端对地并联一个电容，可以降低信号噪声。该补偿方式是制作 PCB 印制板时最常用的方式，能够有效地消除铜膜导线在走线拐弯处所引起的波形畸变，最大的缺点是波形的上升沿或下降沿会变得太平坦，导致上升时间和下降时间增加。

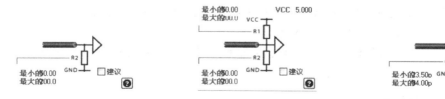

图 10-25　接地端并阻补偿方式　　　图 10-26　电源端与接地端　　　图 10-27　接地端并联电容补偿方式
　　　　　　　　　　　　　　　　　　同时并阻补偿方式

（7）Res and Cap to GND（接地端并阻、并容补偿）。该补偿方式如图 10-28 所示，即在接收输入端对地并联一个电容和一个电阻，与接地端仅仅并联电容的补偿效果基本一样，只不过在补偿网络中不再有直流电流通过。而且与接地端仅仅并联电阻的补偿方式相比，能够使得线路信号的边沿比较平坦。

在大多数情况下，当时间常数 RC 大约为延迟时间的 4 倍时，这种补偿方式可以使传输线上的信号充分终止。

（8）Parallel Schottky Diode（并联肖特基二极管补偿）。该补偿方式如图 10-29 所示，在传输线补偿端的电源和地端并联肖特基二极管可以减小接收端信号的过冲和下冲值。大多数标准逻辑集成电路的输入电路都采用了这种补偿方式。

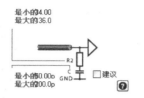

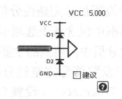

图 10-28　接地端并阻、并容补偿方式　　　　　图 10-29　并联肖特基二极管补偿方式

5．Perform Sweep（执行扫描）复选框

若勾选"执行扫描"复选框，则信号分析时会按照用户所设置的参数范围，对整个系统的信号完整性进行扫描，类似于电路原理图仿真中的参数扫描方式。扫描步长可以在后面的文本框中进行设置，一般应勾选该复选框，扫描步长采用系统默认值即可。

6．Menu（菜单）按钮

单击 Menu（菜单）按钮，系统将弹出如图 10-30 所示的菜单，其中各命令的功能如下。

（1）Select net（选择网络）：单击该命令，系统会将选中的网络添加到右侧的网络栏内。

（2）Details（详细资料）：单击该命令，系统将弹出如图 10-31 所示的 Full Result（整个结果）对话框，显示在网络列表中所选的网络详细分析情况，包括元件个数、导线条数，以及根据所设定的分析规则得出的各项参数等。

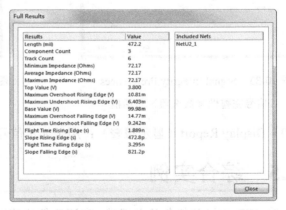

图 10-30　菜单命令　　　　　　　　图 10-31　Full Result（整个结果）对话框

（3）Find Coupled Nets（找到关联网络）：单击该命令，可以查找所有与选中的网络有关联的网络，并高亮显示。

（4）Cross Probe（通过探查）：包括 To Schematic（到原理图）和 To PCB（到 PCB）两个子命令，分别用于在原理图中或者在 PCB 文件中查找所选中的网络。

（5）Copy（复制）：复制所选中的网络，包括 Select（选择）和 All（所有）两个子命令，分别用于复制选中的网络和选中所有网络。

（6）Show/Hide Columns（显示/隐藏纵队）：该命令用于在网络列表栏中显示或者隐藏一些分析数据列。Show/Hide Columns（显示/隐藏纵队）命令子菜单如图 10-32 所示。

（7）Preferences（参数）：单击该命令，用户可以在弹出的对话框中设置信号完整性分析的相关选项，如图 10-33 所示。该对话框中包含若干选项卡，对应不同的设置内容。在信号完整性分析中，用到的主要是 Configuration（配置）选项卡，用于设置信号完整性分析的时间和步长。

（8）Set Tolerances（设置公差）：单击该命令后，系统将弹出如图 10-34 所示的 Set Screening Analysis Tolerances（设置扫描分析公差）对话框。公差（Tolerance）用于限定一个误差范围，规定了允许信号变形的最大值和最小值。将实际信号的误差值与这个范围相比较，就可以查看信号的误差是否合乎要求。对于显示状态为 Failed（失败）的信号，其失败的主要原因是信号超出了误差限定的范围。因此，在进行进一步分析之前，应先检查公差限定是否太过严格。

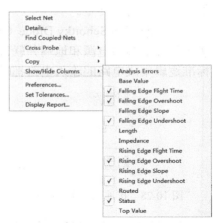

图 10-32　Show/Hide Columns（显示/隐藏纵队）命令子菜单

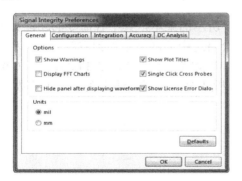

图 10-33　Signal Integrity Preferences（信号完整性参数选项）对话框

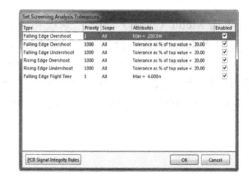

图 10-34　Set Screening Analysis Tolerances（设置扫描分析公差）对话框

（9）Display Report（显示报表）：用于显示信号完整性分析报表。

10.5　综合实例

随着 PCB 的日益复杂及大规模、高速元件的使用，对电路的信号完整性分析变得非常重要。本节将通过电路原理图及 PCB 电路板，详细介绍对电路进行信号完整性分析的步骤。

利用资源文件目录文件夹下"X:\yuanwenjian\ch10\10.5\信号完整性分析应用设计"，如图 10-35 所示的电路原理图和如图 10-36 所示的 PCB 电路板图，完成电路板的信号完整性分析。通过实例，使读者熟悉和掌握 PCB 电路板的信号完整性规则的设置、信号的选择及 Termination Advisor（终端顾问）对话框的设置，最终完成信号波形输出。

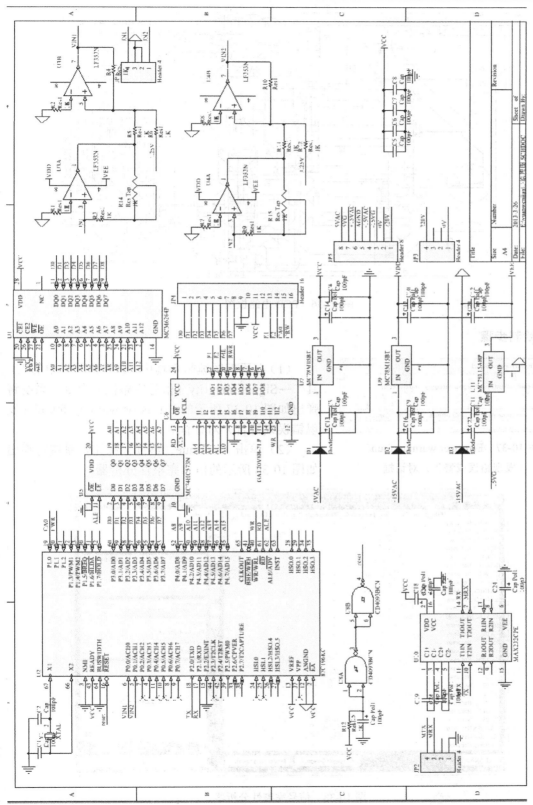

信号完整性分析

图 10-35 电路原理图

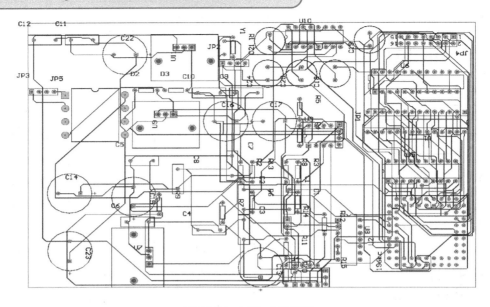

图 10-36　PCB 电路板图

绘制步骤

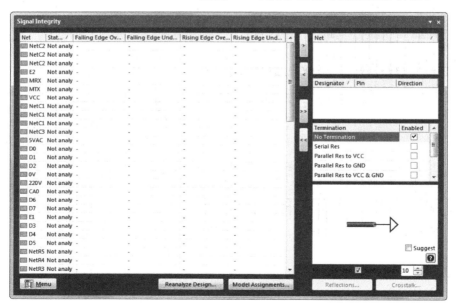

图 10-37　Errors or warning found
（发现错误或警告）对话框

（1）在原理图编辑环境中，选择菜单栏中的"工具"→Signal Integrity（信号完整性）命令，系统将弹出如图 10-37 所示的 Errors or warning found（发现错误或警告）对话框。

（2）单击 Continue（继续）按钮，系统将弹出如图 10-38 所示的信号完整性分析器。

图 10-38　信号完整性分析器

（3）选择 D1 信号，单击 ▣ 按钮将 D1 信号添加到 Net（网络）栏中，在下面的窗口中显示出与 D1 信号有关的元件 JP4、U1、U2、U5，如图 10-39 所示。

（4）在终端补偿栏中，系统提供了 8 种信号终端补偿方式，相应的图示显示在下面的图示栏中。选择 No Termination（无终端补偿）补偿方式，然后单击 Reflections（显示）按钮，显示无补偿时的波形，如图 10-40 所示。

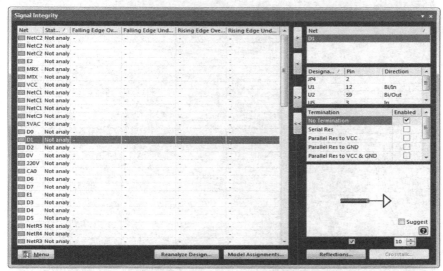

图 10-39　添加 D1 信号到网络栏

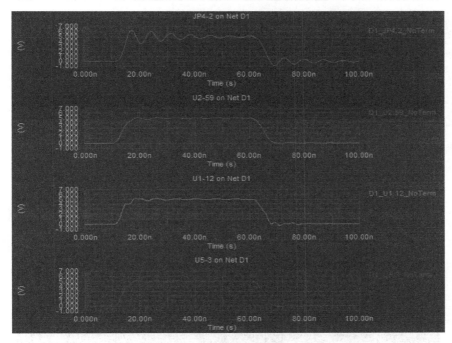

图 10-40　无补偿时的波形

（5）在 Termination（端接方式）栏中选择 Serial Res（串阻补偿）补偿方式，然后单击 Reflections（显示）按钮，显示串阻补偿时的波形，如图 10-41 所示。

（6）在 Termination（端接方式）栏中选择 Parallel Cap to GND（接地端并阻补偿）补偿方式，然后单击 Reflections（显示）按钮，显示接地端并阻补偿时的波形，如图 10-42 所示，其余的补偿方式请读者自行练习。

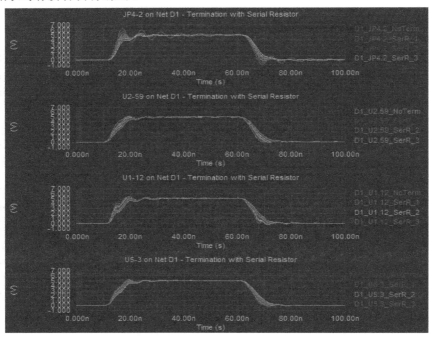

图 10-41　串阻补偿时的波形

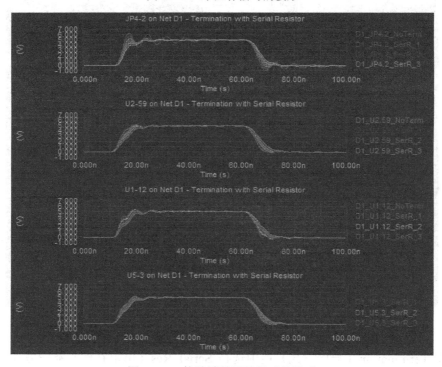

图 10-42　接地端并阻补偿时的波形

Chapter

绘制元器件

11

本章首先详细介绍各种绘图工具的使用，然后讲解原理图库文件编辑器的使用，并通过实例讲述如何创建原理图库文件以及绘制库元器件的具体步骤。在此基础上，再介绍库元器的管理以及库文件输出报表的方法。

通过本章的学习，读者可以对绘图工具以及原理图库文件编辑器的使用有一定了解，能够完成简单原理图符号的绘制。

11.1 绘图工具介绍

绘图工具主要用在原理图中绘制各种标注信息以及各种图形，下面介绍几种原理图库绘制工具。

11.1.1 绘图工具

由于绘制的这些图形在电路原理图中只起到说明和修饰作用，不具有任何电气意义，所以系统在做电气检查（ERC）及转换成网络表时，它们不会产生任何影响。

（1）选择菜单栏中的"放置"→"绘图工具"命令，弹出如图 11-1 所示的绘图工具菜单，选择菜单中不同的命令，就可以绘制各种图形。

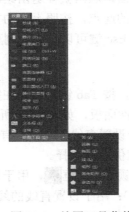

图 11-1 绘图工具菜单

（2）单击"应用工具"按钮 ，弹出绘图工具栏，如图 11-2 所示。绘图工具栏中的各项与绘图工具菜单中的命令具有对应关系。

- ：用于绘制直线。
- ：用于绘制多边形。
- ：用于在原理图中添加文字说明。
- ：用于在原理图中添加文本框。
- ：用于绘制直角矩形。
- ：用于绘制圆角矩形。
- ：用于绘制椭圆或圆。
- ：用于往原理图上粘贴图片。
- ：用于往原理图上阵列粘贴。

图 11-2　绘图工具栏

11.1.2　绘制直线

在电路原理图中，绘制的直线在功能上完全不同于前面所讲的导线，它不具有电气连接意义，所以不会影响电路的电气结构。

1. 启动绘制直线命令

启动绘制直线命令的方法如下，主要有两种方法。

（1）选择菜单栏中的"放置"→"绘图工具"→"线"命令。

（2）单击"应用工具"工具栏中的"实用工具"按钮 下拉菜单中的 （放置线）按钮。

2. 绘制直线

启动绘制直线命令后，光标变成十字形，系统处于绘制直线状态。在指定位置单击左键确定直线的起点，移动光标形成一条直线，在适当的位置再次单击左键确定直线终点。若在绘制过程中，需要转折，在折点处单击鼠标左键确定直线转折的位置，每转折一次都要单击鼠标一次。转折时，可以通过按 Shift+空格键来切换选择直线转折的模式，与绘制导线一样，也有 3 种模式，分别是直角、45°角和任意角。

绘制出第一条直线后，右击鼠标退出绘制第一条直线。此时系统仍处于绘制直线状态，将鼠标移动到新的直线的起点，按照上面的方法继续绘制其他直线。

单击鼠标右键或按 Esc 键可以退出绘制直线状态。

3. 直线属性设置

在绘制直线状态下，按 Tab 键，或者在完成直线绘制后，双击需要设置属性的直线，弹出 PolyLine（折线）属性面板，如图 11-3 所示。

Line（线宽）：用于设置直线的线宽。有 Smallest（最小）、Small（小）、Medium（中等）和 Large（大）4 种线宽供用户选择。

颜色设置：单击该颜色显示框 ，用于设置直线的颜色。

Line Style（线种类）：用于设置直线的线型。有 Solid（实线）、Dashed（虚线）和 Dotted（点划线）3 种线型可供选择。

Start Line Shape（结束块外形）：用于设置直线起始端的线型。

End Line Shape（开始块外形）：用于设置直线截止端的线型。

Line Size Shape（线尺寸外形）：用于设置所有直线的线型。

Vertices（顶点）选项组：用于设置直线各顶点的坐标值，用户可以改变每一个点中的 X、Y 值来改变各点的位置。

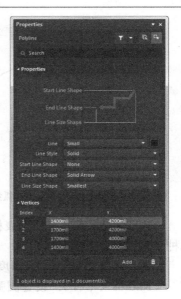

图 11-3　直线属性设置面板

11.1.3　绘制弧

除了绘制直线以外，用户还可以用绘图工具绘制曲线，比如绘制圆弧。

绘制圆弧时，不需要确定宽度和高度，只需确定圆弧的圆心、半径以及起始点和终止角就可以了。

绘制圆弧的步骤如下。

（1）启动绘制圆弧命令

选择菜单栏中的"放置"→"绘图工具"→"弧"命令或在原理图的空白区域单击鼠标右键，在弹出的菜单中选择"放置"→"绘图工具"→"弧"命令，即可以启动绘制圆弧命令。

（2）绘制圆弧

① 启动绘制圆弧命令后，光标变成十字形。将光标移到指定位置。单击鼠标左键确定圆弧的圆心，如图 11-4 所示。

② 此时，光标自动移到圆弧的圆周上，移动鼠标可以改变圆弧的半径。单击鼠标左键确定圆弧的半径，如图 11-5 所示。

③ 光标自动移动到圆弧的起始角处，移动鼠标可以改变圆弧的起始点。单击鼠标左键确定圆弧的起始点，如图 11-6 所示。

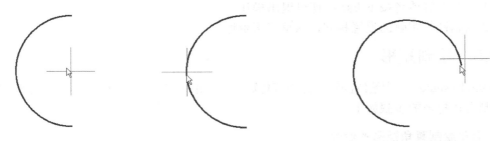

图 11-4　确定圆弧圆心　　　图 11-5　确定圆弧半径　　　图 11-6　确定圆弧起始点

④ 此时，光标移到圆弧的另一端，单击鼠标左键确定圆弧的终止点，如图 11-7 所示。一条圆弧绘制完成，系统仍处于绘制圆弧状态，若需要继续绘制，则按上面的步骤绘制，若要退出绘制，则单击鼠标右键或按 Esc 键。

（3）圆弧属性设置

在绘制状态下，按 Tab 键或者绘制完成后，双击需要设置属性的圆弧，弹出 Arc 圆弧属性设置面板，如图 11-8 所示。

图 11-7　确定圆弧终止点

图 11-8　圆弧属性设置

Width（线宽）下拉列表框：设置弧线的线宽，有 Smallest、Small、Medium 和 Large 四种线宽可供用户选择。

颜色设置：设置圆弧宽度后面的颜色块。

Radius（半径）：设置圆弧的半径长度。

Start Angle（起始角度）：设置圆弧的起始角度。

End Angle（终止角度）：设置圆弧的结束角度。

[X/Y]：设置圆弧的位置。

11.1.4　绘制圆

圆是圆弧的一种特殊形式。

圆的绘制步骤如下。

（1）执行"放置"→"绘图工具"→"圆圈"命令，这时光标变成十字形状，移动光标到需要放置圆的位置处，第 1 次单击鼠标左键确定圆的中心，第 2 次确定圆的半径，从而完成圆的绘制。

（2）此时光标仍处于绘制圆的状态，重复步骤（1）的操作即可绘制其他的圆。

单击鼠标右键或者按下 Esc 键便可退出操作。

设置圆属性与圆弧的设置相同，这里不再赘述。

11.1.5　绘制矩形

Altium Designer 18 中绘制的矩形分为直角矩形和圆角矩形两种。它们的绘制方法基本相同。

绘制直角矩形的步骤如下。

1．启动绘制直角矩形的命令

（1）选择菜单栏中的"放置"→"绘图工具"→"矩形"命令。

在原理图的空白区域单击鼠标右键，在弹出的菜单中选择"放置"→"绘图工具"→"矩形"命令。

（2）单击"应用工具"工具栏中的"实用工具"按钮 下拉菜单中的□（矩形）按钮。

2．绘制直角矩形

启动绘制直角矩形的命令后，光标变成十字形。将十字光标移到指定位置，单击鼠标左

键，确定矩形左上角位置，如图 11-9 所示。此时，光标自动跳到矩形的右下角，拖动鼠标，调整矩形至合适大小，再次单击鼠标左键，确定右下角位置，如图 11-10 所示。矩形绘制完成。此时系统仍处于绘制矩形状态，若需要继续绘制，则按上面的方法绘制，否则单击鼠标右键或按 Esc 键，退出绘制命令。

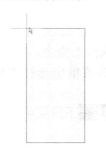

图 11-9　确定矩形左上角　　　　　　图 11-10　确定矩形右下角

3. 直角矩形属性设置

在绘制状态下，按 Tab 键或者绘制完成后，双击需要设置属性的矩形，弹出矩形属性编辑面板，如图 11-11 所示。

Width（宽度）文本框：设置矩形的宽。

Height（高度）文本框：设置矩形的高。

Border（边界）：设置矩形的边框粗细和颜色，矩形的边框线型，有 Smallest、Small、Medium 和 Large 四种线宽可供用户选择。

颜色设置：设置矩形宽度后面的颜色块。

Filled Color（填充颜色）：设置多边形的填充颜色。选中后面的颜色块，多边形将以该颜色填充多边形，此时单击多边形边框或填充部分都可以选中该多边形。

Transparent（透明的）复选框：选中该复选框则多边形为透明的，内部无填充颜色。

[X/Y]：设置矩形起点的位置坐标。

圆角矩形的绘制方法与直角矩形的绘制方法基本相同，不再重复讲述。圆角矩形的属性设置如图 11-12 所示。在该对话框中多出两项，Corner X Radius（X 方向的圆角半径）用于设置圆角矩形转角的宽度（X 半径），Corner Y Radius（Y 方向的圆角半径）用于设置转角的高度（Y 半径）。

图 11-11　矩形属性设置面板　　　　　图 11-12　圆角矩形的属性设置面板

11.1.6 绘制椭圆

Altium Designer 18 中绘制椭圆和圆的工具是一样的。当椭圆的长轴和短轴的长度相等时，椭圆就变成圆。因此，绘制椭圆与绘制圆本质上是一样的。

1．启动绘制椭圆的命令

（1）选择菜单栏中的"放置"→"绘图工具"→"椭圆"命令。

（2）在原理图的空白区域单击鼠标右键，在弹出的菜单中选择"放置"→"绘图工具"→"椭圆"命令。

（3）单击"应用工具"工具栏中的"实用工具"按钮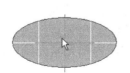下拉菜单中的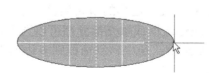（椭圆）按钮。

2．绘制椭圆

（1）启动绘制椭圆命令后，光标变成十字形。将光标移到指定位置，单击鼠标左键，确定椭圆的圆心位置，如图 11-13 所示。

（2）光标自动移到椭圆的右顶点，水平移动光标改变椭圆水平轴的长短，在合适位置单击鼠标左键确定水平轴的长度，如图 11-14 所示。

（3）此时光标移到椭圆的上顶点处，垂直拖动鼠标改变椭圆垂直轴的长短，在合适位置单击鼠标，完成一个椭圆的绘制，如图 11-15 所示。

图 11-13　确定椭圆圆心　　　　图 11-14　确定椭圆水平轴长度 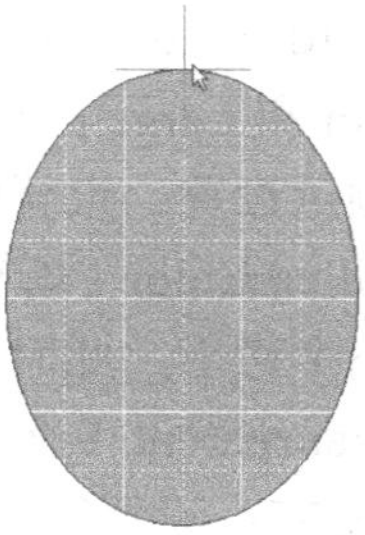　　　　图 11-15　绘制完成的椭圆

（4）此时系统仍处于绘制椭圆状态，可以继续绘制椭圆。若要退出，单击鼠标右键或按 Esc 键。

3．椭圆属性设置

在绘制状态下，按 Tab 键或者绘制完成后，双击需要设置属性的椭圆，弹出椭圆属性编辑面板，如图 11-16 所示。

此面板用于设置椭圆的圆心坐标（位置 X、Y）、水平轴长度（X 半径）、垂直轴长度（Y 半径）、Border（边界）以及 Filled Color（填充颜色）等。

当需要绘制一个圆时，直接绘制存在一定的难度，用户可以先绘制一个椭圆，然后在其属性对话框中设置，让水平轴长度（X 半径）等于垂直轴长度（Y 半径），即可以得到一个圆。

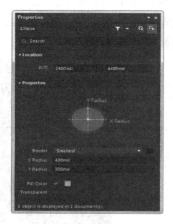

图 11-16　椭圆属性设置面板

11.2 原理图库文件编辑器

对于元器件库中没有的元器件，用户可以利用 Altium Designer 18 系统提供的库文件编辑器来设计一个所需要的元器件，下面介绍原理图库文件编辑器。

11.2.1 启动原理图库文件编辑器

通过新建一个原理图库文件，或者通过打开一个已有的原理图库文件，都可以启动进入原理图库文件编辑环境中。

1. 新建一个原理图库文件

选择菜单栏中的 File（文件）→新的→Library（库）→原理图库命令，如图 11-17 所示。

图 11-17　启动原理图库文件编辑器

执行该命令后，系统会在 Projects（工程）面板中创建一个默认名为 SchLib1.SchLib 的原理图库文件，同时启动原理图库文件编辑器。

2. 保存并重新命名原理图库文件

选择菜单栏中的"文件"→"保存"命令，或单击主工具栏上的保存按钮🖫，弹出保存文件对话框。将该原理图库文件重新命名为 MySchLib1.SchLib，并保存在指定位置。保存后返回到原理图库文件编辑环境中，如图 11-18 所示。

11.2.2 原理图库文件编辑环境

如图 11-18 所示为原理图库文件编辑环境，与电路原理图编辑环境相似，操作方法也基本相同。主要由菜单栏、工具栏、实用工具栏、编辑窗口及原理图库文件面板等几大部分构成。

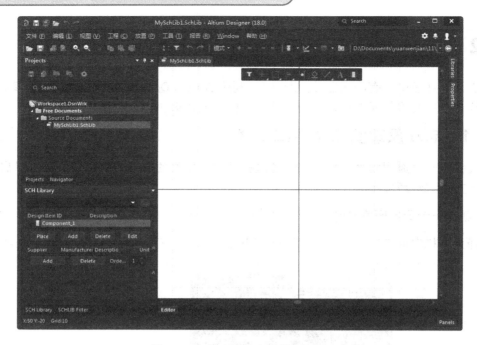

图 11-18　原理图库文件编辑环境

11.2.3　实用工具栏介绍

1. 原理图符号绘制工具栏

单击"应用工具"工具栏中的"实用工具"按钮 下拉菜单，弹出原理图符号绘制工具栏，如图 11-19 所示。

此工具栏中的大部分按钮与主菜单"放置"中的命令相对应，如图 11-20 所示。其中大部分与前面讲的绘图工具操作相同。在此不再重复讲述，只对增加的几项简单介绍一下。

● ：用于新建元器件原理图符号。
● ：用于放置元器件的子部件。
● ：用于放置元器件管脚。

图 11-19　实用工具栏

图 11-20　放置菜单

2．IEEE符号工具栏

单击"应用工具"工具栏中的  按钮，弹出 IEEE 符号工具栏，如图 11-21 所示。

这些按钮的功能与原理图库文件编辑器中"放置"→IEEE Symbols（IEE 符号）菜单中的命令相对应。

- ○ ：放置低电平触发符号。
- ← ：放置信号左向传输符号，用于指示信号传输的方向。
- ▷ ：放置时钟上升沿触发符号。
- ㄴ ：放置低电平输入触发符号。
- ⌒ ：放置模拟信号输入符号。
- ＊ ：放置无逻辑性连接符号。
- ㄱ ：放置延时输出符号。
- ◇ ：放置集电极开极输出符号。
- ▽ ：放置高阻抗符号。
- ▷ ：放置大电流符号。
- ⊓ ：放置脉冲符号。
- ⊢⊣ ：放置延时符号。
-] ：放置 I/O 组合符号。
- } ：放置二进制组合符号。
- ⊦ ：放置低电平触发输出符号。
- π ：放置Π符号。
- ≥ ：放置大于等于号。
- ◇ ：放置具有上拉电阻的集电极开极输出符号。
- ◇ ：放置发射极开极输出符号。
- ◇ ：放置具有下拉电阻的发射极开极输出符号。
- # ：放置数字信号输入符号。
- ▷ ：放置反相器符号。
- Ɖ ：放置或门符号。
- ◁▷ ：放置双向信号流符号。
- ▢ ：放置与门符号。
- ⊅ ：放置异或门符号。
- ← ：放置数据信号左移符号。
- ≤ ：放置小于等于号。
- Σ ：放置Σ加法符号。
- ⊓ ：放置带有施密特触发的输入符号。
- → ：放置数据信号右移符号。
- ◇ ：放置开极输出符号。
- ▷ ：放置信号右向传输符号。
- ◁▷ ：放置信号双向传输符号。

图 11-21　IEEE 符号工具栏

3．模式工具栏

模式工具栏用于控制当前元器件的显示模式，如图 11-22 所示。

- 模式：用于为当前元器件选择一种显示模式，系统默认为 Normal。
- ✦：用于为当前元器件添加一种显示模式。
- ━：用于删除元器件的当前显示模式。
- ◀：用于切换到前一种显示模式。
- ▶：用于切换到后一种显示模式。

图 11-22　模式工具栏

11.2.4　工具菜单的库元器件管理命令

在原理图库文件编辑环境中，系统为用户提供了一系列管理库元器件的命令。执行菜单命令"工具"，弹出库元器件管理菜单命令，如图 11-23 所示。

- 新器件：用于创建一个新的库元器件。
- Symbol Wizard：用于创建一个新的库元器件。
- 移除器件：用于删除当前元器件库中选中的元器件。
- 移除重复：用于删除元器件库中重复的元器件。
- 复制器件：用于将选中的元器件复制到指定的元器件库中。
- 移动器件：用于把当前选中的元器件移动到指定的元器件库中。
- 新部件：用于放置元器件的子部件，其功能与原理图符号绘制工具栏中的 ➷ 按钮相同。
- 移除部件：用于删除子部件。
- 模式：用于管理库元器件的显示模式，其功能与模式工具栏相同。
- 转到：用于对库元器件以及子部件进行快速切换定位。
- 查找器件：用于查找元器件。其功能与"库"面板中的"查找"按钮相同。
- 参数管理器：用于进行参数管理。执行该命令后，弹出参数编辑选项对话框，如图 11-24 所示。

图 11-23　工具菜单命令

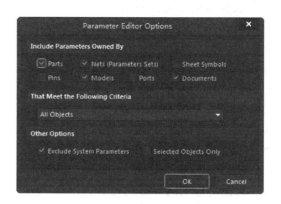

图 11-24　参数编辑选项对话框

在该对话框中，Include Parameters Owned By（包含特有的参数）选项区中有 7 个复选框，主要用于设置所要显示的参数，如元器件、网络（参数设置）、页面符号库、管脚、模型、端口、文件。单击 OK 按钮后，系统会弹出当前原理图库文件的参数编辑器，如图 11-25 所示。

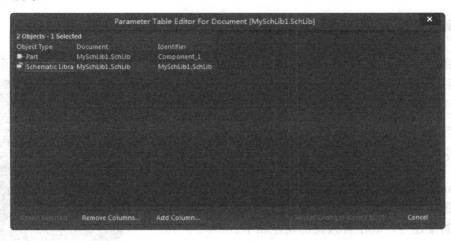

图 11-25　参数编辑器

● 符号管理器：用于为当前选中的库元器件添加其他模型，包括 PCB 模型、信号完整性分析模型、仿真模型以及 PCB 3D 模型等，执行该命令后，弹出如图 11-26 所示的模式管理器对话框。

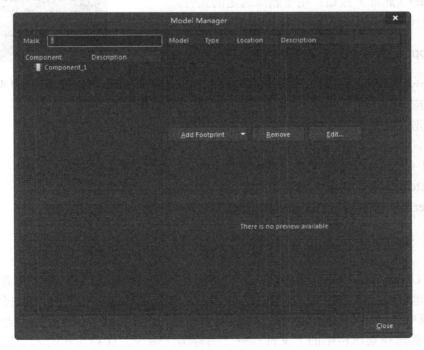

图 11-26　模式管理器

- Xspice Model Wizard（模型向导）：用于引导用户为所选中的库元器件添加一个 Xspice 模型。
- 更新原理图：用于将当前库文件在原理图元器件库文件编辑器中所做的修改，更新到打开的电路原理图中。

11.2.5 原理图库文件面板介绍

原理图库文件面板 SCH Library（SCH 库）是原理图库文件编辑环境中的专用面板，如图 11-27 所示。

SCH Library 面板主要用于对库元器件及其库文件进行编辑管理。

1．Components（元件）列表框

在 Components（元件）元件列表框中列出了当前所打开的原理图元件库文件中的所有库元件，包括原理图符号名称及相应的描述等，其中各按钮的功能如下。

- Place（放置）按钮：用于将选定的元件放置到当前原理图中。
- Add（添加）按钮：用于在该库文件中添加一个元件。
- Delete（删除）按钮：用于删除选定的元件。
- Edit（编辑）按钮：用于编辑选定元件的属性。

2．Supply Links（供应商连接）列表框

在 Supply Links（供应商连接）列表框中可以为同一个库元件的供应商显示具体信息。例如，有些库元件的功能、封装和管脚形式完全相同，但由于产自不同的厂家，其元件型号并不完全一致，其中各按钮的功能如下。

图 11-27　SCH Library 面板

- Add（添加）按钮：为选定元件添加供应商。
- Delete（删除）按钮：删除选定的供应商。
- Order（顺序）按钮：显示元件的供应商顺序。

11.2.6 新建一个原理图元器件库文件

下面以 LG 半导体公司生产的 GMS97C2051 微控制芯片为例，绘制其原理图符号。

选择菜单栏中的"文件"→"新建"→"库"→"原理图库"命令，系统会在 Projects（工程）面板中创建一个默认名为 SchLib1. SchLib 的原理图库文件，同时启动原理图库文件编辑器。然后选择菜单栏中的"文件"→"另存为"命令，保存新建的库文件，并命名为 My GMS97C2051.SchLib，如图 11-28 所示。

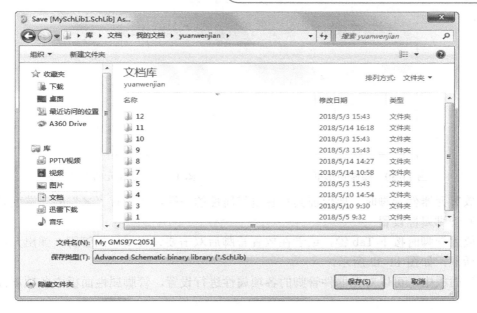

图 11-28　保存新建的库文件

11.2.7　绘制库元器件

1．新建元器件原理图符号名称

在创建了一个新的原理图库文件的同时，系统会自动为该库添加一个默认名为 Component_1 的库元器件原理图符号名称。新建一个元器件原理图符号名称有两种方法。

（1）单击"应用工具"工具栏中的"实用工具"按钮 ![icon] 下拉菜单中的"创建器件"按钮 ![icon]，弹出原理图符号名称设置对话框，在此对话框中输入用户自己要绘制的库元器件名称 GMS97C2051，如图 11-29 所示。

（2）在 SCH Library 面板中，单击原理图符号名称栏下面的 Add（添加）按钮，同样会弹出如图 11-29 所示原理图符号名称设置对话框。

图 11-29　原理图符号名称设置对话框

2．绘制库元器件原理图符号

（1）绘制矩形框

单击"应用工具"工具栏中的"实用工具"按钮 ![icon] 下拉菜单中的 ![icon]（放置矩形）按钮，光标变成十字形状，在编辑窗口的第四象限内绘制一个矩形框，如图 11-30 所示。矩形框的大小由需要绘制的元器件的管脚数决定。

（2）放置管脚

单击绘图工具栏中的 ![icon] 按钮，或者选择菜单栏中的"放置"→"管脚"命令，进行管脚放置。此时光标变成十字形，同时附有一个管脚符号。移动光标到矩形的合适位置，单击鼠标左键完成一个管脚的放置，如图 11-31 所示。

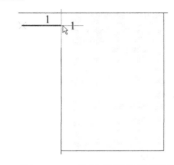

图 11-30   绘制矩形框   图 11-31   放置元器件的管脚

在放置元器件管脚时，要保证其具有电气属性的一端，即带有"×"的一端朝外。

（3）管脚属性设置

在放置管脚时按下 Tab 键，或者在放置管脚后双击要设置属性的管脚，弹出元器件管脚属性对话框，如图 11-32 所示。

在该面板中，可以对元器件管脚的各项属性进行设置，管脚属性面板中各项属性的含义如下。

① Location（位置）选项组

Rotation（旋转）：用于设置端口放置的角度，有 0 Degrees、90 Degrees、180 Degrees、270 Degrees 四种选择。

② Properties（属性）选项组

Designator（指定管脚标号）文本框：用于设置库元件管脚的编号，应该与实际的管脚编号相对应，这里输入 9。

Name（名称）文本框：用于设置库元件管脚的名称。例如，把该管脚设定为第 9 管脚。由于 C8051F320 的第 9 管脚是元件的复位管脚，低电平有效，同时也是 C2 调试接口的时钟信号输入管脚。另外，在原理图 Preference（参数选择）对话框的 Graphical Editing（图形编辑）标签页中，已经勾选了 Single '\' Negation（简单\否定）复选框，因此在这里输入名称为 "R\S\T\C2CK"，并激活右侧的"可见的"按钮 👁。

Electrical Type（电气类型）下拉列表框：用于设置库元件管脚的电气特性。有 Input（输入）、I/O（输入/输出）、Output（输出）、OpenCollector（打开集流器）、Passive（中性的）、Hiz（高阻型）、Emitter（发射器）和 Power（激励）8 个选项。在这里，选择 Passive（中性的）选项，表示不设置电气特性，如图 11-33 所示。

Description（描述）文本框：用于填写库元件管脚的特性描述。

Pin Package Length（管脚包长度）文本框：用于填写库元件管脚封装长度

Pin Length（管脚长度）文本框：用于填写库元件管脚的长度。

③ Symbols（管脚符号）选项组

根据管脚的功能及电气特性为该管脚设置不同的 IEEE 符号，作为读图时的参考。可放置在原理图符号的 Inside（内部）、Inside Edge（内部边沿）、Outside Edge（外部边沿）或 Outside（外部）等不同位置，设置 Line Width（线宽），没有任何电气意义。

④ Font Settings（字体设置）选项组

设置元件的 Designator（指定管脚标号）和 Name（名称）字体的通用设置与通用位置参数设置。

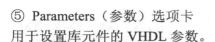
⑤ Parameters（参数）选项卡

用于设置库元件的 VHDL 参数。

图 11-32　Properties（属性）面板　　　　图 11-33　电气特性设置

例如，要设置 GMS97C2051 的第一个管脚属性，在 Name（名称）文本框中输入"RST"，在"标识"栏中输入 1，设置好属性的管脚如图 11-34 所示。

用同样的方法放置 GMS97C2051 的其他管脚，并设置相应的属性。放置所有管脚后的 GMS97C2051 元器件原理图如图 11-35 所示。

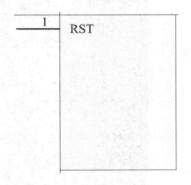

图 11-34　设置好属性的管脚　　　　图 11-35 放置所有管脚后的原理图

3. 元器件属性设置

绘制好元器件符号以后，还要设置其属性。双击 SCH Library 面板的原理图符号名称栏中的库元器件名"GMS97C2051"，弹出 Properties（属性）面板，如图 11-36 所示。

在该面板中可以对绘制的库元器件的各项属性进行设置。

（1）Properties（属性）选项组。

- Design Item ID（设计项目标识）文本框：库元件名称。
- Designator（符号）文本框：库元件标号，即把该元件放置到原理图文件中时，系统最初默认显示的元件标号。这里设置为"U？"，并单击右侧的（可用）按钮 ，则放置该元件时，序号"U？"会显示在原理图上。单击"锁定管脚"按钮 ，所有的管脚将和库元件成为一个整体，不能在原理图上单独移动管脚。建议用户单击该按钮，这样对电路原理图的绘制和编辑会有很大好处，以减少不必要的麻烦
- Comment（元件）文本框：用于说明库元件型号。这里设置为"C8051F320"，并单击右侧的"可见"按钮 ，则放置该元件时，"C8051F320"会显示在原理图上。
- Description（描述）文本框：用于描述库元件功能。这里输入"USB MCU"。
- Type（类型）下拉列表框：库元件符号类型，可以选择设置。这里采用系统默认设置 Standard（标准）。

（2）Link（元件库线路）选项组。

库元件在系统中的标识符。这里输入"C8051F320"。

图 11-36　Properties（属性）面板

（3）Footprint（封装）选项组。

单击 Add（添加）按钮，可以为该库元件添加 PCB封装模型。

（4）Models（模式）选项组。

单击 Add（添加）按钮，可以为该库元件添加 PCB封装模型之外的模型，如信号完整性模型、仿真模型、PCB 3D 模型等。

（5）Graphical（图形）选项组。

用于设置图形中线的颜色、填充颜色和管脚颜色。

（6）Pins（管脚）选项卡。

系统将弹出如图 11-37 所示的选项卡，在该面板中可以对该元件所有管脚进行一次性编辑设置。

Show All Pins（在原理图中显示全部管脚）复选框：勾选该复选框后，在原理图上会显示该元件的全部管脚。

（7）单击编辑按钮 ，弹出 Component Pin Editor（元件管脚编辑器）对话框，可以对该元器件的所有管脚进行一次性编辑 ，如图 11-38 所示。

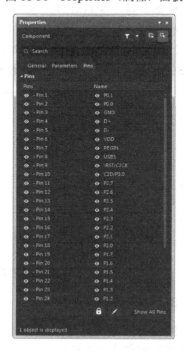

图 11-37　设置所有管脚

Desi...	Name Desc	DIP20	DIP20	Type	Own...	Show	Number	Name	Pin/Pkg Length
1	RST	1	1	Passive	1	✓	✓	✓	0mil
2	P3.0/R	2	2	Passive	1	✓	✓	✓	0mil
3	P3.1/T.	3	3	Passive	1	✓	✓	✓	0mil
4	XTAL1	4	4	Passive	1	✓	✓	✓	0mil
5	XTAL2	5	5	Passive	1	✓	✓	✓	0mil
6	P3.2/I	6	6	Passive	1	✓	✓	✓	0mil
7	P3.3/I	7	7	Passive	1	✓	✓	✓	0mil
8	P3.4/T	8	8	Passive	1	✓	✓	✓	0mil
9	P3.5/T.	9	9	Passive	1	✓	✓	✓	0mil
10	GND	10	10	Passive	1	✓	✓	✓	0mil
11	P3.7	11	11	Passive	1	✓	✓	✓	0mil
12	P1.0	12	12	Passive	1	✓	✓	✓	0mil
13	P1.1	13	13	Passive	1	✓	✓	✓	0mil
14	P1.2	14	14	Passive	1	✓	✓	✓	0mil
15	P1.3	15	15	Passive	1	✓	✓	✓	0mil
16	P1.4	16	16	Passive	1	✓	✓	✓	0mil
17	P1.5	17	17	Passive	1	✓	✓	✓	0mil
18	P1.6	18	18	Passive	1	✓	✓	✓	0mil
19	P1.7	19	19	Passive	1	✓	✓	✓	0mil
20	VCC	20	20	Passive	1	✓	✓	✓	0mil

Component Pin Editor

Add...　Remove...　Edit...　　　　　OK　Cancel

图 11-38　元器件管脚编辑器

（8）单击 Place（放置）按钮，将完成属性设置的 GMS97C2051 原理图符号放置到电路原理图中，如图 11-39 所示。

保存绘制完成的 GMS97C2051 原理图符号。以后在绘制电路原理图时，若需要此元器件，只需打开该元器件所在的库文件，就可以随时调用该元器件。

11.3　库元器件管理

用户要建立自己的原理图库文件，一种方法是按照前面讲的方法自己绘制库元器件原理图符号，还有一种方法就是把别的库文件中的相似元器件复制到自己的库文件中，对其编辑修改，创建适合自己需要的元器件原理图符号。

这里以复制集成库文件 MiscellaneousDevices.IntLib 中的元器件 Relay-DPDT 为例，如图 11-40 所示，把它复制到前面创建的 My GMS97C2051.SchLib 库文件中，复制库元器件的具体步骤如下。

（1）打开原理图库文件 My GMS97C2051.SchLib，选择菜单栏中的"文件"→"打开"命令，找到库文件 MiscellaneousDevices.IntLib，如图 11-41 所示。

U?

1	RST	VCC	20
2	P3.0/RXD	P1.7	19
3	P3.1/TXD	P1.6	18
4	XTAL1	P1.5	17
5	XTAL2	P1.4	16
6	P3.2/INT0	P1.3	15
7	P3.3/INT1	P1.2	14
8	P3.4/T0	P1.1	13
9	P3.5/T1	P1.0	12
10	GND	P3.7	11

GMS97C2051

图 11-39　在电路原理图中放置的
GMS97C2051

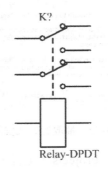

K?

Relay-DPDT

图 11-40　Relay-DPDT

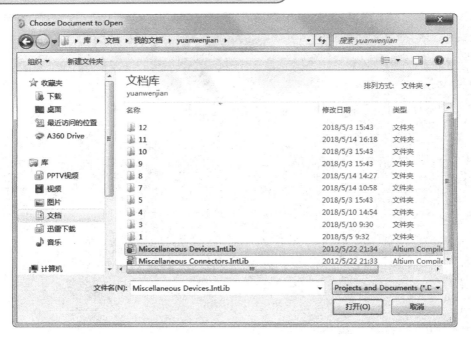

图 11-41　打开集成库文件

（2）单击 打开(O) 按钮，弹出如图 11-42 所示对话框。

单击 Extract Sources 按钮后，在 Projects（工程）面板上将显示该原理图库文件 Miscellaneous Devices. LibPkg，如图 11-43 所示。

图 11-42　抽取源码或安装对话框

图 11-43　打开原理图库文件

双击 Projects（工程）面板上的原理图库文件 MiscellaneousDevices.SchLib，打开该库文件。

（3）打开 SCH Library 面板，在原理图符号名称栏中将显示 MiscellaneousDevices.IntLib

库文件中的所有库元器件。选中库元器件 **Relay-DPDT** 后，选择菜单栏中的"工具"→"复制器件"命令，弹出目标库文件选择对话框，如图 11-44 所示。

图 11-44　目标库文件选择对话框

（4）在目标库文件选择对话框中选择自己创建的库文件 **My GMS97C2051.SchLib**，单击 **OK**（确定）按钮，关闭目标库文件选择对话框。然后打开库文件 **My GMS97C2051.SchLib**，在 **SCH Library** 面板中可以看到库元器件 **Relay-DPDT** 被复制到了该库文件中，如图 11-45 所示。

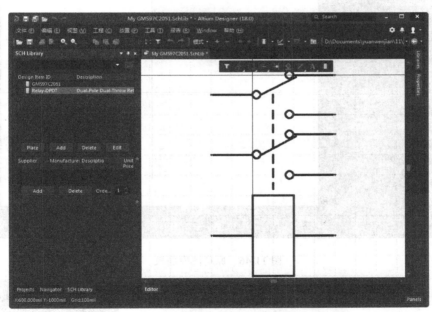

图 11-45　Relay-DPDT 被复制到 My GMS97C2051.SchLib 库文件中

11.4　综合实例

根据上面讲解的方法，练习如何创建原理图库文件。

11.4.1　制作 LCD 元件

本节通过制作一个 LCD 显示屏接口的原理图符号，帮助读者巩固前面所学的知识。

绘制步骤

（1）选择菜单栏中的 File（文件）→新的→Library（库）→原理图库命令，一个新的命名为 Schlib1.SchLib 的原理图库被创建，一个空的图纸在设计窗口中被打开，单击右键选择"另存为"命令，命名为 LCD.SchLib，如图 11-46 所示。进入工作环境，原理图元件库内，已经存在一个自动命名为 Component_1 的元件。

（2）选择菜单栏中的"工具"→"新器件"菜单命令，打开如图 11-47 所示的 New Component（新建元件）对话框，输入新元件名称 LCD，然后单击 OK 按钮确定。

（3）元件库浏览器中多出了一个 LCD 元件。选中 Component_1 元件，然后单击 Delete（删除）按钮，将该元件删除，如图 11-48 所示。

（4）绘制元件符号。首先，要明确所绘制元件符号的管脚参数，如表 11-1 所示。

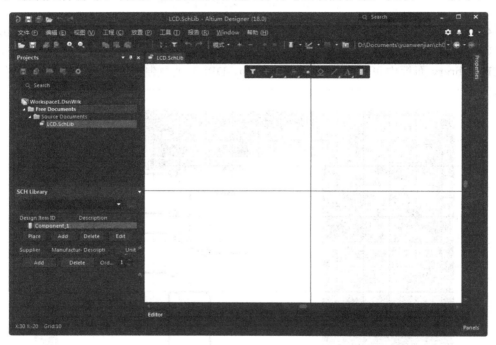

图 11-46　原理图库面板

图 11-47　New Component（新建元件）对话框

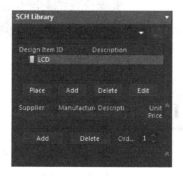

图 11-48　元件库浏览器

（5）确定元件符号的轮廓，即放置矩形。单击应用工具栏中的实用工具按钮 下拉菜单中的 （放置矩形）按钮，进入放置矩形状态，绘制矩形。

表 11-1 元件管脚

管 脚 号 码	管 脚 名 称	信 号 种 类	管 脚 种 类	其 他
1	VSS	Passive	30mil	显示
2	VDD	Passive	30mil	显示
3	VO	Passive	30mil	显示
4	RS	Input	30mil	显示
5	R/W	Input	30mil	显示
6	EN	Input	30mil	显示
7	DB0	IO	30mil	显示
8	DB1	IO	30mil	显示
9	DB2	IO	30mil	显示
10	DB3	IO	30mil	显示
11	DB4	IO	30mil	显示
12	DB5	IO	30mil	显示
13	DB6	IO	30mil	显示
14	DB7	IO	30mil	显示

（6）放置好矩形后，单击应用工具栏中的实用工具按钮 下拉菜单中的 （放置管脚）按钮，放置管脚，并打开如图 11-49 所示的 Pin（管脚）属性面板，按表 11-1 设置参数。

（7）鼠标指针上附着一个管脚的虚影，用户可以按空格键改变管脚的方向，然后单击鼠标放置管脚。

（8）由于管脚号码具有自动增量的功能，第一次放置的管脚号码为 1，紧接着放置的管脚号码会自动变为 2，所以最好按照顺序放置管脚。另外，如果管脚名称后面是数字的话，同样具有自动增量的功能。

（9）单击单击应用工具栏中的实用工具按钮 下拉菜单中的 （放置文本字符串）按钮，进入放置文字状态，并打开如图 11-50 所示的 Text（文本）属性面板。在 Text（文本）栏输入 LCD，在 Font（字体）文本框右侧设置字体，将字体大小设置为 20，然后把字体放置在合适的位置。

（10）编辑元件属性。

① 从 SCH Library（原理图库）面板的元件列表中选择元件，然后单击 Edit（编辑）按钮，弹出 Component（元件）属性面板，如图 11-51 所示，在 Designer（标识符）栏输入预置的元件序号前缀（在此为"U？"），在 Comment（注释）栏输入元件名称 LCD。

图 11-49　"Pin（管脚）"属性面板

图 11-50　Text（文本）属性面板

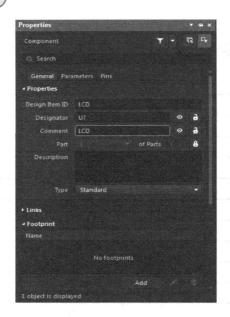

图 11-51　设置元件属性

② 在 Pins（管脚）选项卡中单击编辑管脚按钮，弹出 Component Pin Editor（元件管脚编辑）对话框，如图 11-52 所示。

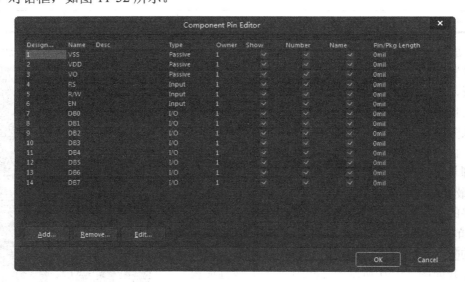

图 11-52　Component Pin Editor（元件管脚编辑）对话框

③ 单击 OK 按钮关闭对话框。

④ 在 Component（元件）属性面板的 Footprint（封装）选项组下单击 Add（添加）按钮，弹出 PCB Model（PCB 模型）对话框，如图 11-53 所示。

在弹出的对话框中单击 Browse（浏览）按钮，找到已经存在的模型（或者简单的写入模型的名字，稍后将在 PCB 库编辑器中创建这个模型），弹出 Browse Libraries（浏览库）对话框，如图 11-54 所示。

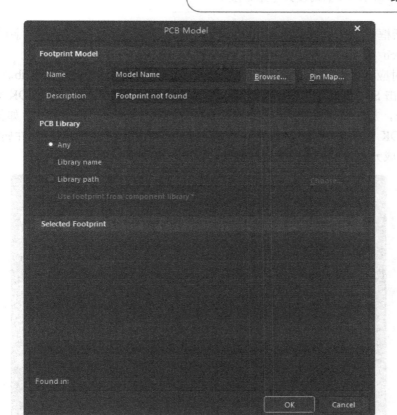

图 11-53　PCB Model（PCB 模型）对话框

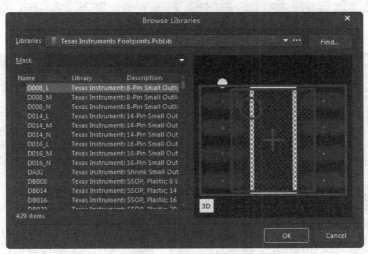

图 11-54　Browse Libraries（浏览库）对话框

⑤ 在 Browse Libraries（浏览库）对话框中，单击 Find（发现），弹出 Libraries Search（搜索库）对话框，如图 11-55 所示。

⑥ 选择查看 Library on path（库文件路径），单击 Path（路径）栏旁的浏览文件按钮 ，定位到\AD18\Library\Pcb 路径下，然后单击 OK 按钮，如图 11-56 所示。在 Browse Libraries

（浏览库）对话框中勾选 Include Subdirectories（包括子目录）复选框。在名字栏输入 DIP-14，然后单击 Search（查找）按钮，如图 11-55 所示。

⑦ 找到对应这个封装所有类似的库文件 Cylinder with Flat Index.PcbLib。如果确定找到了文件，则单击 Stop（停止）按钮停止搜索。单击找到的封装文件后单击 OK（确定）按钮，关闭该对话框，加载这个库在浏览库对话框中。回到 PCB 模型对话框，如图 11-57 所示。

⑧ 单击 OK（确定）按钮，向元件加入这个模型。模型的名字列在元件属性对话框的模型列表中，完成元件编辑，如图 11-58 所示。

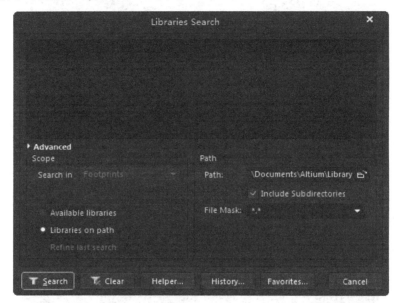

图 11-55　Libraries Search（搜索库）对话框

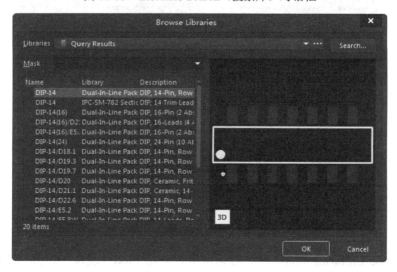

图 11-56　Browse Libraries（浏览库）对话框

图 11-57　PCB Model（PCB 模型）对话框

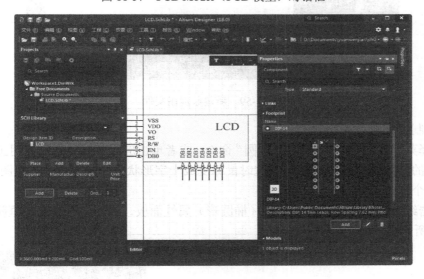

图 11-58　LCD 元件完成图

11.4.2　制作串行接口元件

在本例中，将创建一个串行接口元件的原理图符号，主要学习圆和弧线的绘制方法。串行接口元件共有 9 个插针，分成两行，一行 4 根，另一行 5 根，在元件的原理图符号中，它们是用小圆圈来表示的。

（1）选择菜单栏中的 File（文件）→新的→Library（库）→"原理图库"菜单命令。一个新的命名为 Schlib1.SchLib 的原理图库被创建，一个空的图纸在设计窗口中被打开，单击右键选择"另存为"命令，命名为 CHUANXINGJIEKOU.SchLib，如图 11-59 所示。进入工作环境，在原理图元件库内，已经存在一个自动命名为 Component_1 的元件。

（2）编辑元件属性。

从 SCH Library（原理图库）面板的元件列表中选择元件，然后单击 Edit（编辑）按钮，弹出 Component（元件）属性面板，如图 11-60 所示。在 Design Item ID（设计项目地址）栏输入新元件名称 CHUANXINGJIEKOU，在 Designer（标识符）栏输入预置的元件序号前缀（在此为"U？"），在 Comment（注释）栏输入元件注释 CHUANXINGJIEKOU，在元件库浏览器中多出了一个元件 CHUANXINGJIEKOU。

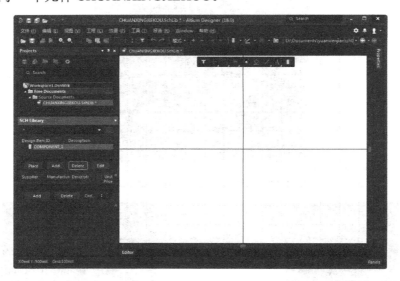

图 11-59　新建原理图文件

（3）绘制串行接口的插针。

① 选择菜单栏中的"放置"→"椭圆"命令，或者单击应用工具栏中的应用工具按钮，下拉菜单中的 ◯（放置椭圆）按钮，这时鼠标变成十字形状，并带有一个椭圆图形，在原理图中绘制一个圆。

② 双击绘制好的圆，打开 Ellipse（椭圆形）属性面板，在面板中设置边框颜色为黑色，如图 11-61 所示。

图 11-60　Component（元件）属性面板

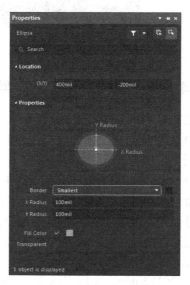

图 11-61　设置圆的属性

③ 重复以上步骤，在图纸上绘制其他 8 个圆，如图 11-62 所示。

（4）绘制串行接口外框

① 选择菜单栏中的"放置"→"线"命令，或者单击单击应用工具栏中的实用工具按钮 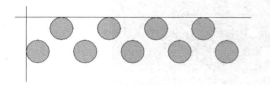 下拉菜单中的 （放置线）按钮，这时鼠标变成十字形状。在原理图中绘制 4 条长短不等的直线作为边框，如图 11-63 所示。

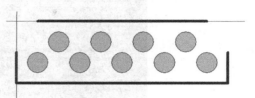

图 11-62　放置所有圆　　　　　　　　　图 11-63　放置直线边框

② 选择菜单栏中的"放置"→"弧"命令，这时鼠标变成十字形状。绘制两条弧线，将上面的直线和两侧的直线连接起来，如图 11-64 所示。

（5）放置管脚。单击单击应用工具栏中的实用工具按钮 下拉菜单中的 （放置管脚）按钮，绘制 9 个管脚，如图 11-65 所示。

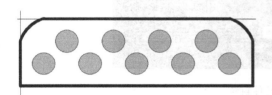

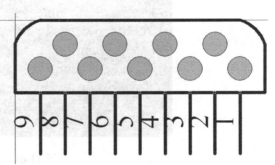

图 11-64　放置圆弧边框　　　　　　　　　图 11-65　放置管脚

（6）编辑元件属性

① 在 Component（元件）属性面板的 Footprint（封装）选项组下单击 Add（添加）按钮，弹出 PCB Model（PCB 模型）对话框，如图 11-66 所示。在弹出的对话框中单击 Browse（浏览）按钮，弹出 Browse Libraries（浏览库）对话框，如图 11-67 所示。

② 在 Browse Libraries（浏览库）对话框中，选择所需元件封装 VTUBE-9，如图 11-68 所示。

③ 单击 OK 按钮，回到 PCB Model（PCB 模型）对话框，如图 11-69 所示。

图 11-66　PCB Model（PCB 模型）对话框

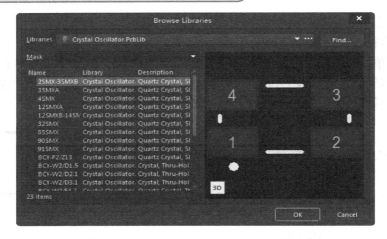

图 11-67　浏览库对话框

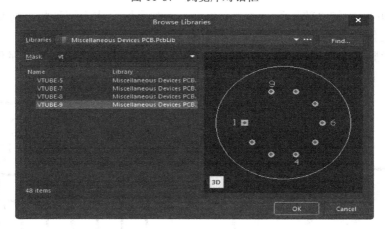

图 11-68　选择元件封装

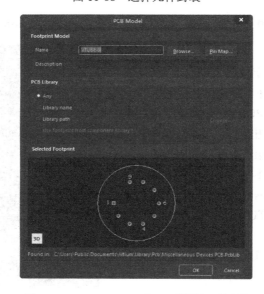

图 11-69　PCB Model（PCB 模型）对话框

单击 OK 按钮，退出对话框。返回到库元件属性面板，如图 11-70 所示。

图 11-70　库元件属性面板

④　串行接口元件如图 11-71 所示。

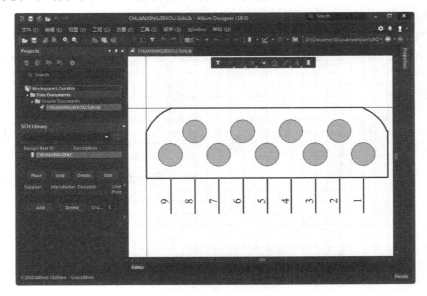

图 11-71　串行接口元件绘制完成

Chapter

汉字显示屏电路设计实例

12

相对于分模块设计的简化方法，层次电路的设计方法更为精细，同时也开拓了一个新的领域，它属于原理图设计，但又与它平行，有其自主的设计分析方法；从基本原理图设计中剥离出来，又有着千丝万缕的关系。层次电路的电路板设计与一般原理图设计的电路板设计有什么样的不同，本章将进行详细介绍。

- 实例设计说明
- 创建项目文件
- 原理图输入
- 层次原理图间的切换
- 元件清单
- 设计电路板
- 项目层次结构组织文件

任务驱动&项目案例

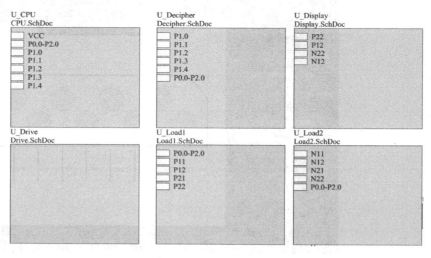

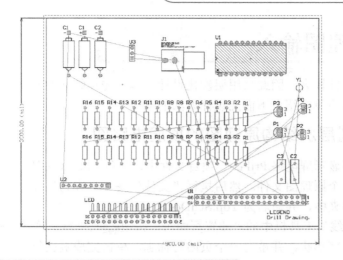

12.1 实例设计说明

本章采用的实例是汉字显示屏电路。汉字显示屏电路广泛应用于汽车报站器、广告屏等。包括中央处理器电路、驱动电路、解码电路、供电电路、显示屏电路、负载电路等 6 个电路模块。下面分别介绍各电路模块的原理及其组成结构。

12.2 创建项目文件

执行 File（文件）\新的\项目\PCB 工程命令，新建一个工程文件，选择菜单栏中的 File（文件）\保存工程命令，在弹出的对话框中保存文件名为"汉字显示屏电路"。选择文件路径，如图 12-1 所示。

完成设置后，单击 保存(S) 按钮，关闭该对话框，打开 Project（工程）面板，在面板中出现了新建的工程文件，如图 12-2 所示。

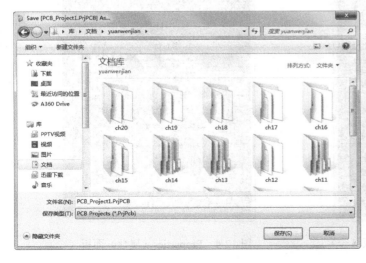

图 12-1 保存工程文件对话框

图 12-2 新建工程文件

12.3 原理图输入

由于该电路规模较大，因此采用层次化设计。本节先详细介绍基于自上而下设计方法的设计过程，然后再简单介绍自下而上设计方法的应用。

12.3.1 绘制层次结构原理图的顶层电路图

（1）在"汉字显示屏电路.PrjPcb"项目文件中，执行 Files（文件）→"新的"→"原理图"命令，新建一个原理图文件。然后执行"文件"→"另存为"命令，将新建的原理图文件另存在目录文件夹中，并命名为 Top.SchDoc。

（2）单击"布线"工具栏中的"放置页面符"按钮█或执行"放置"→"页面符"命令，此时光标将变为十字形状，并带有一个页面符标志，单击完成页面符的放置。双击需要设置属性的页面符或在绘制状态时按 Tab 键，系统将弹出如图 12-3 所示的 Properties（属性）面板，在该面板中进行属性设置。双击原理图符号中的文字标注，系统将弹出 Properties（属性）面板，如图 12-4 所示进行文字标注。重复上述操作，完成其余 5 个原理图符号的绘制。完成属性和文字标注设置的层次原理图顶层电路图如图 12-5 所示。

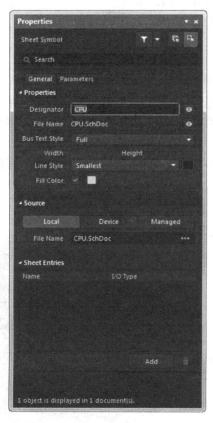

图 12-3 Properties（属性）面板（一）

图 12-4 Properties（属性）面板（二）

图 12-5　完成属性和文字标注设置的层次原理图顶层电路图

（3）单击"布线"工具栏中的 ▣（放置图纸入口）按钮或执行"放置"→"添加图纸入口"命令，放置图纸入口。双击图纸入口或在放置图纸入口命令状态时按 Tab 键，系统将弹出如图 12-6 所示的 Properties（属性）面板，在该面板中可以进行方向属性的设置。完成端口放置后的层次原理图顶层电路图如图 12-7 所示。

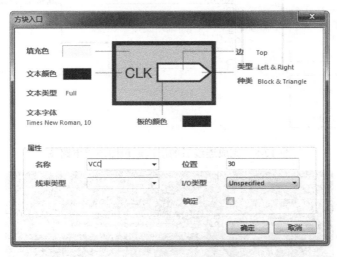

图 12-6　Properties（属性）面板（三）

（4）单击"布线"工具栏中的 ≈（放置线）或者 ⊩（放置总线）按钮，放置导线，完成连线操作。其中 ≈（放置线）按钮用于放置导线，⊩（放置总线）按钮用于放置总线。完成连线后的层次原理图顶层电路图如图 12-8 所示。

为方便后期操作，常用插接件杂项库（Miscellaneous Connectors.IntLib）与常用电气元件杂项库（Miscellaneous Devices.IntLib）需要提前装入，如图 12-9 所示。

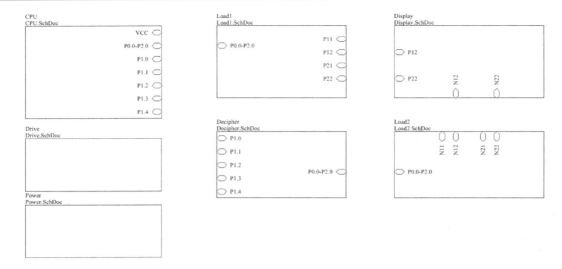

图 12-7　完成端口放置后的层次原理图顶层电路图

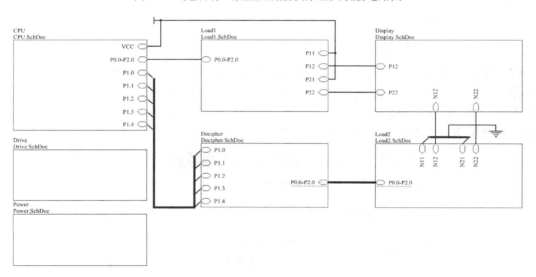

图 12-8　完成连线后的层次原理图顶层电路图

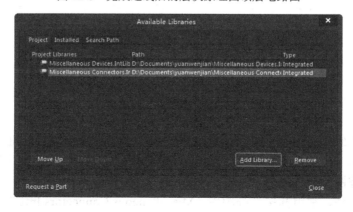

图 12-9　加载元件库

12.3.2　绘制层次结构原理图子图

下面逐个绘制电路模块的原理图子图，并建立原理图顶层电路图和子图之间的关系。

（1）中央处理器电路模块设计。

在顶层电路图工作界面中，执行"设计"→"从页面符创建图纸"命令，此时光标将变为十字形状。将十字光标移至原理图符号"CPU"内部，单击，系统自动生成文件名为CPU.SchDoc 的原理图文件，且原理图中已经布置好了与原理图符号相对应的 I/O 端口，如图 12-10 所示。

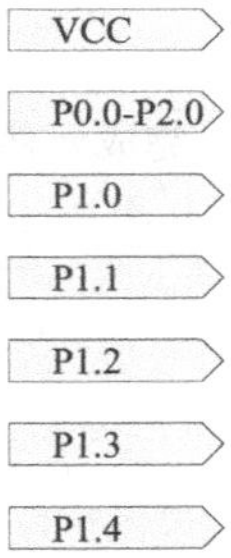

下面接着在生成的 CPU.SchDoc 原理图中进行子图的设计。

① 放置元件。该电路模板中用到的元件有 89C51、XTAL 和一些阻容元件。将通用元件库 Miscellaneous Device.IntLib 中的阻容元件放到原理图中。

② 编辑元件 89C51。在元件库 Miscellaneous Connectors.IntLib 中选择有 40 个管脚的 Header 20X2 元件，如图 12-11 所示。编辑元件的方法可参考以前章节的相关内容，这里不再赘述。编辑好的 89C51 元件分别如图 12-12 所示。完成元件放置后的 CPU 原理图如图 12-13 所示。

③ 元件布局。先分别对元件的属性进行设置，再对元件进行布局。单击布线工具栏中的 ≈（放置线）按钮，执行连线操作。完成连线后的 CPU 子模块电路图如图 12-14 所示。单击原理图标准工具栏中的 （保存）按钮，保存 CPU 子原理图文件。

（2）负载电路 1 模块设计。

在顶层电路图工作界面中，执行"设计"→"从页面符创建图纸"命令，此时光标变成十字形状。将十字光标移至原理图符号"Load1"内部，单击，系统自动生成文件名为"Load1.SchDoc"的原理图文件，如图 12-15 所示。

VCC
P0.0-P2.0
P1.0
P1.1
P1.2
P1.3
P1.4

图 12-10　生成的 CPU.SchDoc 文件

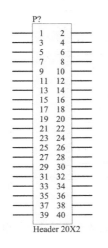

图 12-11　编辑前的 Header 20X2 元件

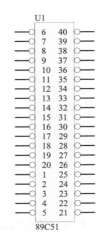

图 12-12　编辑好的 89C51 元件

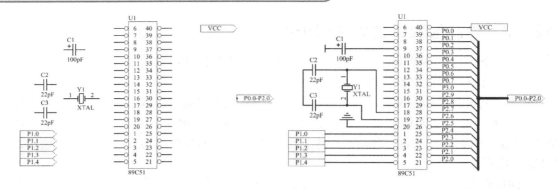

图 12-13　完成元件放置后的 CPU 原理图　　　图 12-14　完成连线后的 CPU 子模块电路图

图 12-15　生成的 Load1.SchDoc 文件

下面接着在生成的 Load1.SchDoc 原理图中绘制负载电路 1。

①　放置元件。该电路模块中用到的元件有 2N5551 和一些阻容元件。将通用元件库 Miscellaneous Devices.IntLib 中的阻容元件放到原理图中，将 "FSC Discrete BJT.IntLib" 元件库中的 2N5551 放到原理图中，如图 12-16 所示。

②　设置各元件属性，然后合理布局，最后进行连线操作。完成连线后的图像处理器子原理图如图 12-17 所示。单击原理图标准工具栏中的 ■（保存）按钮，保存原理图文件。

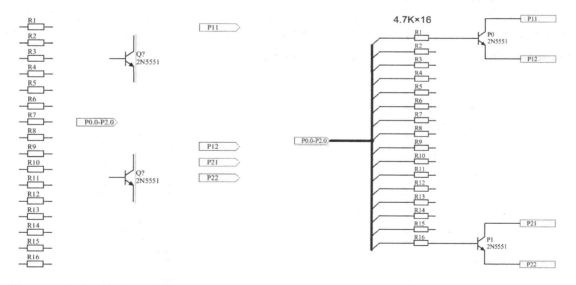

图 12-16　完成元件放置后的负载电路 1 子原理图　　　图 12-17　完成连线后的负载电路 1 子原理图

（3）显示屏电路模块设计。

在顶层电路图的工作界面中，执行"设计"→"从页面符创建图纸"命令，此时光标变

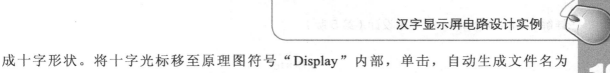
成十字形状。将十字光标移至原理图符号"Display"内部，单击，自动生成文件名为 Display.SchDoc 的原理图文件，如图 12-18 所示。

下面接着在生成的 Display.SchDoc 原理图中绘制显示屏电路。

① 编辑元件 LED256。选择元件库 Miscellaneous Connectors.IntLib 中有 32 个管脚的 Header16X2 元件进行编辑，编辑好的元件如图 12-19 所示。

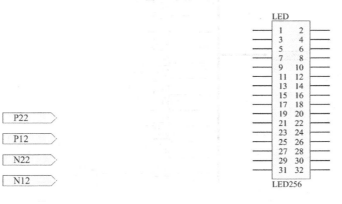

图 12-18　生成的 Display.SchDoc 文件　　　　图 12-19　编辑好的 LED256 元件

② 设置各元件属性，然后合理布局，最后进行连线操作。完成连线后的显示屏子原理图如图 12-20 所示。单击原理图标准工具栏中的 ▣（保存）按钮，保存原理图文件。

（4）负载电路 2 模块设计。

在顶层电路图工作界面中，执行"设计"→"从页面符创建图纸"命令，此时光标变成十字形状。将十字光标移至原理图符号"Load2"内部，单击，系统自动生成文件名为 Load2.SchDoc 的原理图文件，如图 12-21 所示。

下面接着在生成的 Load2.SchDoc 原理图中绘制负载电路 2。

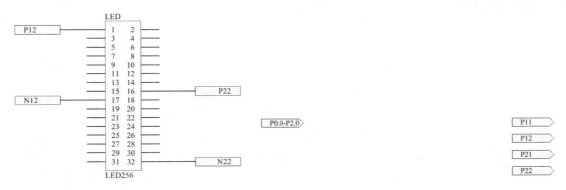

图 12-20　完成连线后的显示屏电路模块原理图　　　图 12-21　生成的 Load2.SchDoc 文件

① 放置元件。该电路模块中用到的元件有 2N5551 和一些阻容元件。将通用元件库 Miscellaneous Devices.IntLib 中的阻容元件放到原理图中，将 FSC Discrete BJT.IntLib 元件库中的 2N5401 放到原理图中。

② 设置各元件属性，然后合理布局，最后进行连线操作。完成连线后的负载电路 2 子原理图如图 12-22 所示。单击原理图标准工具栏中的 ▣（保存）按钮，保存原理图文件。

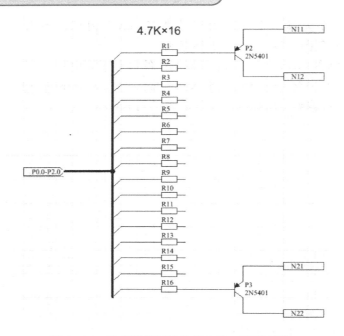

图 12-22　完成连线后的负载电路 2 子原理图

（5）解码电路模块设计。

在顶层电路图的工作界面中，执行"设计"→"从页面符创建图纸"命令，此时光标变成十字形状。将十字光标移至原理图符号"Decipher"内部，单击，系统自动生成文件名为Decipher.SchDoc 的原理图文件，如图 12-23 所示。

下面接着在生成的 Decipher.SchDoc 原理图中绘制解码电路。

① 放置元件。将 FSC Logic Decoder Demux.IntLib 元件库中的 DM74LS154N 放到原理图中，如图 12-24 所示。

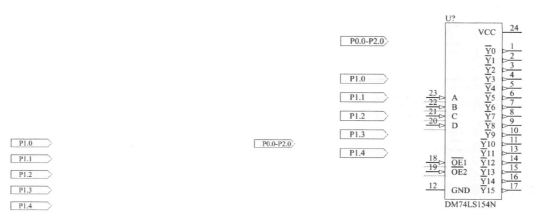

图 12-23　生成的 Decipher.SchDoc 文件　　　　　图 12-24　放置元件

② 放置好元件后，对元件标识符进行设置，然后进行合理布局。布局结束后，进行连线操作。完成连线后的解码电路原理图如图 12-25 所示。单击原理图标准工具栏中的 ■（保存）按钮，保存原理图文件。

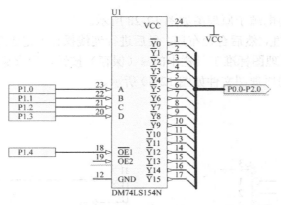

图 12-25 完成连线后的解码电路原理图

（6）驱动电路模块设计。

在顶层原理图的工作界面中，执行"设计"→"从页面符创建图纸"命令，此时光标变成十字形状。将十字光标移至原理图符号"Drive"内部，单击，系统自动生成文件名为 Drive.SchDoc 的原理图文件。

下面接着在生成的 Drive.SchDoc 原理图中绘制驱动电路。

① 放置元件。在元件库 Miscellaneous Connectors.IntLib 中将该电路模块中用到的元件 Header 9 放到原理图中。

② 执行"放置"→"文本字符串"命令，或者单击"绘图"工具栏中的 （放置文本字符串）按钮，在元件左侧标注"4.7K*8"。

③ 执行"放置"→"电源端口"命令，或单击"布线"工具栏中的 按钮，在管脚 9 处放置电源符号。

④ 执行"放置"→"网络标签"命令，或单击"布线"工具栏中的 （放置网络标签）按钮，移动光标到需要放置网络标签的导线上，设置输入所需参数，完成连线后的驱动电路原理图如图 12-26 所示。单击原理图标准工具栏中的 （保存）按钮，保存原理图文件。

（7）电源电路模块设计。

在顶层原理图的工作界面中，执行"设计"→"从页面符创建图纸"命令，此时光标变成十字形状。将十字光标移至原理图符号"Power"内部，单击，则系统自动生成文件名为 Power.SchDoc 的原理图文件。

下面接着在生成的 Power.SchDoc 原理图中绘制电源电路。

① 放置元件。该电路模块中用到的元件有 LM7805 和一些阻容元件。在元件库 Miscellaneous Devices.IntLib 中选择极性电容元件 Cap Pol2、无线电罗盘元件 RCA，再将其放到原理图中。

② 编辑三端稳压器元件。编辑好的 LM7805 元件如图 12-27 所示。

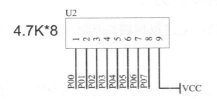

图 12-26 完成连线后的驱动电路原理图　　图 12-27 修改后的三端稳压元件

完成元件放置后的电源子原理图如图 12-28 所示。

③ 设置各元件属性，然后合理布局，最后进行连线操作。完成连线后的电源子原理图如图 12-29 所示。单击原理图标准工具栏中的 ▪（保存）按钮，保存原理图文件。

自上而下绘制好的原理图文件如图 12-30 所示。

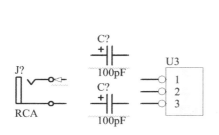

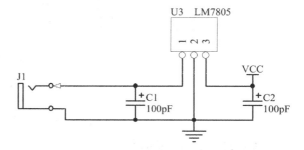

图 12-28　电源模块原理图中的放置　　　　图 12-29　完成连线后的电源模块电路原理图

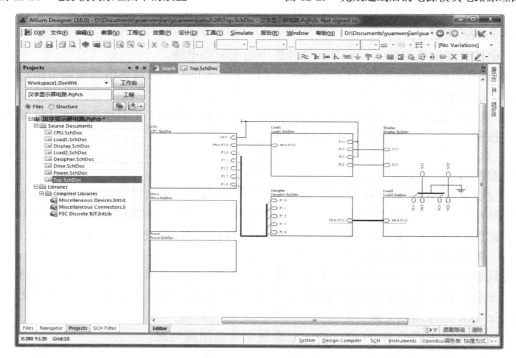

图 12-30　绘制完成的项目文件

12.3.3　自下而上的层次结构原理图设计方法

自下而上的设计方法是利用子原理图产生顶层电路原理图，因此，首先需要绘制好子原理图。

（1）新建项目文件。

在新建项目文件中，绘制好本电路中的各个子原理图，并且将各子原理图之间的连接用 I/O 端口绘制出来。

（2）在新建项目中，新建一个名为"汉字显示屏电路.SchDoc"的原理图文件。

（3）在"汉字显示屏电路.SchDoc"工作界面中，执行"设计"→Create Sheet Symbol From Sheet（原理图生成图纸符）命令，系统将弹出如图 12-31 所示的 Choose Document to Place（选择放置文档）对话框。

（4）选中该对话框中的任一子原理图，然后单击 OK（确定）按钮，系统将在"汉字显示屏电路.SchDoc"原理图中生成该子原理图所对应的子原理图符号。执行上述操作后，在"汉字显示屏电路.SchDoc"原理图中生成随光标移动的子原理图符号，如图 12-32 所示。

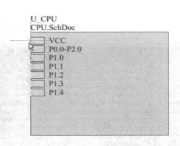

图 12-31　Choose Document to Place 对话框　　　　图 12-32　生成随光标移动的子原理图符号

（5）单击，将原理图符号放置在原理图中。采用同样的方法放置其他模块的原理图符号。生成原理图符号后的顶层原理图如图 12-33 所示。

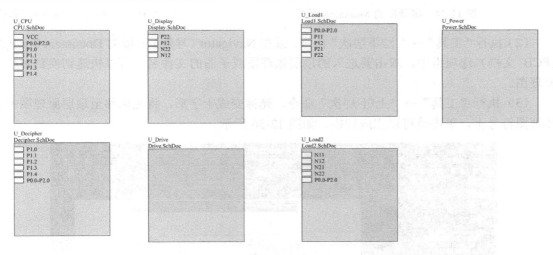

图 12-33　生成原理图符号后的顶层原理图

（6）分别对各个原理图符号和 I/O 端口进行属性修改和位置调整，然后将原理图符号之间具有电气连接关系的端口用导线或总线连接起来，就得到如图 12-8 所示的层次原理图的顶层电路图。

12.4　层次原理图间的切换

层次原理图之间的切换主要有两种方式：一种是从顶层原理图的原理图符号切换到对应的子电路原理图；另一种是从某一层原理图切换到它的上层原理图。

12.4.1 从顶层原理图切换到原理图符号对应的子图

（1）在 Navigate（导航）面板中右击，在弹出的快捷菜单中选择 Compile All（编译）命令，执行编译操作。编译后的 Messages（信息）面板如图 12-34 所示，编译后的 Navigator（导航）面板如图 12-35 所示，其中显示了各原理图的信息和层次原理图的结构。

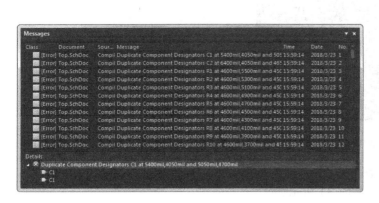

图 12-34　编译后的 Messages 面板　　　　　　　图 12-35　编译后的 Navigator 面板

（2）执行"工具"→"上/下层次"命令，或在 Navigator（导航）面板的 Document For PCB（PCB 文档）选项组中，双击要进入的顶层原理图或子图的文件名，可以快速切换到对应的原理图。

（3）执行"工具"→"上/下层次"命令，光标变成十字形，将光标移至顶层原理图中的原理图符号上，单击就可以完成切换，如图 12-36 所示。

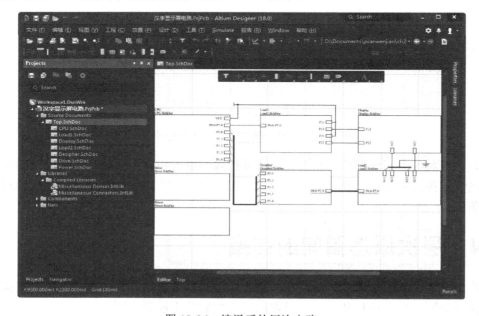

图 12-36　编译后的层次电路

12.4.2　从子原理图切换到顶层原理图

编译项目后，执行"工具"→"上/下层次"命令，或单击原理图标准工具栏中的 （上/下层次）按钮，或在 Navigator（导航）面板中选择相应的顶层原理图文件，执行从子原理图到顶层原理图切换的命令。接着执行"工具"→"上/下层次"命令，光标变成十字形，移动光标到子图中任一输入/输出端口上，单击，系统自动完成切换。

12.5　元件清单

对于电路设计而言，网络报表是电路原理图的精髓，是原理图和 PCB 板连接的桥梁。它是电路板自动布线的灵魂，也是电路原理图设计软件与印制电路板设计软件之间的接口。

12.5.1　元件材料报表

（1）在该项目任意一张原理图中，执行"报告"→Bill of Material（元件清单）命令，系统将弹出如图 12-37 所示的对话框来显示元件清单列表。

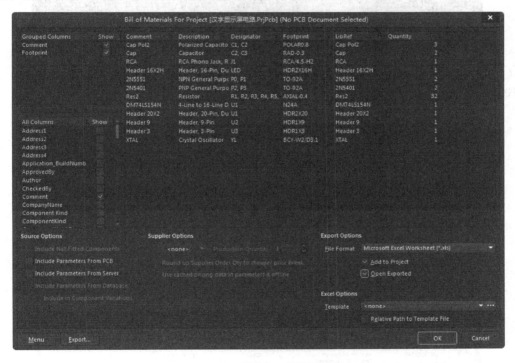

图 12-37　显示元件清单列表

（2）单击 Menu 按钮，在弹出的 Menu（菜单）菜单中选择 Report…（报表）命令，系统将弹出报表预览对话框，如图 12-38 所示。

（3）单击 Export… 按钮，可以将该报表进行保存，默认文件名为"汉字显示屏电路.xls"，是一个 Excel 文件。

（4）单击 Print… 按钮，可以将该报表进行打印输出。

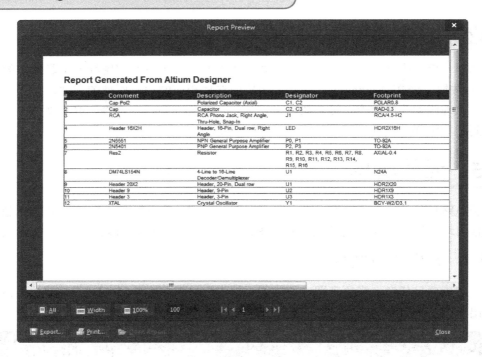

图 12-38　元器件报表预览

（5）单击 Open Report（打开报表）按钮，打开元器件报表。它是一个 Excel 文件，自动打开该文件，如图 12-39 所示。

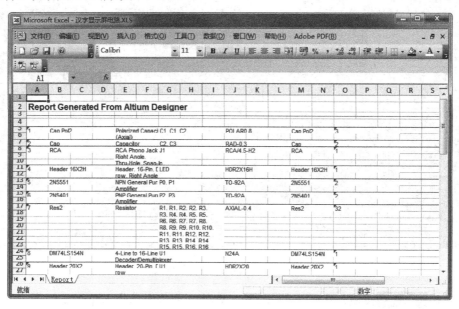

图 12-39　由 Excel 生成元器件报表

（6）关闭表格文件，返回元器件报表对话框，单击 OK 按钮，完成设置，退出对话框。由于显示的是整个工程文件元器件报表，因此在任一原理图文件编辑环境下执行菜单命令，结果都是相同的。

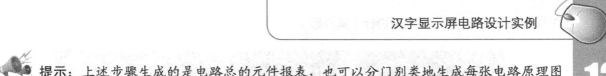

提示：上述步骤生成的是电路总的元件报表，也可以分门别类地生成每张电路原理图的元件清单报表。

12.5.2 元件分类材料报表

在该项目任意一张原理图中，执行"报告"→Component Cross Reference（分类生成电路元件清单报表）命令，系统将弹出如图 12-40 所示的对话框来显示元件分类清单列表。在该对话框中，元件的相关信息都是按子原理图分组显示的。

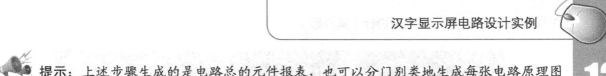

图 12-40　显示元件分类清单列表

12.5.3 元件网络报表

对于"汉字显示屏电路.PrjPcb"项目中，有 8 个电路图文件，此时生成不同的原理图文件的网络报表。

执行"设计"→"文件的网络报表"→Protel（生成原理图网络报表）命令，系统弹出网络报表格式选择菜单。针对不同的原理图，可以创建不同网络报表格式。

将 CPU.SchDoc 原理图文件置为当前。系统自动生成当前原理图文件的网络报表文件，并存放在当前 Projects（项目）面板的 Generated 文件夹中，单击 Generated 文件夹前面的+号，双击打开网络报表文件，生成的网络报表文件与原理图文件同名，如图 12-41 所示。

原理图对应的网络报表文件显示单个原理图的管脚信息等。

返回 CPU.SchDoc 原理图编辑环境，执行"设计"→"工程的网络报表"→Protel（生成原理图网络报表）命令，系统自动生成当前项目的网络报表文件，并存放在当前 Projects（面板）面板中的 Generated 文件夹中，生成的工程网络报表文件与打开的原理图文件同名，替换打开的单个原理图文件网络报表文件，如图 12-42 所示。

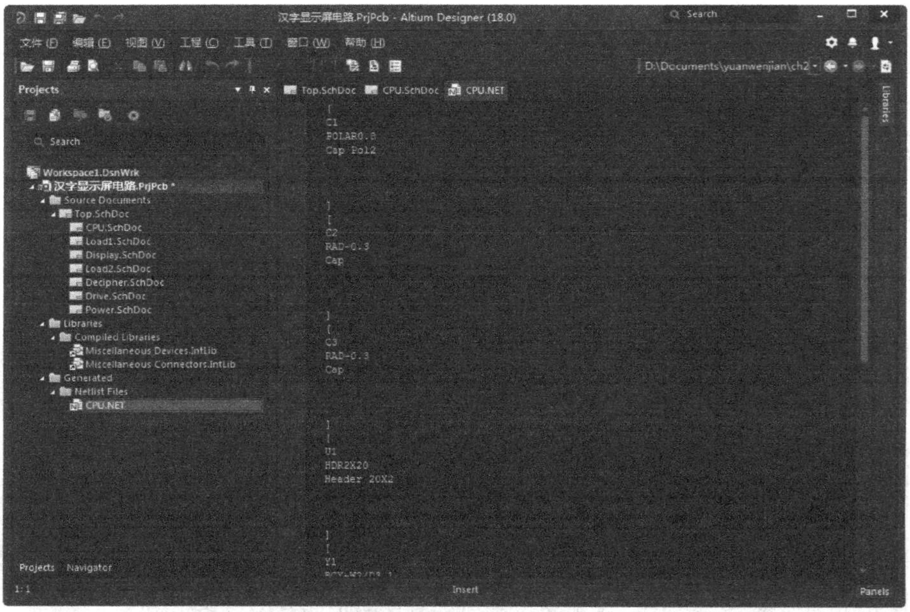

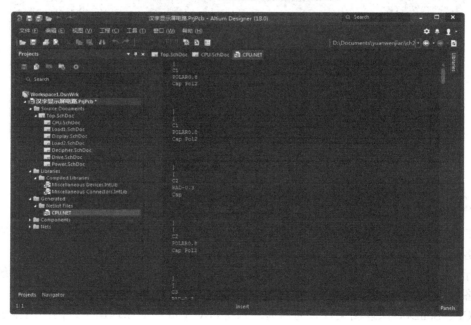

图 12-41　单个原理图文件的网络报表

图 12-42　整个项目的网络报表

12.5.4　元器件简单的元件清单报表

与前面设置的元器件报表不同，简单元件清单报表不需设置参数，文件编译后直接生成原理图报表信息。

系统在\项目\Project（工程）面板中自动添加 Components（元件）、Net（网络）选项组，显示工程文件中所有的元件与网络，如图 12-43 所示。

12.6 设计电路板

在一个项目中，不管是独立电路图，还是层次结构电路图，在设计印制电路板时系统都会将所有电路图的数据转移到一块电路板中，所以没用到的电路图必须删除。

12.6.1 印制电路板设计初步操作

根据层次结构电路图设计电路板时，要从新建印制电路板文件开始。

（1）在 Project（工程）面板中的任意位置右击，在弹出的快捷菜单中选择添加已有文档到工程命令，加载一个 PCB 文档"5000.PcbDoc"，得到如图 12-44 所示的 PCB 模型。

（2）单击 PCB 标准工具栏中的 ■（保存）按钮，指定所要保存的文件名为"汉字显示屏电路板.PcbDoc"，单击保存按钮，关闭该对话框。

图 12-43 简易的元件信息

（3）执行"设计"→"Import Changes From 汉字显示屏电路.PrjPcb"命令，系统将弹出如图 12-45 所示的 Engineering Change Order（工程更新操作顺序）对话框。

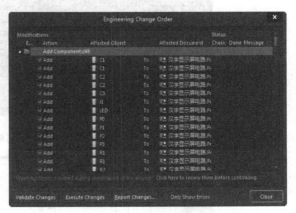

图 12-44 得到的 PCB 模型　　图 12-45 Engineering Change Order（工程更新操作顺序）对话框

（4）单击 Execute Changes（执行更改）按钮，执行更改操作，然后单击 Close（关闭）按钮，关闭该对话框。加载元件到电路板后的原理图如图 12-46 所示。

（5）在图 12-47 中，包括 7 个零件放置区域（上述设计的 9 个模块电路），分别指向这 7 个区域内的空白处，按住鼠标左键将其拖到板框之中（可以重叠）。再次指向零件放置区域内的空白处，单击，区域四周出现 8 个控点，再指向右边的控点，按住鼠标左键，移动光标即可改变其大小，将它扩大一些（尽量充满板框）。

（6）按住鼠标左键拖动零件到这两个区域内，分别指向零件放置区域，再按 Delete 键，将它们删除。

（7）手动放置零件，电路板设计初步完成，如图 12-48 所示。

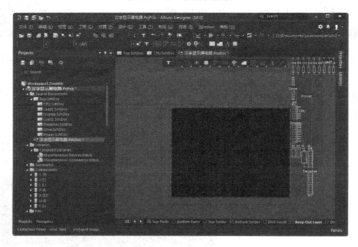

图 12-46　更新结果

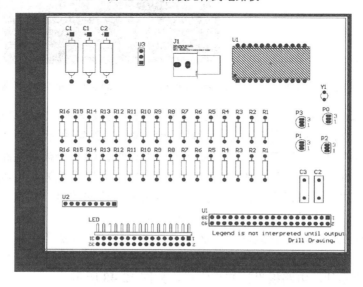

图 12-47　加载元件到电路板

图 12-48　零件在放置区域内的排列

12.6.2　3D 效果图

（1）执行"视图"→"切换到三维模式"命令，系统生成该 PCB 的 3D 效果图，如图 12-49 所示。

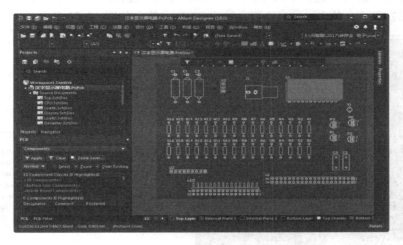

图 12-49　PCB 板 3D 效果图

（2）打开 PCB 3D Movie Editor（电路板三维动画编辑器）面板，在 3D Movie（三维动画）按钮下选择 New（新建）命令，创建 PCB 文件的三维模型动画 PCB 3D Video，创建关键帧，电路板如图 12-50 所示。

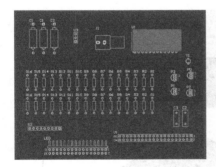

(a)关键帧 1 位置

(b)关键帧 2 位置

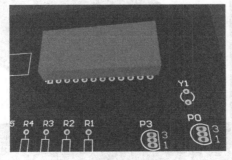

(c) 关键帧 3 位置

图 12-50　电路板位置

（3）动画面板设置如图 12-51 所示，单击工具栏上的 ▷ 键，演示动画。

选择菜单栏中的"文件"→"导出"→PDF 3D 命令，弹出 Export File（输出文件）对话框，输出电路板的三维模型 PDF 文件，单击保存按钮，弹出 PDF 3D 对话框。

在该对话框中还可以选择 PDF 文件中显示的视图，进行页面设置，设置输出文件中的对象，如图 12-52 所示。单击 Export 按钮，输出 PDF 文件，如图 12-53 所示。

图 12-51　动画设置面板

图 12-52　PDF 3D 对话框

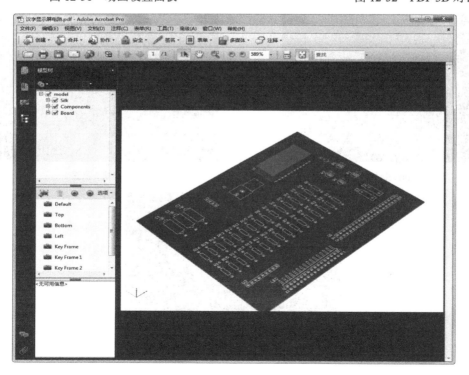

图 12-53　PDF 文件

（4）选择菜单栏中的"文件"→"新的"→"Output Job 文件"命令，在 Project（工程）面板中 Settings（设置）选项栏下保存输出文件"汉字显示屏电路.OutJob"。

在 Documentation Outputs（文档输出）下加载视频文件，并创建位置连接，设置生成的动画文件的参数在 Type（类型）选项中选择 Video(FFmpeg)，在 Format（格式）下拉列表中选择 FLV(Flash Video)(*.flv)，大小设置为 704×576。单击 Video 选项下的 Generate Content（生成目录）按钮，在设置的文件路径下生成视频文件，利用播放器打开的视频，如图 12-54所示。

图 12-54　视频文件

（5）导出 DWG 图。

选择菜单栏中的"文件"→"导出"→"DXF/DWG"命令，弹出如图 12-55 所示的 Export File（输出文件）对话框，输出电路板的三维模型 DXF 文件，单击保存按钮，弹出 Export to AutoCAD 对话框。

在该对话框中还可以选择 DXF 文件导出的 AutoCAD 版本、格式、单位、孔、元件、线的输出格式，如图 12-56 所示。

单击 OK 按钮，关闭该对话框，输出*.DWG 格式的 AutoCAD 文件。

弹出 Information 对话框。单击 Done（完成）按钮，关闭对话框，显示完成输出，在 AutoCAD 中打开导出文件"汉字显示屏电路.DWG"，如图 12-57 所示。

图 12-55　Export File（输出文件）对话框　　　　　图 12-56　Export to AutoCAD 对话框

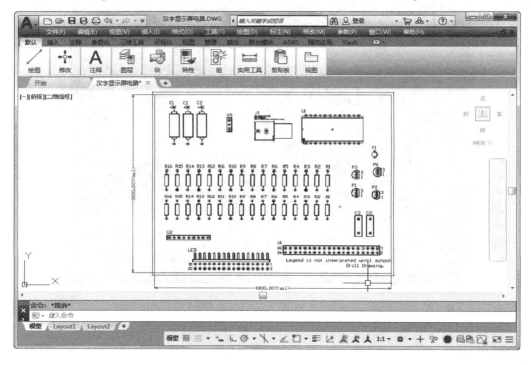

图 12-57　DWG 文件

12.6.3　布线设置

在布线之前，必须进行相关的设置。本电路采用双面板布线，而程序默认即为双面板布线，所以不必设置布线板层。尽管如此，也要将整块电路板的走线宽度设置为最细的 10mil，最宽线宽及自动布线都采用 16mil。另外，电源线（VCC 与 GND）采用最细的 10mil，最宽线宽及自动布线的线宽都采用 20mil。设置布线的操作步骤如下。

（1）执行"设计"→"类"命令，系统将弹出如图 12-58 所示的 Object Class Explorer（对象类浏览器）对话框。

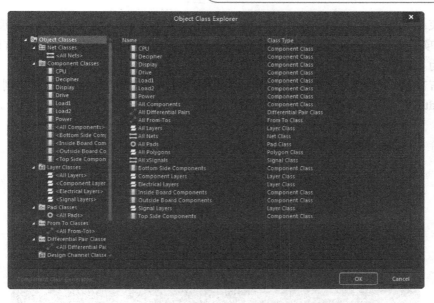

图 12-58　Object Class Explorer（对象类浏览器）对话框

（2）右击 Net Classes（网络类）选项，在弹出的快捷菜单中选择 Add Class（添加类）命令，在该选项中将新增一项分类（New Class）。

（3）选择该分类，右击，在弹出的快捷菜单中选择 Rename Class（重命名类）命令，将其名称改为"POWER"，右侧将显示其属性，如图 12-59 所示。

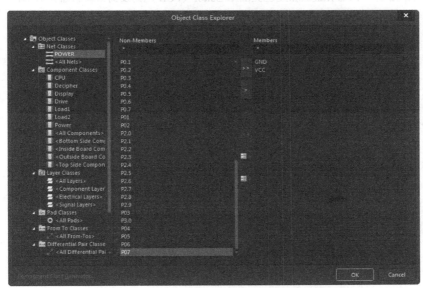

图 12-59　显示属性

（4）在左侧的 Non-Members（非成员）列表框中选择 GND 选项，单击 按钮将它加到右侧的 Members（成员）列表框中；同样，在左侧的列表框中选择 VCC 选项，单击 按钮将它加到右侧的列表框中，最后单击 Close（关闭）按钮，关闭该对话框。

（5）执行"设计"→"规则"命令，系统弹出的 PCB Rules and Constraints Editor（PCB

规则及约束编辑器）对话框如图 12-60 所示。单击 Routing（路径）→Width（宽度）→Width（宽度）选项，设计线宽规则，将 Max Width（最大宽度）与 Preferred Width（首选宽度）选项都设置为 16mil。

（6）右击 Width（宽度）选项，在弹出的快捷菜单中选择 New Rules（新规则）命令，即可产生 Width_1 选项。新增一项线宽的设计规则，选择该选项，如图 12-61 所示。

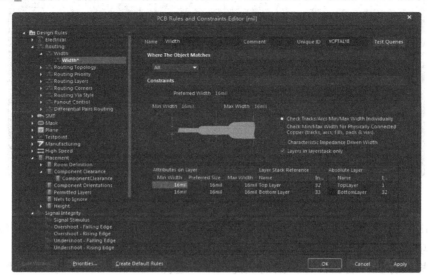

图 12-60　PCB Rules and Constraints Editor（PCB 规则及约束编辑器）对话框

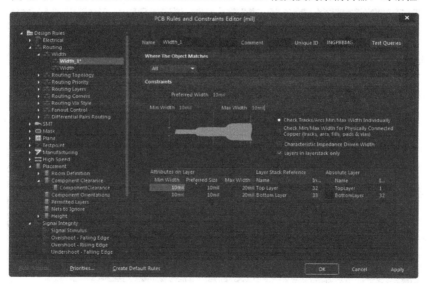

图 12-61　Width_1 选项

（7）在 Name（名称）文本框中，将该设计规则的名称改为"电源线线宽"，在 Where The Object Matches 下拉列表中选中 Net Class（网络类）选项，然后在字段中指定适用对象为 Power 网络分类；将 Max Width（最大宽度）和 Preferred Size（首选大小）选项都设置为 20mil，如图 12-62 所示。单击确定按钮，关闭该对话框。

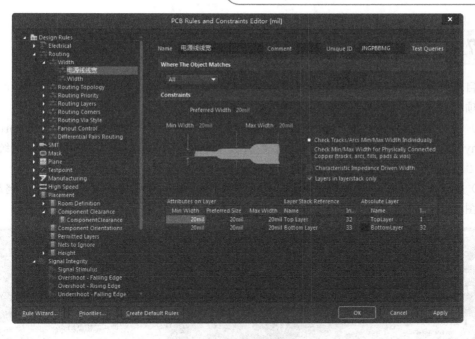

图 12-62　新增电源线线宽设计规则

（8）执行"布线"→"自动布线"→"全部"命令，系统将弹出如图 12-63 所示的 Situs Routing Strategies（布线位置策略）对话框。

（9）保持程序预置状态，单击 Route All（布线所有）按钮，进行全局性的自动布线。布线完成后如图 12-64 所示。

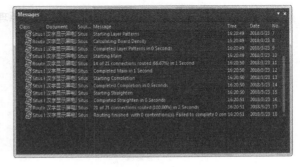

图 12-63　Situs Routing Strategies 对话框　　　图 12-64　完成自动布线（布线位置策略）对话框

（10）只需要很短的时间就可以完成布线，关闭 Messages（信息）面板。电路板布线完成后，单击 PCB 标准工具栏中的 ■（保存）按钮，保存文件。

12.7　项目层次结构组织文件

项目层次结构组织文件可以帮助读者理解各原理图的层次关系和连接关系。下面是电子游戏机项目层次结构组织文件的生成过程。

（1）打开项目中的任意一个原理图文件，执行"报告"→"项目报告"→Report Project Hierarchy（项目层次结构报表）命令，然后打开 Projects（工程）面板，可以看到系统已经生成一个"层次原理图.REP"报表文件。

（2）打开"层次原理图.REP"文件，如图 12-65 所示。在报表中，原理图文件名越靠左，该原理图层次就越高。

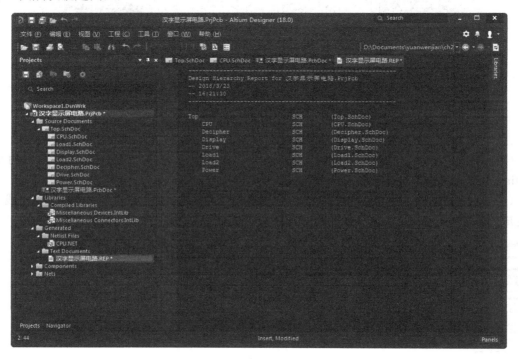

图 12-65　层次原理图.REP 文件